데이터
과학을 위한
R 시리즈
VII

Nonparametric Statistics
& Power Analysis

R 비모수통계와 검정력분석

나종화 지음

자유아카데미

머리말

데이터 과학을 위한 R 시리즈의 Ⅶ권 「R 비모수통계와 검정력분석」을 출간하게 되었다. 이 책은 총 3부로 구성되었다. Ⅰ부 비모수통계(nonparametric statistics)에서는 다양한 비모수검정법과 붓스트랩 검정 및 순열검정을, Ⅱ부 연관성 측도(measure of association)에서는 이차원 분할표에서의 연관성 측도를 다루었다. Ⅲ부 검정력분석(power analysis)에서는 효과크기(effect size)와 함께 실험 설계에서 표본의 크기를 정하는 문제를 다루었다.

이 책은 발전된 R 기능을 충분히 활용하여 실제 자료분석에 도움이 되도록 구성하였다. 이 책의 특징은 다음과 같다. 첫째, 비모수통계(Ⅰ부)에서는 다양한 비모수적 검정법을 다루었으며, 각 검정의 이론을 수학적으로 엄밀히 제시하기보다 검정의 아이디어가 잘 전달될 수 있도록 기술하였다. 또한, 비모수검정에서는 임곗값의 결정을 위해 많은 분포표가 필요하지만, 강력해진 R을 이용할 경우 불필요하므로 이들 분포표를 별도로 제시하지 않았다. 둘째, 연관성 측도(Ⅱ부)에서는 이차원 분할표 자료에서 다양한 범주형 변수 유형 간의 연관성 측도를 예제와 함께 일목요연하게 소개하였다. 셋째, 검정력분석(Ⅲ부)에서는 주요 통계 모형별 효과크기와 함께 표본 수 결정 문제를 다루었으며, R과 함께 G*Power 프로그램을 사용하였다. 다만, 검정력분석은 모수적 및 비모수적 방법 모두에 적용되는 주제이다.

이 책은 처음에는 「R 다중비교와 다중검정」과 함께 「통계적 방법론」의 제목으로 합본을 계획하였으나, 집필 과정에서 내용이 방대해져 분권하여 출간하게 되었다. 그러나 그 내용이 서로 연관되는 부분이 많으므로 학부 또는 대학원 교재로 사용할 경우 두 권의 주제를 혼합하여 선택적으로 다루면 좋을 것이다. 예를 들어, 비모수통계의 확장으로 다중비교가 함께 다루어질 수 있으며, 다중검정의 경우 비모수통계에서 다루어진 붓스트랩 및 순열검정의 개념이 필요하다. 본문 가운데 * 표시된 장, 절 또는 예제는 건너뛰어도 무방하므로 관심 있는 독자만 읽기 바란다.

좋은 책을 위해 최선을 다했지만 미흡한 부분이 있을 수 있다. 이 점은 양해를 바라며, 출간 후에라도 수정사항이 있을 경우에는 자유아카데미 홈페이지(www.freeaca.com) 자료실에 제공할 예정이다.

마지막으로 이 책의 출간을 위해 큰 노고를 아끼지 않은 자유아카데미 관계자분들께 감사의 마음을 전하고 싶다.

2022년 11월

나 종 화
cherin@chungbuk.ac.kr

차례 • Contents

[1부] 비모수통계

5장 이원배치법

6장 척도 문제

7장 분포함수 문제

8장 비모수적 상관계수

9장 기타 비모수검정

10장 붓스트랩 검정과 순열검정

14장 순서형 변수

15장 정방형 분할표

16장 연관성 측도 요약과 R 패키지

[3부] 효과크기와 검정력분석

17장 효과크기

18장 R을 이용한 효과크기

19장 검정력분석

20장 R 활용 예제 – R을 이용한 검정력분석

21장 G*Power를 이용한 검정력분석

1부

비모수통계

1장

서론

1부에서는 비모수통계를 다룬다. 비모수통계(nonparametric statistics)는 모집단에 대해 특정 모수적 모형을 가정하지 않는 통계적 방법이다. 예를 들어, 많은 모수적 방법들이 모집단에 대해 정규분포를 가정하나, 실제에서는 자료가 정규분포를 따르지 않는 경우가 빈번하므로 비모수적 방법이 유용하다.

용어 분포무관

비모수와 유사한 용어로 분포무관이 있다. 분포무관(distribution-free)은 검정의 경우에는 검정통계량의 귀무분포가 모집단의 분포와 무관함을 뜻하며, 신뢰구간에서는 신뢰구간이 모집단의 분포에 영향을 받지 않음을 의미한다. 많은 비모수적 방법이 분포무관이나 모든 비모수적 방법이 분포무관인 것은 아니다. 두 용어를 엄밀히 구분하기도 하나, 호환적으로 사용하기도 한다.

비모수적 방법의 많은 내용은 가설검정과 연관된다. 이 책의 주요 내용인 비모수검정은 주어진 자료가 특정 기준 및 가정을 충족하는 경우에만 사용할 수 있는 t-검정 또는 ANOVA와 같은 모수적 검정의 대안으로 사용된다. 자료가 모수적 검정에 필요한 가정을 충족하는 경우에는 해당 모수적 방법이 적용되어야 한다. 또한, 경우에 따라 자료가 필요한 가정을 충족하지 못하지만 자료의 수가 충분히 큰 경우에는 비모수적 검정 대신 모수적 검정을 여전히 적용할 수 있다. 역으로, 모수적 검정에서의 가정이 충족되는 경우라 하더라도 표본의 크기가 충분히 큰 경우에는 비모수적 검정이 모수적 검정과 동일한 검정력과 효율성을 가지는 것으로 밝혀져 있다. 아울러 비모수적 검정은 모수적 검정보다 검정의 가설을 보다 다양화할 수 있으며, 적용되는 자료 유형도 보다 다양하다고 말할 수 있다. 통계적 분석에서 정확한 결과를 얻기 위해 비모수검정이 적용되어야 할 적절한 상황을 알아야 한다. 비모수검정을 적용하는 주요 이유는 다음과 같다.

1. 주어진 데이터가 모집단에 대한 가정을 충족하지 않는 경우
2. 표본의 크기가 너무 작은 경우
3. 분석용 자료가 순서형 또는 명목형인 경우

1.1 비모수적 방법 소개

통계학에서 비모수적 방법은 모집단에 대해 특별한 제한을 두지 않고 개발된 분석 방법이다. 비모수적 방법은 모수적 방법과 마찬가지로 확률표본을 가정하나, 모집단의 분포에 대해서는 흔히 '연속성'을 가정하며 간혹 '대칭성'을 추가하기도 한다. 이러한 가정하에서 개발된 통계적 방법은 특정한 모집단(가령 정규분포) 가정하에서는 최적이 아닐 수 있으나, 이 가정이 위배되는 많은 상황에 대해 적용이 가능한 장점을 가진다. 즉, 비모수적 방법은 부분 최적은 아닐 수 있으나, 이상점이 포함된 자료를 분석하거나 자료의 수가 크지 않은 경우에 대해 효과가 뛰어난 방법이라 할 수 있다.

비모수적 방법의 장점과 단점을 간략히 요약하면 [표 1.1]과 같다.

[표 1.1] **비모수적 방법의 장·단점**

장점	단점
• 모집단에 대한 최소한의 가정 • 소표본의 경우에 특히 유용 • 부호나 순위의 정보만으로도 분석이 가능 • 직관적으로 이해가 쉬움	• 이론 전개가 복잡하고 어려움 • 특정한 모집단 하에서는 모수적인 방법에 비해 효율이 다소 떨어짐 • 많은 표가 요구되며 통일성이 결여됨

용어 비모수와 로버스트

통계학에서 비모수(nonparametric)는 '모집단에 대해 어떠한 형태의 모수적 모형도 가정하지 않는다'는 의미인 반면, 로버스트(robust)는 '이상점 자료에 덜 민감하다'는 의미로 사용된다. 대부분의 비모수적 방법은 모수적 방법에 비해 로버스트한 특징을 가진다.

모수적 방법은 주로 모집단에 대해 정규분포를 가정한다. 비모수적 방법의 정규성에 대한 로버스트성이 비정규 모집단에 대해 여전히 검정력을 보장하는 것은 아니다. 검정력의 관점에서 비모수적 방법을 모수적 방법과 비교하면 다음과 같다. 정규분포에 기초한 모수적 방법은 균일분포와 같이 정규분포보다 꼬리가 짧은 자료에 대해서는 순위에 기초한 비모수적 방법보다 검정력이 높다. 예를 들어, 5점 또는 7점 척도로 응답한 설문 자료는 꼬리가 짧은 유형에 해당한다. 이 경우 반응의 분포가 이산적이고 비대칭이며 따라서 정규분포로부터 벗어남에도 불구하고 정규분포에 기초한 모수적 방법이 비모수적 방법에 비해 더 높은 검정력을 가진다. 반면, 지수분포, 로그정규분포 및 카이제곱분포를 비롯한 감마분포 계열의 분포처럼 정규분포보다 꼬리가 두터운 분포에 대해서는 모수적 방법이 순위에 기초한 비모수적 방법보다 검정력이 낮다. 예를 들어, 이상점이 포함된 자료는 두터운 꼬리를 가지는 분포로부터의 자료로 볼 수 있다.

1.2 비모수검정의 기초

여러 가지 비모수검정법에 대한 소개에 앞서 통계적 가설검정의 기본 원리에 대해 소개한다. 편의상, 모수적 모형을 중심으로 설명하고, 비모수검정에서는 그 차이점과 함께 검정 절차를 소개한다. 여기서 소개되는 가설검정의 원리는 3부에서 다루는 검정력분석에서도 중요하게 작용한다.

1.2.1 가설검정의 기본 원리

가설검정을 위해서는 다음의 3가지 요소가 필요하다.

- 가설(대립가설과 귀무가설)
- 검정통계량
- 검정통계량의 귀무분포

위의 3가지 요소에 대한 구체적인 설명은 다음과 같다.

첫째, 가설은 주장하고자 하는 가설을 대립가설(H_1)로, 그것에 반하는 가설을 귀무가설(H_0)로 설정한다.

둘째, 검정통계량(T)은 가설의 옳고 그름을 판단하는데 기준이 되는 통계량이다. 자료로부터 얻은 검정통계량의 관측값은 자료가 귀무가설로부터 벗어난 크기가 어느 정도인지를 나타낸다.

셋째, 검정통계량의 귀무가설하에서의 분포를 구한다. 이때 귀무가설은 단순($=$) 또는 복합($\leq$ 또는 $\geq$)가설의 형태를 취할 수 있으나, 검정에서는 $=$에서의 분포만 필요하다. 그 이유는 제1종 오류의 최댓값이 $=$인 경우에서 발생하며, 이 경우에서만 제1종 오류를 분석자가 원하는 수준으로 통제하면 나머지 귀무가설 영역에서는 자동으로 제1종 오류를 정해진 수준 이하로 통제할 수 있기 때문이다.

유의 이 책에서 검정통계량의 '귀무분포(또는 영가설 분포)'라 함은 가설의 형태와 관계없이 귀무가설의 모수 영역 중 '$=$인 경우에서의 분포'를 의미하는 것으로 한다.

위의 요소로부터 통계적 가설검정은 다음과 같이 수행된다. 즉, (데이터로부터 얻은) 검정통계량의 관측값이 검정통계량의 귀무분포의 중심으로부터 대립가설을 지지하는 방향으로 큰(또는 작은) 값을 가진다면, 귀무가설이 틀렸다고 통계적으로 주장할 수 있게 된다. 가설검정은 제1종 오류의 최댓값이 미리 정해진 수준(α)이도록 기각역을 정하는 방법(이를 유의수준 α인 검정이라 함)과 보다 일반적으로 '$p-$값을 제시하는 방법'이 있다.

가설검정의 원리를 모수적 모형의 예제를 통해 설명하기로 한다.

예제 1.1 가설검정의 원리: 모수적 모형

$X_1, X_2, \cdots, X_n$을 $N(\theta, 1)$으로부터의 확률표본이라 하고, 다음의 가설을 가정하자(이때 θ_0는 알려진 값임).

$$H_0 : \theta = \theta_0 \quad \text{vs} \quad H_1 : \theta > \theta_0$$

검정통계량은 $\overline{X}(= T)$이고, 검정통계량의 귀무분포는 다음과 같이 주어진다.

$$\overline{X} \underset{H_0 : \theta = \theta_0}{\overset{d}{\sim}} N(\theta_0, 1/\sqrt{n}).$$

(a) 검정에서의 오류(제1종 오류/ 제2종 오류)

통계적 가설검정을 수행할 때, 두 종류의 오류가 발생한다. 제1종 오류(Type Ⅰ error)는 귀무가설이 실제 참인데도 불구하고 이를 잘못하여 기각하는 오류이며, 제2종 오류(Type Ⅱ error)는 대립가설이 실제 참인데 귀무가설을 기각하지 못하는 오류이다([표 1.2] 참고).

[표 1.2] 가설검정에서의 오류

실제 상황	검정 결과	
	H_0 : 채택	H_0 : 기각
H_0 : 참	옳은 결정	제1종 오류
H_1 : 참	제2종 오류	옳은 결정

예제 1.2 [예제 1.1]의 계속

기각역이 '$\overline{X} > c$(c: 알려진 상수)'으로 주어지는 검정에서 제1종 오류와 제2종 오류를 범할 확률을 그림으로 나타내면 [그림 1.1]과 같다.

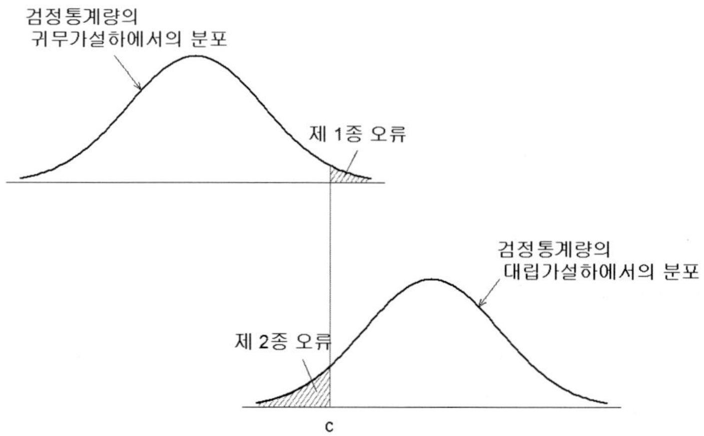

[그림 1.1] 검정의 오류(제1종 오류, 제2종 오류)

용어 유의수준

유의수준(significant level)은 제1종 오류를 범할 확률의 최댓값으로 정의된다. 예를 들어, 귀무가설이 $H_0 : \theta \le \theta_0$인 경우 $\alpha = \sup_{\theta \le \theta_0} \alpha(\theta)$이다(이때 $\alpha(\theta)$는 제1종 오류를 범할 확률이다).

(b) 유의수준 α인 검정

유의수준 α인 검정은 유의수준이 α이도록 검정의 임계값(기각역)을 제시해 준다.

예제 1.3 [예제 1.1]의 계속

[그림 1.2]는 유의수준이 α로 주어질 때 검정이 수행되는 절차이다(1), 2). 3)의 순서로 이해하기 바람).

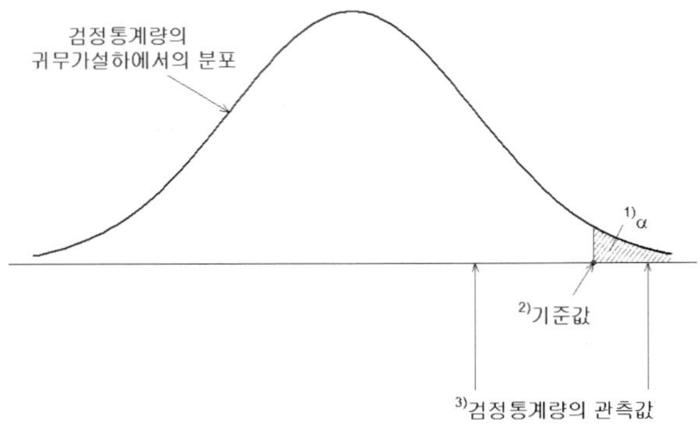

[그림 1.2] 유의수준 α인 검정 절차

주목 귀무가설($H_0 : \theta = \theta_0$)이 $H_0 : \theta \le \theta_0$으로 바뀌어도 제1종 오류를 범할 확률의 최대값은 $H_0 : \theta = \theta_0$(등호)일 때 발생하므로 유의수준 α인 검정의 기각역에는 변화가 없다.

(c) p-값(유의확률)을 이용한 검정

유의수준은 데이터의 관측과 무관하게 미리 정해지는 값인 반면, 데이터로부터 구해진 검정통계량의 관측값이 귀무가설로부터 얼마나 벗어났는지를 나타내는 값이 p-값이다.

예제 1.4 [예제 1.1]의 계속

[그림 1.3]에서 관측된 검정통계량의 값으로 귀무가설을 기각하기 위해서는 최소한 빗금 친 면적만큼의 유의수준을 허용해야 한다. 이 면적이 바로 p-값이다. p-값은 $0 \sim 1$의 값을 가지며, 이 값이 작을수록 자료가(또는 검정통계량이) 귀무가설로부터 벗어난 정도가 크다는 것을 의미한다.

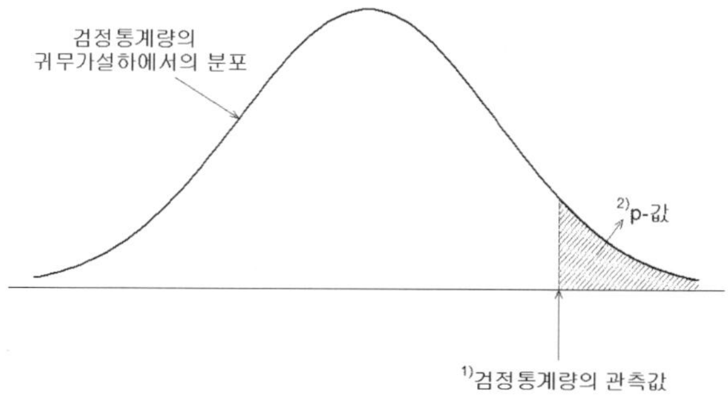

[그림 1.3] p-값을 이용한 가설검정 절차

유의수준과 관련지어 $p-$값(유의확률)을 정의하면 다음과 같다.

'검정통계량의 관측값(: 데이터가 가지고 있는 정보)으로 귀무가설을 기각하기 위해 요구되는 최소의 유의수준'

(d) 검정력 함수와 검정력

검정력 함수(power function) $\gamma(\theta)$는 모수 θ가 참일 때, 귀무가설을 기각할 확률로 정의된다.

예제 1.5 **[예제 1.1]의 계속**

가설 '$H_0 : \theta \le \theta_0$ vs $H_1 : \theta > \theta_0$'에서 기각역이 '$T > c$(c: 알려진 상수)'인 검정을 생각하자. 이때 검정력 함수 $\gamma(\theta)$는 다음과 같다.

$$\begin{aligned}\gamma(\theta) &= P(reject\ H_0 \mid \theta) \\ &= P(T > c \mid \theta) \\ &= \begin{cases} \alpha(\theta), & \theta \in H_0 \\ 1-\beta(\theta), & \theta \in H_1 . \end{cases}\end{aligned}$$

위 식에서 귀무가설이 참일 때($\theta \in H_0$) 검정력 함수는 $\alpha(\theta)$를 의미하며, 대립가설하에서($\theta \in H_1$) 검정력 함수는 $1-\beta(\theta)$를 의미한다. 특히, 대립가설이 참인 경우의 검정력 함수값을 검정력(power)이라 한다.

[그림 1.4]는 모수 θ의 변화에 따른 검정력 함수값의 변화를 보여준다.

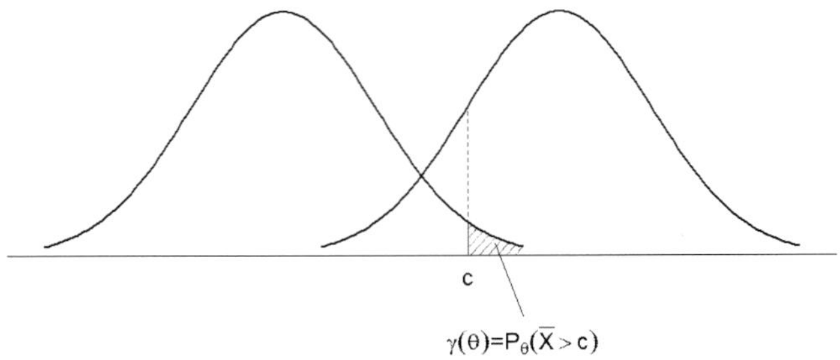

[그림 1.4] θ의 변화에 따른 검정력 함수값

위의 결과로부터, 주어진 단측검정에 대한 검정력 함수는 [그림 1.5]와 같이 주어진다.

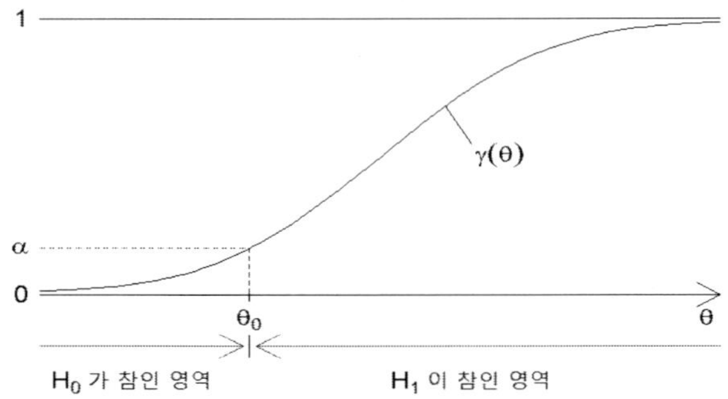

[그림 1.5] 단측검정에서의 검정력 함수

1.2.2 비모수검정의 절차

비모수검정은 모수적 검정에 비해 다음과 같은 특징을 가진다.

(i) (모집단 가정) 비모수검정에서는 모집단에 대해 특정한 모수적 모형(예: 정규분포)을 가정하지 않는다. 비모수검정에서는 주로 모집단의 분포에 대해 '연속' 정도의 가정을 한다(간혹 '대칭성'이 추가되기도 함).

(ii) (검정통계량) 비모수검정에서는 원시자료 자체보다 자료의 부호(sign)나 순위(rank) 정보를 이용하여 검정통계량을 구성한다.

(iii) (검정통계량의 귀무분포) 비모수검정에서는 검정통계량의 귀무분포가 주로 이산형으로 주어진다. 검정통계량의 분포가 이산형인 경우에는 미리 정해진 유의수준에서의 검정이 불편할 수 있으므로(이를 위해서는 확률화검정을 수행해야 함), 자연유의수준에서 검정을 수행하거나 또는 모수적 검정에서와 같이 $p-$값을 제시하는 방법을 사용한다. 여기서 자연유의수준(natural significance level)이란 정해진 유의수준에 가장 가까운 적용 가능한 유의수준을 의미한다. 확률화검정과 자연유의수준에 대해서는 2.2.3절에서 자세히 다룬다.

비모수검정은 다음의 절차에 따라 수행된다.

[절차 1] (가설) 모집단 분포 F의 특정 모수 $\theta = t(F)$에 대해 귀무가설(H_0)과 대립가설(H_1)을 설정한다.

[절차 2] (검정통계량의 계산) 관측된 자료 $x = (x_1, x_2, \cdots, x_n)$로부터 검정통계량 $T_0 = s(x)$를 계산한다. 이때 검정통계량은 $T = s(X)$이고, $X_i \sim i.i.d.\ F\ (i = 1, \cdots, n)$이다.

[절차 3] ($p-$값) 귀무가설(H_0)하에서 검정통계량이 T_0(검정통계량의 관측값) 이상으로 관측될 확률인 $p-$값을 계산한다.

[절차 4] $p-$값이 사용자가 미리 정한 임곗값(예: 0.05) 미만이면 H_0를 기각한다.

이 과정에서 [절차 3]의 $p-$값 계산을 위해서는 귀무가설하에서 검정통계량의 표본분포가 필요하다. 검정통계량(T)의 표본분포는 모집단 F에서 추출한 크기 n의 다른 확률표본에 검정통계량 함수 $s(\cdot)$를 적용하여 얻을 수 있다.

1.2.3 비모수검정 예제: 이항검정

비모수검정의 예로, 이 절에서는 통계분석이 가능한 거의 모든 유형의 자료에 적용될 수 있는 방법인 이항검정을 소개한다.

이항검정(binomial test)은 각각의 실현치가 두 개의 범주, 즉 범주1(성공)과 범주2(실패) 가운데 하나로 나타나는 시행에서, 각 시행이 '범주1'로 나타날 확률(p)에 대한 검정을 수행한다. 가설은 다음과 같다(이때 p_0는 알려진 값임).

$$H_0 : p = p_0 \qquad \text{vs} \qquad H_1 : p \neq p_0$$
$$H_1 : p > p_0$$
$$H_1 : p < p_0$$

시행의 수를 n, '범주1'을 성공이라 할 때, 검정통계량(T)과 귀무분포는 다음과 같다.

$$T = n\text{번 가운데 성공의 수} \underset{H_0}{\overset{d}{\sim}} B(n, p_0).$$

유의수준 α인 검정은 이항분포표를 이용하여 수행할 수 있다. 다만 검정통계량의 귀무분포가 이산형이므로 유의수준이 정확히 α와 일치하는 임곗값이 존재하지 않을 수 있다. 이 경우에는 α에 가까운 유의수준에서 검정을 실시하면 된다. 이때 함께 제시되는 α 근방의 유의수준을 자연유의수준(2.2.3절 참고)이라 하며, 보통 명목 유의수준 α보다 작은(보수적인) 값을 선택하는 것이 일반적이다.

귀무가설하에서 검정통계량(T)의 기댓값과 분산은 다음과 같다.

$$E_0(T) = np_0, \quad Var_0(T) = np_0(1-p_0).$$

■ **(대표본 검정)** 표본의 수가 큰 경우($n > 30$)에는 다음의 사실에 기초하여 검정을 수행한다.

$$\frac{T - E_0(T)}{\sqrt{Var_0(T)}} \underset{H_0}{\overset{\cdot}{\sim}} N(0,1) \text{ for large } n.$$

대표본 근사를 이용하여 p-값을 계산할 경우, 연속성 수정을 고려하면 좀 더 정확한 값을 얻을 수 있다. 연속성 수정은 검정통계량에 1/2을 더하거나 빼주는 과정($T \pm 1/2$)을 말한다.

예제 1.6 이항검정

```
> binom.test(9, 24, 1/6)

      Exact binomial test

data:  9 and 24
number of successes = 9, number of trials = 24, p-value =
0.01176
alternative hypothesis: true probability of success is not equal to 0.1666667
95 percent confidence interval:
 0.1879929 0.5940636
sample estimates:
probability of success
                 0.375
```

2장

일표본 위치 문제

2.1 서론

이 장에서는 일표본에서 위치모수(location parameter)에 대한 비모수적 검정을 다룬다. 부호검정과 부호순위검정을 소개한다. 부호검정은 자료의 부호 정보만 이용하는 방법이며, 부호순위검정은 부호와 순위의 정보를 함께 이용하는 방법이다. 모집단에 대한 가정으로 부호검정에서는 '연속'을, 부호순위검정에서는 '연속이며 대칭'을 가정한다.

이들 검정법은 이표본 위치 문제에서 자료가 대응된(paired) 경우(대응비교)에도 적용될 수 있다. 이 경우에는 대응되는 쌍별로 차이(differences)를 먼저 구한 후, 이 자료에 대해 부호 또는 부호순위검정을 적용하면 된다.

2.2 부호검정과 부호순위검정

2.2.1 부호검정

$X_1, \cdots, X_n$을 위치모수(또는 중앙값)가 θ인 연속인 분포로부터의 확률표본이라고 하자. 가설은 다음과 같다(이때 θ_0는 알려진 값임).

$$H_0 : \theta = \theta_0 \quad \text{vs} \quad \begin{aligned} H_1 &: \theta > \theta_0 \\ H_1 &: \theta < \theta_0 \\ H_1 &: \theta \neq \theta_0 \end{aligned}$$

먼저 $D_i = X_i - \theta_0$라고 할 때, 부호검정(sign test)의 검정통계량(B)은 다음과 같이 정의된다.

$$\begin{aligned} B &= \theta_0 \text{보다 큰 자료의 개수} \\ &= \sum_{i=1}^{n} \psi(D_i), \quad \psi(t) = \begin{cases} 1, & \text{if } t > 0 \\ 0, & \text{if } t < 0. \end{cases} \end{aligned}$$

(단, θ_0와 동일한 값의 자료는 사전에 제외함.)

(예) $n = 4$인 경우, 자료가 다음 그림과 같이 주어질 때 $B = 2$가 된다.

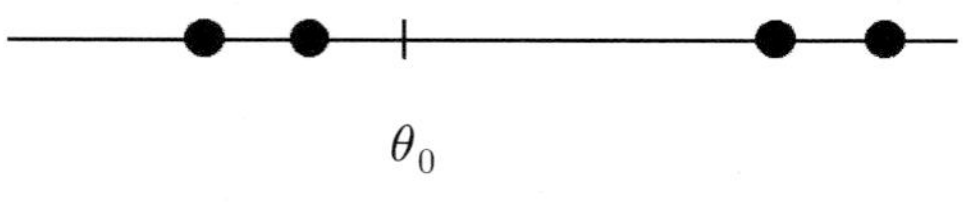

부호 검정통계량(B)의 귀무분포는 다음과 같다.

$$B \underset{H_o : \theta = \theta_0}{\overset{d}{\sim}} B(n, \frac{1}{2}).$$

검정통계량의 귀무분포[1]가 주어지면 이후의 검정(p-값을 구하는) 절차는 쉽게 수행된다. 예를 들어, 대립가설이 $H_1: \theta > \theta_0$인 경우 검정통계량의 귀무분포에서 검정통계량(T)이 관측값(T_0) 이상의 값을 취할 확률이 바로 p-값이며, 이는 R 패키지를 이용하여 쉽게 구할 수 있다.

주목 이 책에서는 여러 가지 비모수적 검정법을 소개할 때, 검정통계량의 귀무분포를 제시하는 것까지만 소개하고 이후의 검정 절차는 유사하므로 생략하기로 한다.

■ **(대표본 검정)** 대표본의 경우, 다음 사실에 기초하여 부호검정을 수행한다.

$$\frac{B - E_0(B)}{\sqrt{Var_0(B)}} \underset{H_0}{\overset{\cdot}{\sim}} N(0,\ 1) \text{ for large } n.$$

여기서 $E_0(B)$와 $Var_0(B)$는 귀무가설하에서의 평균과 분산으로 다음과 같이 주어진다.

$$E_0(B) = \frac{n}{2}, \qquad Var_0(B) = \frac{n}{4}.$$

2.2.2 부호순위검정

$X_1, \cdots, X_n$을 연속이며 θ에 대해 대칭인 분포로부터의 확률표본이라고 하자. 가설은 부호검정에서와 동일하다.

먼저 $D_i = X_i - \theta_0$라고 할 때, 윌콕슨(Wilcoxon)의 부호위검정(signed rank test)의 검정통계량(W^+)은 다음과 같이 정의된다.

$$\begin{aligned} W^+ &= \theta_0\text{보다 큰 자료}(X_i)\text{에 대한 } |D_i|\text{들의} \\ &\quad \text{집합 } \{|D_1|, \cdots, |D_n|\}\text{에서의 순위합} \\ &= \sum_{i=1}^{n} \psi(D_i) R_i^+, \quad \psi(t) = \begin{cases} 1, & \text{if } t > 0 \\ 0, & \text{if } t < 0. \end{cases} \\ &\quad (\text{단, } \theta_0\text{와 동일한 값의 자료는 사전에 제외함.}) \end{aligned}$$

---

1) 많은 비모수통계학 교재에서 검정통계량의 귀무분포를 [표]로 제시하나, 이 책에서는 R 패키지를 이용하므로 별도의 분포표를 제시하지 않는다.

여기서 R_i^+ 는 $\{|D_1|,\cdots,|D_n|\}$ 에서 $|D_i|$ 의 순위이며, $|D_i|$ 들 사이에 동점이 있는 경우에는 중간 순위[2)]를 사용한다.

(예) $n=4$ 인 경우, 자료가 아래 그림과 같이 주어질 때 $W^+=7$ 이 된다.

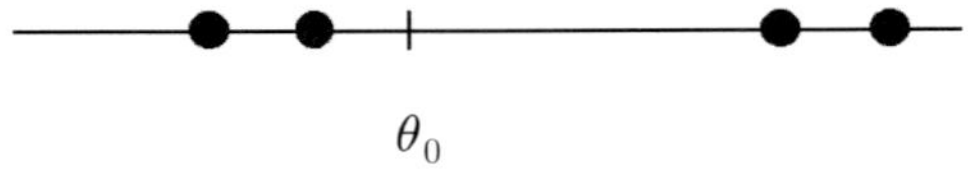

부호순위 검정통계량(W^+)의 귀무분포는 다음과 같이 구해진다. $n=3$ 인 경우, θ_0 보다 큰 자료들의 순위 집합은 아래 [표 2.1]과 같이 8가지 경우로 나타나며, 각 경우는 귀무가설하에서 1/8로 동일한 확률을 가진다.

[표 2.1] 부호순위 검정통계량의 귀무분포($n=3$)

$\{1,2,3\}$ 의 부분집합	w^+	H_0 하에서의 확률
ϕ	0	1/8
$\{1\}$	1	1/8
$\{2\}$	2	1/8
$\{3\}$	3	1/8
$\{1,2\}$	3	1/8
$\{1,3\}$	4	1/8
$\{2,3\}$	5	1/8
$\{1,2,3\}$	6	1/8

따라서 W^+ 의 귀무분포는 다음과 같다.

w^+	0	1	2	3	4	5	6	합계
$P_{H_0}(W^+=w^+)$	1/8	1/8	1/8	2/8	1/8	1/8	1/8	1

2) 중간순위(midrank)는 3.2절을 참고하기 바란다.

R의 SignRank{stats} 함수는 부호순위 검정통계량과 관련된 여러 가지 함수를 제공한다. R에서 'd,p,q,r+(분포명)'은 차례대로 밀도함수(density), 누적확률(cumulative probability), 분위수(quantile) 및 난수(random number)를 제공한다. 그 형식은 다음과 같다.

- dsignrank(x, n, log = FALSE)
- psignrank(q, n, lower.tail = TRUE, log.p = FALSE)
- qsignrank(p, n, lower.tail = TRUE, log.p = FALSE)
- rsignrank(nn, n)

예를 들어, 위의 귀무분포로부터 검정통계량(W^+)의 꼬리확률은 다음과 같이 구해진다.

```
> # lower.tail=TRUE가 디폴트임
> psignrank(2,3,lower.tail=TRUE)     # 3/8=0.375
[1] 0.375
> psignrank(4,3,lower.tail=TRUE)     # 6/8=0.75
[1] 0.75
> # lower.tail=FALSE (사용 시에 주의를 요함)
> psignrank(2,3,lower.tail=FALSE)     # 5/8=0.625
[1] 0.625
> psignrank(4,3,lower.tail=FALSE)     # 2/8=0.25
[1] 0.25
```

■ **(대표본 검정)** 대표본의 경우, 다음 사실에 기초하여 부호순위검정을 수행한다.

$$\frac{W^+ - E_0(W^+)}{\sqrt{Var_0(W^+)}} \underset{H_0}{\overset{\cdot}{\sim}} N(0,\ 1) \text{ for large } n.$$

여기서 $E_0(W^+)$와 $Var_0(W^+)$는 귀무가설하에서의 평균과 분산으로 다음과 같이 주어진다.

$$E_0(W^+) = \frac{n(n+1)}{4}, \qquad Var_0(W^+) = \frac{n(n+1)(2n+1)}{24}.$$

대표본 검정에서 동점 자료가 있는 경우에는 다음의 수정된 분산을 사용한다.

$$Var_0(W^+) = \frac{n(n+1)(2n+1)}{24} - \frac{1}{2}\sum_{j=1}^{g} t_j(t_j - 1)(t_j + 1).$$

여기서 g는 동점 그룹의 수이고, t_j는 j-번째 동점 그룹의 크기이다.

(증명) $V_i(i=1,\cdots,n)$가 서로 독립이며 다음을 만족한다고 하자.

$$P(V_i = i) = P(V_i = 0) = 1/2.$$

귀무가설하에서 W^+의 분포는 $\sum_{i=1}^{n} V_i$의 분포와 동일하므로, 이로부터 평균과 분산은 다음과 같이 계산된다.

$$E(W^+) = E(\sum V_i) = \frac{1}{2}\sum i = \frac{1}{4}n(n+1).$$

$$\begin{aligned} Var_0(W^+) &= Var(\sum V_i) = \sum Var(V_i) \\ &= \sum E\left[\left(V_i - \frac{i}{2}\right)^2\right] = \sum\left[\frac{1}{2}\left(\frac{i}{2}\right)^2 + \frac{1}{2}\left(-\frac{i}{2}\right)^2\right] \\ &= \sum\left(\frac{i}{2}\right)^2 = \frac{1}{24}n(n+1)(2n+1). \end{aligned}$$

2.2.3 확률화검정

많은 비모수적 검정법에서 검정통계량의 귀무분포는 주로 이산형으로 주어지며, 이로 인해 유의수준이 정확히 α가 되는 임곗값을 찾기가 어려울 수 있다. 이때 미리 정해진 α를 유의수준으로 하는 검정법으로 확률화검정을 소개한다.

용어 자연유의수준

기각역에 따라서 정해지는 α를 자연유의수준(natural significant level)이라고 한다. 예를 들어, 부호순위검정의 (예)에서 기각역에 따른 유의수준은 다음과 같다.

기각역	자연유의수준
$W^+ \geq 6$	$1/8(=0.125)$
$W^+ \geq 5$	$2/8(=0.25)$

검정통계량의 귀무분포가 이산형인 경우, 미리 지정된 유의수준(α)에서의 검정은 다음과 같이 수행한다. 예를 들어, 부호순위검정의 (예)에서 $\alpha = 0.2$인 검정은 검정 함수(test function)를

$$\phi(W^+) = \begin{cases} 1\,(H_0\text{를 기각}), & W^+ > 5 \\ \gamma\,(\text{확률 } \gamma\text{로 } H_0\text{를 기각}), & W^+ = 5 \\ 0\,(H_0\text{를 기각하지 않음}), & W^+ < 5 \end{cases}$$

으로 설정한 뒤, γ는 유의수준이 α인 조건, 즉

$$\alpha \equiv E_0[\phi(W^+)] = 1 \cdot P(W^+ > 5) + \gamma \cdot P(W^+ = 5)$$
$$\Leftrightarrow 0.2 = (1/8) + \gamma \cdot (1/8)$$

을 만족하도록 $\gamma = 0.6$으로 정한다. 즉, $W^+ = 5$로 관측되는 경우에는 확률 0.6으로 귀무가설을 기각하게 된다. 이러한 검정법을 확률화검정(randomized test)[3]이라고 한다.

참고

실무에서는 유의수준이 정확히(미리 지정된) α인 확률화검정을 수행하기보다 p-값을 제시하거나 자연유의수준을 제시하는 방법으로 검정을 수행한다. 확률화검정은 단지 지정된 유의수준을 만족시키는 이론적인 검정 방안이다.

2.3 R 예제

R의 wilcox.test() 함수는 윌콕슨의 부호순위검정을 제공한다. 이 함수의 일반 형식은 다음과 같다.

```
wilcox.test(x, y = NULL,
         alternative = c("two.sided", "less", "greater"),
         mu = 0, paired = FALSE, exact = NULL, correct = TRUE,
         conf.int = FALSE, conf.level = 0.95, ...)
wilcox.test(formula, data, subset, na.action, ...)
```

대응비교의 경우에는 다음과 같이 수행한다.

```
wilcox.test(y1, y2, paired=TRUE)   # y1, y2: 수치형 벡터
wilcox.test(y1-y2)   # 위의 결과와 동일
```

3) 10장에서 소개되는 순열검정의 별칭인 임의화검정(randomization test)과 구분하기 바란다.

부호검정을 위해서는 {BSDA} 패키지의 SIGN.test() 함수를 이용할 수 있다. 이 함수의 일반 형식은 다음과 같다.

```
SIGN.test(x, y = NULL, md = 0, alternative = "two.sided",
      conf.level = 0.95, ...)
```

예제 2.1 **대응비교: 우울증 치료 자료**

9명의 정신과 환자가 진정제 치료를 받았다. 치료 전과 후, 환자의 자살 성향을 측정한 자료이다. 진정제가 자살 경향을 감소시키는지에 대해 검정하고자 한다. 점수가 클수록 자살 경향이 큼을 의미한다.

```
> # x: 치료 전, y: 치료 후
> x <- c(1.83,  0.50,  1.62,  2.48, 1.68, 1.88, 1.55, 3.06, 1.30)
> y <- c(0.878, 0.647, 0.598, 2.05, 1.06, 1.29, 1.06, 3.14, 1.29)

> ## 부호순위검정
> wilcox.test(x, y, paired = TRUE, alternative = "greater")
> # wilcox.test(x-y, alternative = "greater")    # 위와 동일

      Wilcoxon signed rank exact test

data:  x and y
V = 40, p-value = 0.01953
alternative hypothesis: true location shift is greater than 0

> ## 부호검정
> library(BSDA)
> SIGN.test(x, y, alternative = "greater")
> # SIGN.test(x-y, alternative = "greater")    # 위와 동일

      Dependent-samples Sign-Test

data:  x and y
S = 7, p-value = 0.08984
alternative hypothesis: true median difference is greater than 0
95 percent confidence interval:
 -0.041    Inf
sample estimates:
median of x-y
         0.49

Achieved and Interpolated Confidence Intervals:

                  Conf.Level L.E.pt U.E.pt
Lower Achieved CI     0.9102  0.010    Inf
Interpolated CI       0.9500 -0.041    Inf
```

```
Upper Achieved CI     0.9805 -0.080    Inf

> ## t-검정
> t.test(x, y, alternative = "greater", paired = TRUE)

      Paired t-test

data:  x and y
t = 3.0354, df = 8, p-value = 0.008088
alternative hypothesis: true difference in means is greater than 0
95 percent confidence interval:
 0.1673028       Inf
sample estimates:
mean of the differences
              0.4318889
```

예제 2.2 대응비교: 이란성 쌍둥이 자료

이란성 쌍둥이의 출생 시 체중을 측정한 자료이다(단위: 그램). 성별에 따라 몸무게의 차이가 있는지를 검정하고자 한다.

	1	2	3	4	5	6
남자(M)	2850	2530	2590	2130	3180	2730
여자(F)	2140	2531	2580	2370	3220	2970
차이(D=M−F)	710	−1	10	−240	−40	−240
부호	+	−	+	−	−	−
순위	6	1	2	4.5	3	4.5

이표본 위치모수 문제에서 관심 가설은 다음과 같다.

H_0 : 성별에 따라 몸무게의 중앙값이 같다.
vs H_1 : 성별에 따라 몸무게의 중앙값이 같지 않다.

위의 가설은 구해진 차이 자료($D_1, \cdots, D_n$)를 이용하여, 일표본 위치모수에 해당하는 다음의 가설을 검정하는 것과 동일하다.

H_0 : 몸무게의 차이의 중앙값이 영(0)이다.
vs H_1 : 몸무게의 차이의 중앙값이 영(0)이 아니다.

부호검정과 부호순위검정의 검정통계량과 p-값을 계산하면 다음과 같다.

$$B = 2(p\text{-값}=0.688).$$
$$W^{+} = 6+2 = 8(p\text{-값}=0.674).$$

참고로 모평균이 동일한지에 대한 t-검정(모수적 검정)의 결과를 제시하면 다음과 같다.

$$t = \frac{\overline{D}-0}{S/\sqrt{n}} = \frac{33.17-0}{350.5/\sqrt{6}} = 0.232(p\text{-값}=0.826).$$

위의 결과는 다음의 R 코드를 통해 확인할 수 있다.

```
> M <- c(2850,2530,2590,2130,3180,2730)
> F <- c(2140,2531,2580,2370,3220,2970)
> # 부호순위검정
> wilcox.test(M, F, paired = TRUE)

	Wilcoxon signed rank test with continuity correction

data:  M and F
V = 8, p-value = 0.6741
alternative hypothesis: true location shift is not equal to 0

> # 부호검정
> library(BSDA)
> SIGN.test(M, F)    # SIGN.test(M-F)와 동일

	Dependent-samples Sign-Test

data:  M and F
S = 2, p-value = 0.6875
alternative hypothesis: true median difference is not equal to 0
95 percent confidence interval:
 -240  640
sample estimates:
median of x-y
        -20.5

Achieved and Interpolated Confidence Intervals:

                  Conf.Level L.E.pt U.E.pt
Lower Achieved CI     0.7812   -240     10
Interpolated CI       0.9500   -240    640
Upper Achieved CI     0.9688   -240    710

> # 대응 t-검정
```

```
> t.test(M, F, paired = TRUE)

	Paired t-test

data:  M and F
t = 0.23176, df = 5, p-value = 0.8259
alternative hypothesis: true difference in means is not equal to 0
95 percent confidence interval:
 -334.7053  401.0386
sample estimates:
mean of the differences
              33.16667
```

2.4 van der Waerden 검정

일표본 위치모수에 대한 부호순위검정에 대한 대안적인 방법으로 van der Waerden 검정을 소개한다. 이 검정은 부호순위검정에서의 순위에 표준정규분포의 역함수를 취한 값(이를 정규점수라고 함)을 이용한다. 먼저 $D_i = X_i - \theta_0$라고 할 때, 검정통계량(S^+)은 다음과 같다.

$$S^+ = \sum_{i=1}^{n} \psi(D_i)\, \Phi^{-1}\left(\frac{1}{2} + \frac{1}{2}\frac{R(|D_i|)}{n+1}\right), \quad \psi(t) = \begin{cases} 1, & \text{if } t > 0 \\ 0, & \text{if } t < 0. \end{cases}$$

검정통계량(S^+)의 귀무가설하에서의 평균과 분산은 다음과 같다.

$$E_0(S^+) = \frac{1}{2}\sum_{i=1}^{n} \Phi^{-1}\left(\frac{1}{2} + \frac{1}{2}\frac{R(|D_i|)}{n+1}\right), \quad Var_0(S^+) = \frac{1}{4}\sum_{i=1}^{n}\left[\Phi^{-1}\left(\frac{1}{2} + \frac{1}{2}\frac{R(|D_i|)}{n+1}\right)\right]^2.$$

- **(대표본 검정)** 대표본의 경우 다음의 사실에 기초하여 검정을 수행한다.

$$\frac{S^+ - E_0(S^+)}{\sqrt{Var_0(S^+)}} \overset{\cdot}{\underset{H_0}{\sim}} N(0, 1).$$

- 이 검정은 원래 van Eeden(1963)이 제안하였으나, 이표본 및 k표본 위치 문제에서 van der Waerden이 사용한 것과 같은 유형의 정규점수를 사용하므로 동일한 이름을 사용하였다.

3장

이표본 위치 문제

3.1 서론

이 장에서는 이표본에서 위치모수의 동일성에 대한 검정을 수행한다. 윌콕슨의 순위합검정과 맨–휘트니 검정을 소개한다. 두 모집단에 대해서는 위치모수만 다른 연속인 분포를 가정한다.

표기법 이표본의 경우, 크기 m인 X표본과 크기 n인 Y표본이 혼합된 크기 $N=m+n$인 혼합표본(combined sample)을 $Z=(Z_1,\cdots,Z_m,Z_{m+1},\cdots,Z_N)=(X_1,\cdots,X_m,Y_1,\cdots,Y_n)$이라 하고, 순서화된 혼합표본은 $(Z_{(1)},Z_{(2)},\cdots,Z_{(N)})$으로 나타낸다. 혼합표본에서의 i-번째 자료의 순위를 R_i 또는 $R(Z_i)$로 나타낸다. 이때 X자료들의 순위합은 $\sum_{i=1}^{m} R_i$ 또는 $\sum_{i=1}^{m} R(X_i)$으로 나타내고, Y자료들의 순위합은 $\sum_{j=m+1}^{N} R_j$ 또는 $\sum_{j=1}^{n} R(Y_j)$로 나타낸다.

3.2 맨-휘트니 검정

$X_1, \cdots, X_m$ 을 위치모수가 θ_1 인 $F(x)$ 로부터의 확률표본이고, $Y_1, \cdots, Y_n$ 은 위치모수가 θ_2 인 $G(y) = F(x+\delta)$ 로부터의 확률표본이며, 이들은 서로 독립이다. 이때 δ는 두 모집단 위치모수의 차이이며, 이때 위치모수는 평균 또는 중앙값이 될 수 있다. 이 검정의 가설은 다음과 같다.

$$H_0 : \theta_1 = \theta_2 \quad \text{vs} \quad H_1 : \theta_1 > \theta_2$$
$$H_1 : \theta_1 < \theta_2$$
$$H_1 : \theta_1 \neq \theta_2$$

유의 아래의 대립가설은 서로 동치임에 유의하기 바란다.

$$H_1 : \theta_1 > \theta_2$$
$$\Leftrightarrow H_1 : F(z) < G(z) \quad \text{for} \quad \text{all} \quad z.$$
$\Leftrightarrow X$가 Y보다 확률적으로(stochastically) 크다($X \overset{sto}{>} Y$).

두 표본의 자료가 주어질 때 윌콕슨(Wilcoxon)의 순위합(rank sum) 검정통계량(W)과 맨-휘트니(Mann-Whitney) 검정통계량(U)은 각각 다음과 같이 정의된다. 두 통계량은 본질적으로 동등하며, 따라서 동일한 검정 결과(p-값)를 제공한다.

(a) 윌콕슨의 순위합 검정통계량

$$W = \text{혼합표본에서 } X\text{자료들의 순위합}$$
$$= \sum_{i=1}^{m} R(X_i).$$
(단, 동점인 경우에는 중간순위를 사용함.)

여기서 $R(X_i)$는 혼합표본에서 X_i의 순위이다.

(b) 맨-휘트니 검정통계량

$U=$ 각 X_i들에 대해 그 값보다 작은 Y자료의 개수들의 합

(단, 동점인 경우에는 1/2을 더함.)

$$= \sum_{i=1}^{m}\sum_{j=1}^{n}\psi(X_i - Y_j), \quad \psi(t) = \begin{cases} 1, & t > 0 \\ 1/2, & t = 0 \\ 0, & t < 0. \end{cases}$$

(예) $m=2$, $n=3$인 경우, 자료가 아래 그림과 같이 주어질 때 두 검정통계량의 계산 결과이다.

●: X표본($m=2$), ○: Y표본($n=3$)

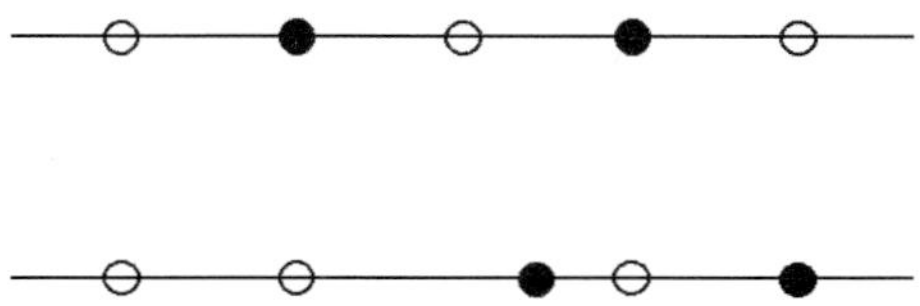

	W	U
○ ● ○ ● ○	$2+4=6$	$1+2=3$
○ ○ ● ○ ●	$3+5=8$	$2+3=5$

검정통계량 W와 U의 귀무분포는 다음의 [표 3.1]과 같이 구해진다. 예를 들어, $m=2$, $n=3$인 경우, X와 Y표본의 배열은 아래 표와 같이 총 10가지로 나타나며(5!/(3!2!)), 각 경우는 귀무가설하에서 1/10로 동일한 확률을 가진다.

[표 3.1] 자료의 순위배열과 검정통계량의 값($m=2, n=3$)

X자료의 순위 집합	배열	검정통계량		H_0하에서의 확률
		W	U	
{1, 2}	$X\ X\ Y\ Y\ Y$	3	0	1/10
{1, 3}	$X\ Y\ X\ Y\ Y$	4	1	1/10
{1, 4}	$X\ Y\ Y\ X\ Y$	5	2	1/10
{1, 5}	$X\ Y\ Y\ Y\ X$	6	3	1/10
{2, 3}	$Y\ X\ X\ Y\ Y$	5	2	1/10
{2, 4}	$Y\ X\ Y\ X\ Y$	6	3	1/10
{2, 5}	$Y\ X\ Y\ Y\ X$	7	4	1/10
{3, 4}	$Y\ Y\ X\ X\ Y$	7	4	1/10
{3, 5}	$Y\ Y\ X\ Y\ X$	8	5	1/10
{4, 5}	$Y\ Y\ Y\ X\ X$	9	6	1/10

따라서 검정통계량(W와 U)의 귀무분포는 다음과 같다.

w	3	4	5	6	7	8	9	합
$P_{H_0}(W=w)$	1/10	1/10	2/10	2/10	2/10	1/10	1/10	1

u	0	1	2	3	4	5	6	합
$P_{H_0}(U=u)$	1/10	1/10	2/10	2/10	2/10	1/10	1/10	1

R의 Wilcoxon{stats} 함수는 윌콕슨의 순위합 검정통계량과 관련된 여러 가지 함수를 제공한다. R에서 'd,p,q,r+(분포명)'은 차례대로 밀도함수(density), 누적확률(cumulative probability), 분위수(quantile) 및 난수(random number)를 제공한다. 그 형식은 다음과 같다.

- dwilcox(x, m, n, log = FALSE)
- pwilcox(q, m, n, lower.tail = TRUE, log.p = FALSE)
- qwilcox(p, m, n, lower.tail = TRUE, log.p = FALSE)
- rwilcox(nn, m, n)

예를 들어, 위의 귀무분포로부터 검정통계량(U)의 꼬리확률은 다음과 같이 구해진다.

```
> # lower.tail=TRUE가 디폴트임
> pwilcox(2,3,2,lower.tail=TRUE)
[1] 0.4
> pwilcox(4,3,2,lower.tail=TRUE)
[1] 0.8
> # lower.tail=FALSE (비추천: 사용 시에 주의를 요함)
> pwilcox(2,3,2,lower.tail=FALSE)
[1] 0.6
> pwilcox(4,3,2,lower.tail=FALSE)
[1] 0.2
```

- **(W와 U의 관계)** 이론적으로 W와 U 간에는 다음의 관계가 성립하므로, 두 검정은 동등하다.

$$W = U + \frac{m(m+1)}{2}.$$

(증명) $X_{(1)} < X_{(2)} < \cdots < X_{(m)}$을 X표본의 순서통계량이라고 하자. 혼합표본에서 $X_{(i)}$의 순위를 $R_{(i)}$라고 할 때,

$$\begin{aligned} R_{(i)} &= i + (R_{(i)} - i) \\ &= X_{(i)} \text{ 이하인 } X\text{표본의 수} + X_{(i)} \text{ 이하인 } Y\text{표본의 수} \end{aligned}$$

이다. 양변을 i에 대해 더해주면 위의 식이 성립한다.

참고

Wilcoxon(1945)과 Mann과 Whitney(1947)가 독립적으로 제안한 두 검정법은 이후 동등한 방법임이 알려지면서 두 방법을 구분하지 않고 Wilcoxon의 순위합검정, Mann–Whitney–Wilcoxon(MHW) 검정 또는 Wilcoxon–Mann–Whitney(WMH) 검정 등으로 부르기도 한다. R의 dwilcox() 및 wilcox.test() 등의 기본 함수에서는 Wilcoxon의 W 대신 Mann–Whitney의 U 통계량을 사용한다.

■ **(대표본 검정)** m과 n이 충분히 큰 경우, 다음의 사실에 기초하여 순위합검정을 수행한다.

$$\frac{W - E_0(W)}{\sqrt{Var_0(W)}} \underset{H_0}{\overset{\cdot}{\sim}} N(0, 1) \text{ for large } m, n.$$

여기서 $E_0(W)$와 $Var_0(W)$는 귀무가설하에서의 평균과 분산으로 다음과 같이 주어진다.

$$E_0(W) = \frac{m(m+n+1)}{2}, \quad Var_0(W) = \frac{mn(m+n+1)}{12}.$$

유의 검정통계량을 X 대신 Y자료들의 순위합으로 정의하면, $E_0(W) = n(m+n+1)/2$이 된다.

대표본 검정에서 동점 자료가 있는 경우에는 다음의 수정된 분산을 사용한다.

$$Var_0(W) = \frac{mn}{12}\left[m+n+1 - \frac{\sum_{i=1}^{g} t_i(t_i^2 - 1)}{(m+n)(m+n+1)}\right].$$

여기서 g는 동점 그룹의 수이고, t_i는 i-번째 동점 그룹의 크기이다.

■ **(대표본 검정)** W 대신 U를 사용한 대표본 검정도 유사하다. 이 경우에는 다음 사실을 이용한다.

$$E_0(U) = \frac{mn}{2}, \qquad Var_0(U) = \frac{mn(m+n+1)}{12}.$$

(증명) 귀무가설($H_o : G(z) = F(z)$)하에서 다음의 사실 (ⅰ)~(iii)이 성립한다.

(ⅰ) $P(X_i > Y_j) = \frac{1}{2} = P(X_i < Y_j)$.

(ii) $P(X_i > Y_j,\ X_i > Y_k) = \frac{1}{3} = P(X_i > Y_j,\ X_l > Y_j)$.

(iii) $P(X_i > Y_j,\ X_l > Y_k) = P(X_i > Y_j)P(X_l > Y_k) = \frac{1}{4}$.

위의 사실로부터 $U = \sum_i \sum_j Z_{ij},\ Z_{ij} = I(X_i > Y_j)$의 평균과 분산은 다음과 같이 계산된다.

$$E(U) = \sum_i \sum_j \frac{1}{2} = \frac{mn}{2}.$$

$$\begin{aligned} E(U^2) &= \sum_i \sum_j \sum_l \sum_k E(Z_{ij} \cdot Z_{lk}) \\ &= \sum\sum_{\substack{i=l \\ j=k}} E(Z_{ij}^2) + \sum\sum\sum_{\substack{i=l \\ j\neq k}} E(Z_{ij} \cdot Z_{ik}) \\ &\quad + \sum\sum\sum_{\substack{j=k \\ i\neq l}} E(Z_{ij} \cdot Z_{lj}) + \sum\sum\sum\sum_{\substack{i\neq l \\ j\neq k}} E(Z_{ij} \cdot Z_{lk}) \\ &= \frac{1}{2}mn + \frac{1}{3}mn(n-1) + \frac{1}{3}nm(m-1) + \frac{1}{4}m(m-1)n(n-1). \end{aligned}$$

$$Var(U) = E(U^2) - E(U)^2 = \frac{1}{12}mn(m+n+1).$$

■ **(귀무분포의 대칭성)** W의 귀무분포는 평균에 대해 대칭이므로

$$w(\alpha,m,n)-\frac{m(m+n+1)}{2}=\frac{m(m+n+1)}{2}-w(1-\alpha,m,n)$$

이다. 따라서 $w(\alpha,m,n)=m(m+n+1)-w(1-\alpha,m,n)$이 성립하며, 이를 이용하면 한쪽 꼬리확률을 이용하여 반대쪽 꼬리확률을 구할 수 있다(소표본 검정에서 분포표를 이용할 경우에 유용함). 여기서 $w(\alpha,m,n)$은 W의 귀무분포에서 상위 α 분위수이다.

마찬가지로, U에 대해서는 다음이 성립한다. 즉,

$$u(\alpha,m,n)=mn-u(1-\alpha,m,n).$$

참고 동점 자료에 대한 처리: 중간순위

순위에 기초한 검정에서 일반적으로 모집단의 분포를 연속으로 가정한다. 따라서 이론적으로는 동점의 자료가 발생할 수 없으나, 실무에서는 여러 가지 이유(실제 모집단이 이산적이거나 측정의 정밀도 한계 등)로 동점이 발생하게 된다. 동점 자료의 처리에 가장 많이 사용되는 방법은 중간순위 방법이다. 중간순위(midrank) 또는 평균순위(average rank) 방법은 동점인 자료 각각에 순위의 단순평균으로 동점순위를 할당하는 방법이다. 그러나 순위의 귀무분포가 영향을 받게 된다. 즉, 동점순위를 사용하면 순위의 평균은 바뀌지 않지만 분산은 줄어들게 된다. 중간순위가 사용되는 경우 일부 검정의 경우 동점에 대한 수정이 검정통계량에 포함될 수 있다. 다른 방법으로, 동점인 자료를 모두 버리고 자료의 수를 줄이는 방법이 있다. 이 방법은 확실히 정보 손실로 이어지지만 제거되는 관측값이 표본크기에 비해 적으면 손실이 최소화될 수 있다. 이 절차는 일반적으로 귀무가설을 기각하는 편향을 초래한다.

3.3 R 예제

R의 wilcox.test() 함수는 일표본과 이표본에서의 t-검정에 대응하는 비모수적 검정을 수행한다. 이표본의 경우 맨-휘트니 검정이 수행된다. 이 함수의 일반 형식은 다음과 같다.

```
wilcox.test(x, y = NULL,
            alternative = c("two.sided", "less", "greater"),
            mu = 0, paired = FALSE, exact = NULL, correct = TRUE,
```

```
           conf.int = FALSE, conf.level = 0.95, ...)
wilcox.test(formula, data, subset, na.action, ...)
```

윌콕슨의 순위합검정(디폴트: 맨-휘트니 검정)은 다음과 같이 수행한다.

```
wilcox.test(y~A)    # y: 수치형 벡터, A: 이진형 요인(binary factor)
wilcox.test(y, x)   # y, x: 수치형 벡터
```

예제 3.1 순위합검정: 알코올 치료 자료

$N = 23$명이 알코올 치료 프로그램에 참여하였다. $m = 12$명은 통제 조건에 할당되었고, $n = 11$명은 사회기술훈련(SST)에 할당되었다. 프로그램을 이행 후 1년간의 알코올 섭취량을 측정하였다(단위: 리터). SST 프로그램이 알코올 섭취를 줄였는지를 검정하고자 한다.

```
> x: 통제 그룹, y: SST 프로그램
> x <- c(1042, 1617, 1180, 973, 1552, 1251, 1151, 1511, 728, 1079, 951, 1319)
> y <- c(874, 389, 612, 798, 1152, 893, 541, 741, 1064, 862, 213)
> r <- rank(c(x,y))
> sum(r[1:12])
[1] 195
> sum(r[13:23])
[1] 81

> ## 윌콕슨의 순위합검정
> wilcox.test(x, y, alternative = "greater")     # H_1 : θ_1 > θ_2을 의미함

        Wilcoxon rank sum exact test

data:  x and y
W = 117, p-value = 0.0004904     # W는 맨-휘트니 검정통계량임
alternative hypothesis: true location shift is greater than 0
```

(해석) 제시된 W=117은 맨-휘트니 U 통계량으로, p-value는 아래와 같이 계산될 수 있다.

```
> 1-pwilcox(116, 12, 11, lower.tail=TRUE)
[1] 0.0004903563
```

참고로 t-검정의 결과를 제시하면 다음과 같다.

```
> ## t-검정
> t.test(x, y, alternative = "greater", var.equal = TRUE)

        Two Sample t-test
```

```
data:  x and y
t = 3.9835, df = 21, p-value = 0.0003379
alternative hypothesis: true difference in means is greater than 0
95 percent confidence interval:
 259.1703      Inf
sample estimates:
mean of x mean of y
1196.1667  739.9091

> ## Welch의 t-검정
> t.test(x, y, alternative = "greater")

      Welch Two Sample t-test

data:  x and y
t = 3.9747, df = 20.599, p-value = 0.0003559
alternative hypothesis: true difference in means is greater than 0
95 percent confidence interval:
 258.5566      Inf
sample estimates:
mean of x mean of y
1196.1667  739.9091
```

3.4 van der Waerden 검정

이표본 위치모수에 대한 순위합검정의 대안적인 방법으로 van der Waerden 검정을 소개한다. 이 검정은 순위합검정에서의 순위를 표준정규분포의 분위수로 변환한 값에 기초한다. 검정통계량(S)은 다음과 같다.

$$S = \sum_{i=1}^{m} \Phi^{-1}\left(\frac{R_i}{N+1}\right).$$

여기서 $\Phi^{-1}(R_i/N+1)$은 정규점수로 불린다(엄밀히는 '분위수(quantile) 정규점수' 또는 'van der Waerden 점수'로 불린다).

검정통계량(S)의 분포는 대칭이며 귀무가설하에서의 평균과 분산은 다음과 같다.

$$E_0(S)=0, \quad Var_0(S)=\frac{mn}{N(N-1)}\sum_{i=1}^{N}\left[\Phi^{-1}\left(\frac{R_i}{N+1}\right)\right]^2.$$

이 검정은 정규분포를 따르는 모집단에 대해 뛰어난 방법으로 알려져 있다.

■ **(대표본 검정)** 대표본의 경우에는 다음의 사실에 기초하여 검정을 수행한다.

$$\frac{S-E_0(S)}{\sqrt{Var_0(S)}} \underset{H_0}{\overset{\cdot}{\sim}} N(0,1).$$

참고 **Terry-Hoeffding 검정: 이표본 위치 문제**

Terry-Hoeffding(또는 Fisher-Yates-Terry-Hoeffding) 검정은 van der Waerden과 유사한 검정으로, '분위수 정규점수' 대신 '기댓값(expected value) 정규점수'를 사용하는 검정이다. 검정통계량(S')은 다음과 같다.

$$S'=\sum_{i=1}^{m}E\left[\Phi^{-1}\left(U_{(i)}\right)\right] \text{ 또는 } \sum_{i=1}^{m}E\left[Z_{(i)}\right].$$

여기서 $U_{(i)}$와 $Z_{(i)}$는 각각 $U(0,1)$과 $N(0,1)$으로부터 $N(=m+n)$개 확률표본의 i-번째 순서통계량이다. 귀무가설하에서의 평균과 분산은 다음과 같다.

$$E(S')=0, \quad Var_0(S')=\frac{mn}{N(N-1)}\sum_{i=1}^{N}\left[E(Z_{(i)})\right]^2.$$

van der Waerden 검정과 마찬가지로 정규분포를 따르는 모집단에 대해 뛰어난 방법으로 알려져 있다.

4장 일원배치법

4.1 서론

이 장에서는 서로 독립인 $k(\geq 3)$표본(또는 완전임의배열법(CRD))에서 위치모수(또는 처리효과)를 비교하는 비모수적 방법을 다룬다. 두 모집단에 대한 맨–휘트니 검정의 확장으로 크루스칼–왈리스(Kruskal–Wallis, 이하 K–W) 검정법을 소개한다. 이 방법은 각 모집단에 대해 정규성 가정을 하지 않으며, 원시자료 대신 순위자료를 이용하여 분석을 수행한다. 이때 순위(rank)는 전체 자료로부터 매겨진 순위가 사용된다.

4.2 크루스칼-왈리스 검정

4.2.1 검정법 소개

K-W 검정에 사용되는 자료 구조와 검정 절차는 다음과 같다.

(i) 자료 구조

반복 \ 처리	처리1	처리2	$\cdots$	처리k	
1 2 · · ·		R_{ij} (전체 자료로부터 구한 순위)			단, 동점인 경우는 중간순위를 부여함.
자료 수	n_1	n_2	$\cdots$	n_k	$N=\sum n_i$
합	$R_1.$	$R_2.$	$\cdots$	$R_k.$	$R_{..}$
평균	$\overline{R}_1.$	$\overline{R}_2.$	$\cdots$	$\overline{R}_k.$	$\overline{R}_{..}$

(ii) 가설

H_0 : 처리효과들이 모두 같다.

vs H_1 : 모든 처리효과가 모두 같지는 않다.

(iii) **(대표본 검정)** 검정통계량(H)과 근사 귀무분포는 다음과 같다.

$$H=\frac{12}{N(N+1)}\sum_{i=1}^{k} n_i(\overline{R}_i. - \overline{R}_{..})^2, \quad \overline{R}_{..}=\frac{N+1}{2}$$

$$=\frac{12}{N(N+1)}\sum_{i=1}^{k}\frac{R_{i.}^2}{n_i}-3(N+1) \quad \text{(간편식)}$$

$$\underset{H_0}{\dot{\sim}} \ \chi^2(k-1) \ \text{for large } n.$$

■ **(간편식 유도)** 간편식의 유도과정은 다음과 같다.

$$\begin{aligned} H &= \frac{12}{N(N+1)}\left[\sum n_i \overline{R}_i.^2 - (N+1)\sum n_i \overline{R}_i. + \frac{N(N+1)^2}{4}\right] \\ &= \frac{12}{N(N+1)}\left[\sum \frac{R_i^2.}{n_i} - (N+1)\sum R_i. + \frac{N(N+1)^2}{4}\right] \\ &= \frac{12}{N(N+1)}\left[\sum \frac{R_i^2.}{n_i} - \frac{N(N+1)^2}{2} + \frac{N(N+1)^2}{4}\right] \\ &= \frac{12}{N(N+1)}\sum \frac{R_i^2.}{n_i} - 3(N+1). \end{aligned}$$

■ **(소표본의 경우)** n_i들이 작은 경우에는 검정통계량의 정확한 귀무분포에 기초하여 검정을 수행한다.

■ $k=2$인 경우, 크루스칼–왈리스 검정은 맨–휘트니 검정과 동등하다. 즉, 다음이 성립함을 쉽게 확인할 수 있다($n_2 = N - n_1$, $R_2. = N(N+1)/2 - R_1.$ 을 이용).

$$\begin{aligned} H &= \frac{12}{N(N+1)}\left(\frac{R_1^2.}{n_1} + \frac{R_2^2.}{n_2}\right) - 3(N+1) \\ &= \cdots = \frac{\left[R_1. - \dfrac{n_1(N+1)}{2}\right]^2}{n_1 n_2 (N+1)/12} \equiv \left[\frac{W - E_0(W)}{\sqrt{Var_0(W)}}\right]^2. \end{aligned}$$

■ **(동점 처리)** 동점이 있는 경우에는 중간순위를 사용한다. 다만 동점이 있는 경우에는 다음의 수정된 검정통계량(H')을 사용하되 검정 절차는 동일하다.

$$H' = \frac{H}{1 - \sum_{i=1}^{g}(t_i^3 - t_i)/(N^3 - N)}.$$

여기서 g는 동점 그룹의 수이고, t_i는 i-번째 동점 그룹의 크기이다.

■ **(모수적 방법과의 비교)** F 검정통계량은 $F=\dfrac{MS_T}{MSE}=c\cdot\dfrac{SS_T}{SST-SS_T}$ 이고, 순위자료 (R_{ij})를 사용할 경우 SST는 상수가 되고 SS_T는 $\dfrac{N(N+1)}{12}H$ 이므로 F는 H의 증가함수이다.

■ **(다중비교)** K–W 검정 결과가 유의한 경우에는 다중비교를 실시할 수 있다. 즉, 아래 식을 만족할 때 처리 i와 j가 유의하다고 판정한다.

$$\left|\frac{R_i.}{n_i}-\frac{R_j.}{n_j}\right|>t_{\frac{\alpha}{2}}(N-k)\left(S^2\frac{N-1-H}{N-k}\right)^{1/2}\left(\frac{1}{n_i}+\frac{1}{n_j}\right)^{1/2}.$$

여기서 H는 K–W 검정통계량이다. R의 {PMCMRplus} 패키지를 이용할 수 있다.

4.2.2 검정통계량의 귀무분포

이 절에서는 K–W 검정통계량의 정확한 귀무분포를 구하는 방법을 소개한다. 편의상, 모집단의 수(k)가 3이고, 각 모집단으로부터의 표본크기가 $n_1=2, n_2=1, n_3=1$인 경우를 소개한다. 3개 모집단의 분포가 모두 동일하다는 귀무가설하에서, 각 자료는 동일한 확률로 1 ~ 4의 값을 취할 수 있다. [표 4.1]은 모든 가능한 순위 배열과 이에 대응하는 검정통계량 값을 계산한 것이다. 서로 다른 순위 배열은 총 12가지로, 이는 $\binom{4}{2}\binom{2}{1}\binom{1}{1}$ 또는 $\dfrac{2!1!1!}{4!}$ 으로부터 구해진다.

[표 4.1] **K–W 검정통계량(H)의 귀무분포($n_1=2, n_2=1, n_3=1$)**

경우	순위 배열			검정통계량 H	H_0 하에서의확률
	표본1	표본2	표본3		
1	1,2	3	4	2.7	1/12
2	1,2	4	3	2.7	1/12
3	1,3	2	4	1.8	1/12
4	1,3	4	2	1.8	1/12
5	1,4	2	3	0.3	1/12

경우	순위 배열			검정통계량 H	H_0 하에서의확률
	표본1	표본2	표본3		
6	1, 4	3	2	0.3	1/12
7	2, 3	1	4	2.7	1/12
8	2, 3	4	1	2.7	1/12
9	2, 4	1	3	1.8	1/12
10	2, 4	3	1	1.8	1/12
11	3, 4	1	2	2.7	1/12
12	3, 4	2	1	2.7	1/12

따라서 검정통계량(H)의 귀무분포는 다음과 같다.

h	0.3	1.8	2.7	합계
$P_{H_0}(H=h)$	1/6	1/3	1/2	1

4.3 죤키어-터프스트라 검정

죤키어-터프스트라(Jonckheere-Terpstra)는 대립가설이 순서적인 정보를 가지는 경우 크루스칼-왈리스 검정보다 더 강력한 검정법을 다음과 같이 제안하였다. 순서형 대립가설의 예로, 투여량을 증가할수록 약의 효능이 커지는 경우를 들 수 있다.

(i) 가설: 순서형 대립가설

$$H_0 : \tau_1 = \tau_2 = \cdots = \tau_k \text{(처리효과들이 모두 동일하다)}$$

$$\text{vs} \quad H_1 : \tau_1 \le \tau_2 \le \cdots \le \tau_k$$

(최소한 한 개의 부등식은 절대적임)

(ii) 검정통계량(J)

$$J = \binom{k}{2} \text{개의 맨-휘트니 } U \text{ 통계량들의 합}$$

(단, 동점인 경우에는 1/2을 고려함.)

$$= \sum_{i<j} U_{ij} \quad \text{또는} \quad \sum_{i=1}^{k-1} \sum_{j=i+1}^{k} U_{ij}.$$

여기서 U_{ij}는 처리i와 처리j 간의 맨-휘트니 검정통계량이다. $k=2$인 경우는 맨-휘트니 단측 검정과 동일하다.

(iii) **(대표본 검정)** 충분히 큰 n_i들에 대해(> 30), 검정통계량의 근사 귀무분포는 다음과 같다.

$$Z = \frac{J - E_0(J)}{\sqrt{Var_0(J)}} \underset{H_0}{\overset{\cdot}{\sim}} N(0,1) \text{ for large } n_i{}'s.$$

여기서 $E_0(J)$와 $Var_0(J)$는 귀무가설하에서의 평균과 분산으로 다음과 같다.

$$E_0(J) = \frac{1}{4}\left(N^2 - \sum_{i=1}^{k} n_i^2\right), \quad Var_0(J) = \frac{1}{72}\left[N^2(2N+3) - \sum_{j=1}^{k} n_i^2(2n_i+3)\right].$$

- **(소표본의 경우)** n_i들이 작은 경우에는(≤ 30), 검정통계량 J의 정확한 귀무분포에 기초하여 검정을 수행한다.

4.4 R 예제

R의 kruskal.test() 함수는 크루스칼-왈리스 검정을 수행한다. 이 함수의 일반 형식은 다음과 같다.

```
kruskal.test(x, g, ...)
kruskal.test(formula, data, subset, na.action, ...)
```

- g: 그룹을 나타내는 벡터 또는 요인 객체
  (예) kruskal.test(y~A)　　# y: 수치형 벡터, A: 요인(factor)

예제 4.1　**크루스칼-왈리스 검정**

```
> data(PlantGrowth)
> result = kruskal.test(weight ~ group,
                        data = PlantGrowth)
> result

	Kruskal-Wallis rank sum test

data:  weight by group
Kruskal-Wallis chi-squared = 7.9882, df = 2, p-value = 0.01842
```

존키어-터프스트라 검정은 jonckheereTest{PMCMRplus} 또는 jonckheere.test{clinfun} 함수를 이용할 수 있다. jonckheere.test() 함수의 일반 형식은 다음과 같다.

```
jonckheere.test(x, g, alternative = c("two.sided", "increasing",
               "decreasing"), nperm=NULL)
```

예제 4.2　**존키어-터프스트라 검정**

```
> library(clinfun)
> set.seed(123)
> g <- rep(1:5, rep(10,5))
> x <- rnorm(50)
> jonckheere.test(x+0.3*g, g)

	Jonckheere-Terpstra test

data:
JT = 666, p-value = 0.004225
alternative hypothesis: two.sided
4.5 van der Waerden 검정
```

4.5 van der Waerden 검정

van der Waerden 검정은 일원배치모형에서 다음 가설에 대한 검정을 수행한다.

H_0 : k개 모집단의 분포함수가 모두 동일하다.

vs H_1 : 모집단 중 하나 이상이 다른 모집단 중 하나 이상보다 더 큰 관측값을 생성하는 경향이 있다.

이 검정은 Kruskal-Wallis 검정에서의 순위를 표준정규분포의 분위수로 변환한 값(즉, 정규점수)인 A_{ij}에 기초한다(이로부터 정규점수 검정으로도 불린다).

$$A_{ij} = \Phi^{-1}\left(\frac{R(X_{ij})}{N+1}\right).$$

여기서 $R(X_{ij})$는 혼합표본에서 X_{ij}의 순위이다.

van der Waerden 검정통계량(T)과 근사 귀무분포는 다음과 같다.

$$T = \frac{1}{S^2}\sum_{i=1}^{k} n_i \overline{A}_i^2 \underset{H_0}{\dot{\sim}} \chi^2(k-1) \text{ as } \min(n_1, \cdots, n_k) \to \infty.$$

여기서 $\overline{A}_i$는 표본i에 대한 정규점수의 평균이고, S^2은 정규점수의 분산으로 다음과 같다.

$$\overline{A}_i = \frac{1}{n_i}\sum_{j=1}^{n_i} A_{ij}\ (i = 1, \cdots, k),\ \ S^2 = \frac{1}{N-1}\sum_{i=1}^{k}\sum_{j=1}^{n_i} A_{ij}^2.$$

- van der Waerden 검정의 k표본 버전은 van der Waerden(1952, 1953)이 발표한 이표본 검정의 확장이다.
- van der Waerden 검정의 장점은 정규성 가정이 실제로 충족될 때 표준 ANOVA 분석(F-검정)의 높은 효율성을 제공하며, 정규성 가정이 충족되지 않을 때 Kruskal-Wallis 검정의 로버스트성을 제공한다는 점이다.

참고 Terry–Hoeffding 검정: k표본 위치문제

Terry–Hoeffding(또는 Fisher–Yates–Terry–Hoeffding) 검정은 van der Waerden과 유사한 검정으로, 분위수 정규점수 A_{ij} 대신 기댓값 정규점수 $A_{ij}' = [E(Z_{(i)j})]$를 사용하는 검정이다. 검정 절차는 van der Waerden 검정과 유사하다.

예제 4.3 van der Waerden 검정

```
> attach(InsectSprays)
> library(PMCMRplus)
> vanWaerdenTest(count, spray)

	Van der Waerden normal scores test

data:  count and spray
Van der Waerden chi-squared = 50.302, df = 5, p-value =
1.202e-09
```

5장

이원배치법

5.1 서론

이 장에서는 블록(block)인자를 포함하는 이원배치모형(완전확률화블록계획(RCBD)이라고도 함)에서의 분산분석(two-way ANOVA) 또는 연관된 k표본에 대한 분산분석을 수행한다. 이 방법은 각 모집단에 대해 정규성 가정을 하지 않으며, 원시자료 대신 순위자료를 이용하여 분석을 수행한다. 이때 순위(rank)는 블록 내에서 매겨진 순위가 사용된다.

5.2 프리드만 검정

프리드만(Friedman) 검정에 사용되는 자료 구조와 검정 절차는 다음과 같다.

(i) 자료 구조

블록 \ 처리	처리1	처리2	⋯	처리k	합
1 2 · · · n		R_{ij} (블록j 내에서 매긴 처리i의 순위)			단, 동점인 경우는 중간순위를 부여함.
합	$R_1.$	$R_2.$	⋯	$R_k.$	$R_{..}$
평균	$\overline{R}_1.$	$\overline{R}_2.$	⋯	$\overline{R}_k.$	$\overline{R}_{..}$

(ii) 가설

$$H_0 : \text{처리효과들이 모두 같다.}$$
$$\text{vs} \quad H_1 : \text{모든 처리효과가 같지는 않다.}$$

(iii) **(대표본 검정)** 검정통계량(S)과 근사 귀무분포는 다음과 같다.

$$S = \frac{12n}{k(k+1)} \sum_{i=1}^{k} (\overline{R}_i. - \overline{R}_{..})^2, \quad \overline{R}_{..} = \frac{k+1}{2}$$
$$= \frac{12}{nk(k+1)} \sum_{i=1}^{k} R_i^2. - 3n(k+1)$$
$$\underset{H_0}{\overset{\cdot}{\sim}} \chi^2(k-1) \text{ for large } n.$$

■ **(소표본의 경우)** n(블록의 수)이 작은 경우에는, 검정통계량 S의 정확한 귀무분포에 기초하여 검정을 수행한다.

■ **(동점 처리)** 동점이 있는 경우에는 중간순위를 사용한다. 다만 이 경우에는 다음의 수정된 검정통계량(S')을 사용하되 검정 절차는 동일하다.

$$S' = \frac{S}{1 - \sum_{j=1}^{n}\left(\sum_{i=1}^{g_j} t_{ij}^3 - \sum_{i=1}^{g_j} t_{ij}\right) / \left[nk(k^2-1)\right]}.$$

여기서 g_j는 j-번째 블록 내에서 동점 그룹의 수이며, t_{ij}는 j-번째 블록에서 i-번째 동점 그룹의 크기이다. 이때 동점이 없는 경우에도 $t_{ij}=1$로 계산한다.

■ **(모수적 방법과의 비교)** F 검정통계량은 $F = \frac{MS_T}{MSE} = c \cdot \frac{SS_T}{SST - SS_T - SS_B}$ 이고, 블록별 순위 자료(R_{ij})를 사용할 경우 SST와 SS_B는 상수가 되고 SS_T는 $\frac{k(k+1)}{12}S$ 이므로 F는 S의 증가함수이다.

■ **(다중비교)** 프리드만 검정에 기초한 다중비교는 매우 다양하다. 자세한 내용은 「R 다중비교와 다중검정(나종화)」을 참고하기 바란다.

참고 효과크기: 캔달의 일치계수(W)

캔달의 W(일치계수라고도 함)는 프리드만 검정통계량을 정규화(normalization)한 통계량으로, 평가자 간의 일치도(agreement among raters)를 평가하는 데 사용된다. $0 \sim 1$의 값을 가지며, 0은 일치성이 없음(즉, 무작위 순위)을, 1은 완전한 일치성을 나타낸다. 이 값은 프리드만 검정에서 효과크기로도 사용된다(R에서 kendalls_w{effectsize} 함수를 이용). 평가자의 수를 n, 개체의 수를 k라고 할 때, 캔달의 W는 다음과 같이 정의된다.

$$\begin{aligned} W &= \frac{12}{n^2(k^3-k)} \sum_{i=1}^{k}\left(R_{i\cdot} - \frac{1}{k}\sum_{i=1}^{k} R_{i\cdot}\right)^2 \\ &= \frac{12}{n^2(k^3-k)} \sum_{i=1}^{k}\left(R_{i\cdot} - \frac{n(k+1)}{2}\right)^2. \end{aligned}$$

또한, 프리드만 검정통계량(S)과는 $n(k-1)W = S$의 관계가 성립한다. 가설 'H_0 :평가자 간 일치성 없음'에 대한 검정은 다음 사실에 기초하여 수행한다($k \geq 5$ 또는 $n > 15$일 때).

$$n(k-1)W \underset{H_0}{\dot{\sim}} \chi^2(k-1) \text{ for large } n.$$

5.3 페이지 검정

블록인자를 가지는 이원배치모형에서도 처리효과에 대한 순서형 대립가설을 생각할 수 있다. 페이지(Page)에 의한 검정법을 소개하면 다음과 같다.

(i) 가설: 순서형 대립가설

$$H_0 : \tau_1 = \tau_2 = \cdots = \tau_k \text{(처리효과들이 모두 동일하다)}$$

$$\text{vs} \quad H_1 : \tau_1 \le \tau_2 \le \cdots \le \tau_k$$

(최소한 한 개의 부등식은 절대적임)

(ii) 검정통계량(L)

$$L = \sum_{i=1}^{k} i R_{i\cdot} = R_{1\cdot} + 2R_{2\cdot} + \cdots + kR_{k\cdot}.$$

(단, 동점인 경우에는 중간순위를 사용함.)

(iii) **(대표본 검정)** 검정통계량의 귀무분포는 다음과 같다.

$$Z = \frac{L - E_0(L)}{\sqrt{Var_0(L)}} \underset{H_0}{\overset{\cdot}{\sim}} N(0,1) \text{ for large } n.$$

여기서 $E_0(L)$과 $Var_0(L)$은 귀무가설하에서의 평균과 분산으로 다음과 같이 주어진다.

$$E_0(L) = \frac{nk(k+1)^2}{4}, \quad Var_0(L) = \frac{n(k^3-k)^2}{144(k-1)}.$$

- **(소표본의 경우)** n이 작은 경우에는 검정통계량 L의 정확한 귀무분포에 기초하여 검정을 수행한다.

5.4 R 예제

R의 friedman.test() 함수는 프리드만 검정을 수행한다. 이 함수의 일반 형식은 다음과 같다.

```
friedman.test(y, groups, blocks, ...)
friedman.test(formula, data, subset, na.action, ...)
```

- groups: 그룹을 나타내는 벡터
- blocks: 블록을 나타내는 벡터

  (예) friedman.test(y~A|B)　　# y는 수치형, A는 그룹화 요인, B는 블록화 요인임

  friedman.test(y, group=A, block=B)

예제 5.1　프리드만 검정

```
> data <- data.frame(person = rep(1:5, each=4),
             drug = rep(c(1, 2, 3, 4), times=5),
             score = c(30, 28, 16, 34, 14, 18, 10, 22, 24, 20,
                    18, 30, 38, 34, 20, 44, 26, 28, 14, 30))
> # 프리드만 검정
> friedman.test(y=data$score, groups=data$drug,
              blocks=data$person)

      Friedman rank sum test

data:  data$score, data$drug and data$person
Friedman chi-squared = 13.56, df = 3, p-value = 0.00357
```

(해석) p-값이 0.05보다 작으므로 유의수준 5%에서 4가지 약물에 따라 평균 반응시간이 동일하다는 귀무가설을 기각할 수 있다. 즉, 사용된 약물이 통계적으로 유의하다.

참고 사후 검정

[예제 5.1]의 프리드만 검정의 경우, 적절한 사후 검정으로 모든 쌍별 윌콕슨 순위합검정을 수행할 수 있다. 조정된 p-값으로 본페로니 수정[4]을 적용하면 다음과 같다.

```
> # 사후(post-hoc) 검정
> pairwise.wilcox.test(data$score, data$drug, p.adj = "bonf")

      Pairwise comparisons using Wilcoxon rank sum test with continuity correction

data:  data$score and data$drug

  1     2     3
2 1.000 -     -
3 0.449 0.210 -
4 1.000 1.000 0.072

P value adjustment method: bonferroni
```

(해석) 실험별 오류율(FWER) 0.10 수준에서 통계적으로 유의한 차이가 있는 약물 그룹은 (그룹 3과 4)이다('Bonferroni adjusted p-value'=0.072 〈 0.10).

페이지 검정은 pageTest{PMCMRplus} 또는 PageTest{DescTools} 함수를 이용할 수 있다. PageTest() 함수의 일반 형식은 다음과 같다.

```
PageTest(y, groups, blocks, …)
PageTest(formula, data, subset, na.action, …)
```

예제 5.2 페이지 검정

```
> library(DescTools)
> soa.mat <- matrix(c(.797,.873,.888,.923,.942,.956,
                      .794,.772,.908,.982,.946,.913,
                      .838,.801,.853,.951,.883,.837,
                      .815,.801,.747,.859,.887,.902), nrow=4, byrow=TRUE)
> PageTest(soa.mat)

      Page test for ordered alternatives

data:  soa.mat
L = 342, p-value = 0.0005661
```

4) 본페로니 수정((Bonferroni correction)에 대해서는 「R 다중비교와 다중검정(나종화)」을 참고할 것.

5.5 기타 검정

5.5.1 Cochran의 Q 검정 - 이진 응답 자료

Cochran의 Q 검정은 완전확률화블록계획(RCBD)에서 자료가 이진(binary)으로 주어지는 경우의 처리효과에 대한 검정이다. 예를 들어, 4개의 시험에 응시한 n명의 지원자의 합격 여부의 자료를 들 수 있다. 이 검정의 목적은 k개의 처리 효과가 동일한지를 검정하는 것이다.

(i) 자료 구조

블록 \ 처리	처리1	처리2	…	처리k	행 합
1					R_1
2					R_2
·		X_{ij}			·
·		(블록j에서 처리i의 관측값: 0 또는 1로 구성)			·
·					·
n					R_n
열 합	C_1	C_2	…	C_k	N

(ii) 가설

$$H_0 : \text{처리효과들이 모두 같다.}$$
$$\text{vs} \quad H_1 : \text{모든 처리효과가 같지는 않다.}$$

(iii) **(대표본 검정)** 검정통계량(Q)과 근사 귀무분포는 다음과 같다.

$$Q = \frac{k(k-1)\sum_{j=1}^{k}(C_j - N/k)^2}{\sum_{i=1}^{n} R_i(k - R_i)}$$

$$= \frac{k(k-1)\sum_{j=1}^{k} C_j^2 - (k-1)N^2}{kN - \sum_{i=1}^{n} R_i^2}$$

$$\underset{H_0}{\dot{\sim}} \chi^2(k-1) \text{ for large } n.$$

- Cochran의 Q 검정은 $H_0 : p_1 = \cdots = p_k$(처리별 성공 확률이 동일한지)를 검정하는 것과 동일하다. 예를 들어, 여러 분류기(classifiers)들 간에 분류 정확도에 차이가 없는지를 검정한다. 특히 처리의 수가 2인 경우($k=2$)에는 McNemar 검정[5)]과 동일하다(예: 동일한 대상에 대해 2차에 걸쳐 찬성 여부를 조사한 자료). 즉, 코크란 검정은 McNemar 검정의 일반화된 버전으로 간주할 수 있다.

R 패키지 {RVAideMemoire}의 cochran.qtest() 함수는 Cochran Q 검정을 수행한다. 이 함수의 일반 형식은 다음과 같다. 검정의 $p-$값이 유의하면 이 함수는 Wilcoxon의 부호검정을 사용하여 모든 쌍별 다중비교를 수행한다.

```
cochran.qtest(formula, data, alpha = 0.05, p.method = "fdr")
```

예제 5.3 코크란 Q 검정

```
> library(RVAideMemoire)
> response <- c(0,1,1,0,0,1,0,1,1,1,1,1,0,0,1,
                1,0,1,0,1,1,0,0,1,0,1,1,0,0,1)
> fact <- gl(3,1,30,labels=LETTERS[1:3])
> block <- gl(10,3,labels=letters[1:10])
> cochran.qtest(response~fact|block)

        Cochran's Q test

data:  response by fact, block = block
Q = 10.8889, df = 2, p-value = 0.00432
alternative hypothesis: true difference in probabilities is not equal to 0
sample estimates:
proba in group A proba in group B proba in group C
```

5) McNemar 검정에 대해서는 15.2절을 참고하기 바란다.

```
          0.2              0.5              1.0

        Pairwise comparisons using Wilcoxon sign test

        A       B
B 0.37500       -
C 0.02344 0.09375

P value adjustment method: fdr
```

5.5.2 Durbin 검정 - 균형불완비블록계획(BIBD)

Durbin 검정은 Friedman 검정의 변형으로 균형불완비블록계획(BIBD)에서의 처리효과에 대한 검정이다. BIBD는 완전확률화블록계획에서 결측이 발생한 경우로 볼 수 있으며, 그 특징은 다음과 같다: (ⅰ) 블록별로 같은 수의 처리에서 관측이 이루어지고, (ⅱ) 처리별로 같은 수의 블록에서 관측이 이루어지며, (ⅲ) 가능한 모든 처리 쌍들은 같은 수만큼 나타난다.

예를 들면, 7종류의 자동차 타이어의 내구성을 비교하기 위해 실제 운행 조건하에서 다음과 같이 실험을 실시하였다. 차량의 특성상 각 차량에 4종류의 타이어만 장착하였고, 주행 중 정기적으로 위치를 교체하였다. 다음 표는 평가 결과를 순위(오름차순)로 매긴 결과 자료이다.

차량 (블록)	타이어 종류(처리)						
	1	2	3	4	5	6	7(k)
1			3		1	4	2
2	1			3		4	2
3	2	1			3		4
4	1	2	4			3	
5		1	4	3			2
6	2		4	1	3		
7(n)		1		2	3	4	
합	R_1	R_2		……			R_7

k=처리 수(=7), n=블록 수(=7),
t=블록당 관측된 처리 수(=4), b=처리당 관측된 블록 수(=4).

가설은 다음과 같다.

$$H_0: \text{ 처리효과가 모두 동일하다.}$$

검정통계량(D)과 근사 귀무분포는 다음과 같다.

$$D = \frac{12(k-1)}{bk(t-1)(t+1)} \sum_{i=1}^{k} \left[R_i - \frac{b(t+1)}{2} \right]^2$$

$$= \frac{12(k-1)}{bk(t-1)(t+1)} \sum_{i=1}^{k} R_i^2 - \frac{3b(k-1)(t+1)}{t-1}$$

$$\underset{H_0}{\overset{\bullet}{\sim}} \chi^2(k-1) \text{ as } b \to \infty .$$

예제 5.4 Durbin 검정

```
> help(package="PMCMRplus")
> library(PMCMRplus)

> y <- matrix(c(
            NA, NA, 3, NA, 1, 4, 2,
            1, NA, NA, 3, NA, 4, 2,
            2, 1, NA, NA, 3, NA, 4,
            1, 2, 4, NA, NA, 3, NA,
            NA, 1, 4, 3, NA, NA, 2,
            2, NA, 4, 1, 3, NA, NA,
            NA, 1, NA, 2, 3, 4, NA
            ), ncol=7, nrow=7, byrow=TRUE,
            dimnames=list(1:7, LETTERS[1:7]))
> durbinTest(y)

     Durbin's rank sum test for a two-way
     balanced incomplete block design

data:  y
Durbin chi-squared = 15.771, df = 6, p-value = 0.01503
```

5.5.3 Quade 검정

Quade 검정은 Friedman 검정의 단점을 보완한 방법이다. Friedman 검정은 블록 내의 순위 정보만을 이용하므로 각 블록은 검정통계량 계산에서 동일한 가중값을 갖는다. 그러나 블록 효과의 크기가 다른 경우 블록에 대한 정보를 사용하여 개별 관측값에 가중을 적용하기 위해 Quade 검정은 각 블록의 범위(range)에 대한 순위 정보를 추가로 이용한다. 즉, 모든 블록 내의 순위에 블록 간의 순위를 곱한 'Quade 순위(S_{ij})'를 이용하며, 계산의 단순화를 위해 사전에 모든 블록 내의 순위에 평균순위를 미리 빼준다. 검정통계량은 다음과 같다.

먼저, 각 블록에서 범위를 계산하고 순위를 매긴다:

$$Q_j = \ j\text{-번째 블록에 대한 범위의 순위.}$$

Quade 순위 S_{ij}와 $S_i.$ 을 다음과 같이 정의한다.

$$S_{ij} = Q_j[R(X_{ij}) - \frac{(k+1)}{2}] \quad \& \quad S_i. = \sum_{j=1}^{n} S_{ij},\ i = 1, \cdots, k.$$

여기서 $R(X_{ij})$는 블록j 내에서 처리i의 순위이다.

검정통계량(Q)과 근사 귀무분포는 다음과 같다.

$$Q = \frac{(n-1)\sum_{i=1}^{k} S_i^2. /n}{\sum_{j=1}^{n}\sum_{i=1}^{k} S_{ij}^2 - \sum_{i=1}^{k} S_i^2. /n} \overset{\cdot}{\underset{H_0}{\sim}} F(k-1, (n-1)(k-1)) \text{ as } n \to \infty.$$

- **(다중비교)** Quade 검정에 기초한 다중비교는 다음과 같다. 즉, 아래 식을 만족할 때 처리 i와 j가 유의하다고 판정한다.

$$|S_i. - S_j.| > t_{\frac{\alpha}{2}}((n-1)(k-1))\sqrt{\frac{2n\left(\sum_{j=1}^{n}\sum_{i=1}^{k}S_{ij}^2 - \sum_{i=1}^{k}S_i^2. /n\right)}{(n-1)(k-1)}}.$$

이 방법은 자료 대신 S_{ij}에서 계산된 Fisher의 최소유의차(LSD)와 동등하다. R의 {PMCMRplus} 패키지를 이용할 수 있다.

- **(Friedman 검정과의 비교)** Quade 검정은 처리의 수(k)가 3인 경우에는 Friedman 검정보다 강력하며, 4 또는 5일 때는 유사하며, 6 이상에서는 Friedman 검정의 검정력이 보다 강력하다.

예제 5.5 Quade 검정

```
> # 7개 가게에서 일주일 동안 팔린 5개 브랜드의 핸드크림의 수
> y <- matrix(c( 5, 4, 7, 10, 12,
                 1, 3, 1, 0, 2,
                 16, 12, 22, 22, 35,
                 5, 4, 3, 5, 4,
                 10, 9, 7, 13, 10,
                 19, 18, 28, 37, 58,
                 10, 7, 6, 8, 7),
              nr = 7, byrow = TRUE,
              dimnames = list(Store = as.character(1:7), Brand = LETTERS[1:5]))
> y
     Brand
Store  A  B  C  D  E
    1  5  4  7 10 12
    2  1  3  1  0  2
    3 16 12 22 22 35
    4  5  4  3  5  4
    5 10  9  7 13 10
    6 19 18 28 37 58
    7 10  7  6  8  7

> quade.test(y)

      Quade test

data:  y
Quade F = 3.8293, num df = 4, denom df = 24, p-value = 0.01519
```

5.5.4 정렬된 순위 검정

정렬된 순위(Aligned Rank) 검정은 Quade 검정과 마찬가지로 블록의 정보를 이용하는 방법이다. Friedman의 검정은 블록 내의 순위 정보만을 이용하기 때문에 효율이 떨어질 수 있다(특히 처리 수가 적을 때). 정렬된 순위 검정은 블록 간의 비교 정보를 추가하는 방법으로 사전에 ART(Aligned Rank Transform)로 불리는 데이터 정렬(data alignment) 및 순위 변환(rank transform) 절차를 수행한다. ART 절차는 구체적으로 (ⅰ) (데이터 정렬) 블록 내의 모든 관측값으로부터 각각의 블록 평균(또는 블록 중앙값)을 빼줌으로써 블록과 처리조합에 따른 차이를 없애준다. (ⅱ) (순위 변환) 이렇게 정렬된 자료에 Kruskal-Wallis의 방식으로 순위를 매긴다(이를 정렬된 순위라고 한다).

정렬된 순위 검정은 만약 처리효과가 없다면 각 블록들의 정렬된 순위는 비슷할 것이라는 사실에 기초한다. 검정통계량(A)과 근사 귀무분포는 다음과 같다.

$$A = \frac{(k-1)\sum_{i=1}^{k}\left[\hat{R}_{i}. - \frac{n(nk+1)}{2}\right]^2}{\sum_{j=1}^{n}\sum_{i=1}^{k}\left(\hat{R}_{ij} - \frac{1}{k}\hat{R}._{j}\right)^2} \underset{H_0}{\overset{\cdot}{\sim}} \chi^2(k-1) \quad \text{as } n \to \infty.$$

여기서 $\hat{R}_{ij}$는 (블록j, 처리i) 자료의 정렬된 순위이고, $\hat{R}._{j}$은 블록j의 정렬된 순위합이고 $\hat{R}_{i}.$은 처리i의 정렬된 순위합이다.

■ 검정통계량 A는 실제 다음 식을 정리한 결과이다.

$$A = \sum_{i=1}^{k}\left(1-\frac{1}{k}\right)\cdot\left[\frac{\hat{R}_{i}. - E(\hat{R}_{i}.)}{\sqrt{Var(\hat{R}_{i}.)}}\right]^2.$$

여기서 $E(\hat{R}_{i}.)$와 $Var(\hat{R}_{i}.)$는 H_0하에서의 평균과 분산으로 다음과 같이 주어진다.

$$E(\hat{R}_{i}.) = \frac{n(nk+1)}{2}, \quad Var(\hat{R}_{i}.) = \frac{1}{k}\sum_{j=1}^{n}\sum_{i=1}^{k}\left(\hat{R}_{ij} - \frac{1}{k}\hat{R}._{j}\right)^2.$$

예제 5.6 정렬된 순위 검정

```
> library(ARTool)
> data(Higgins1990Table5)
> # ART 수행
> m <- art(DryMatter ~ Moisture*Fertilizer + (1|Tray), data=Higgins1990Table5)
> summary(m)
Aligned Rank Transform of Factorial Model

Call:
art(formula = DryMatter ~ Moisture * Fertilizer + (1 | Tray),
    data = Higgins1990Table5)

Column sums of aligned responses (should all be ~0):
           Moisture          Fertilizer Moisture:Fertilizer
                  0                   0                   0

F values of ANOVAs on aligned responses not of interest (should all be ~0):
   Min. 1st Qu.  Median    Mean 3rd Qu.    Max.
      0       0       0       0       0       0
```

(해석) 결과가 우수하게 나왔다(정렬 효과의 합은 0이고 관심사는 아니지만 정렬된 응답의 F-값은 모두 0으로 나옴). ART의 적절성을 평가하기 위해 더 자세한 정보를 원하면 항상 정렬된 자료의 ANOVA를 볼 수 있다. 이 ANOVA의 F-값은 모두 대략 0이어야 한다.

6장

척도 문제

6.1 서론

이 장에서는 이표본 및 k표본에서의 척도모수에 대한 검정을 다룬다. 이표본 검정에는 앤서리-브래들리, Mood, Klotz, Savage 검정 등이 있으며, 이들 검정은 모수적 검정인 F-검정의 대안적인 방법이다. 또한, 이표본 및 k표본에 적용 가능한 방법에는 제곱순위검정과 Fligner 검정이 있으며, 이들 검정은 모수적 검정인 Bartlett 검정이나 Levene 검정의 대안적인 방법이다.

6.2 이표본 척도 문제

이 절에서는 이표본에서 척도모수에 대한 비모수적 검정을 다룬다. 서로 독립인 두 표본을 다음과 같이 가정한다.

- $X_1, \cdots, X_m$: 모집단 분포 $F(\frac{x-\theta_1}{\tau_1})$로부터 크기 m의 확률표본.
- $Y_1, \cdots, Y_n$: 모집단 분포 $F(\frac{y-\theta_2}{\tau_2})$로부터 크기 n의 확률표본.

여기서 모수 θ_1과 θ_2는 위치모수로 각 모집단의 중앙값으로 가정한다.

6.2.1 앤서리–브래들리 검정

앤서리–브래들리(Ansari–Bradley) 검정은 독립인 두 표본에서 척도모수가 동일한지에 대한 비모수적 검정을 제공한다. 이 검정의 가설은 다음과 같다.

$$H_0 : \tau_1^2 = \tau_2^2$$

가정 **위치모수에 대한 가정**

두 위치모수(θ_1, θ_2)가 같거나($\theta_1 = \theta_2$), 알려져 있다고 가정한다. 후자의 경우에는 Y표본에서 위치모수의 차이의 추정값 만큼($\hat{\delta} = \hat{\theta}_2 - \hat{\theta}_1$)을 빼준 후 검정을 수행한다.

앤서리–브래들리 검정통계량(C)의 계산은 다음의 절차를 따른다.

(i) 크기 $N = m + n$의 혼합표본을 크기순으로 배열한 뒤, 다음의 방식으로 순위를 할당한다: 가장 작고 가장 큰 값에 순위 1을, 두 번째 작고 두 번째 큰 값에 순위 2를, … 부여하는 방식으로 순위를 할당해 나간다.

(ii) (i)의 방법으로 할당된 순위에서 X표본의 순위합으로 검정통계량(C)을 구한다.

$$C = \sum_{i=1}^{m} R_i.$$

예를 들어, X표본이 (3, 4, 5)이고, Y표본이 (1, 2, 6, 7)로 주어질 때, 앤서리-브래들리 검정통계량은 $C=10$이 된다([표 6.1] 참고).

[표 6.1] 앤서리-브래들리 검정통계량 계산 절차

표본($m=3$, $n=4$)	Y	Y	X	X	X	Y	Y
순서화된 혼합표본	1	2	3	4	5	6	7
순위 부여	1	2	3	4	3	2	1
X표본의 순위합	$C=3+4+3=10$						

검정통계량의 값이 클수록 X표본의 분산이 작음($H_1 : \tau_1^2 < \tau_2^2$)을 의미한다.

참고 예시: 검정통계량의 귀무분포

앤서리-브래들리 검정통계량의 귀무분포는 다음과 같이 구해진다. H_0하에서 모든 $\binom{N}{m}$개의 X-순위들의 배열은 동일한 확률 $1/\binom{N}{m}$로 발생한다. 예를 들어, $m=2$, $n=3$일 때, 검정통계량의 분포는 [표 6.2]와 같이 구해진다.

[표 6.2] 앤서리-브래들리 검정통계량의 귀무분포($m=2$, $n=3$)

X-순위	C	H_0하의 확률
1,2	3	1/10
1,3	4	1/10
1,4	3	1/10
1,5	2	1/10
2,3	5	1/10
2,4	4	1/10
2,5	3	1/10
3,4	5	1/10
3,5	4	1/10
4,5	3	1/10

앤서리-브래들리 검정통계량(C)은 귀무가설하에서 다음을 만족한다.

- N이 짝수일 때: $E_0(C) = \dfrac{m(N+2)}{4}, \quad Var_0(C) = \dfrac{mn(N+2)(N-2)}{48(N-1)}.$
- N이 홀수일 때: $E_0(C) = \dfrac{m(N+1)^2}{4N}, \quad Var_0(C) = \dfrac{mn(N+1)(N^2+3)}{48N^2}.$

■ **(대표본 검정)** 대표본의 경우, 다음 사실에 기초하여 검정을 수행한다.

$$\frac{C - E_0(C)}{\sqrt{Var_0(C)}} \underset{H_0}{\overset{\cdot}{\sim}} N(0,\ 1).$$

■ **(동점 처리)** 혼합표본에 동점이 있는 경우에는 중간순위를 사용한다. 이때 대표본 검정을 사용하는 경우에는 다음의 수정된 분산식을 사용한다.

$$Var_0(C) = \begin{cases} \dfrac{mn\left[16\sum_{i=1}^{g} t_i r_i^2 - (m+n)(m+n+2)^2\right]}{16(m+n)(m+n-1)}, & m+n = 2k \\ \dfrac{mn\left[16(m+n)\sum_{i=1}^{g} t_i r_i^2 - (m+n+1)^4\right]}{16(m+n)^2(m+n-1)}, & m+n = 2k+1. \end{cases}$$

여기서 g는 동점 그룹의 수이고, t_i는 i-번째 동점 그룹의 크기이며, r_i는 i-번째 동점 그룹에서의 중간순위이다.

R의 ansari.test(), ansari_test{coin} 및 ansari.exact{exactRankTests} 함수를 이용할 수 있다.

예제 6.1 앤서리-브래들리 검정

```
> set.seed(1002)
> ansari.test(rnorm(10), rnorm(10, 0, 2), conf.int = TRUE)

	Ansari-Bradley test

data:  rnorm(10) and rnorm(10, 0, 2)
AB = 64, p-value = 0.2014
alternative hypothesis: true ratio of scales is not equal to 1
```

```
95 percent confidence interval:
 0.1343077 1.5819984
sample estimates:
ratio of scales
      0.4308645

> library(coin)
> # Serum Iron Determination Using Hyland Control Sera
> # Hollander and Wolfe (1999, p. 147, Tab 5.1)
> sid <- data.frame(
          serum = c(111, 107, 100, 99, 102, 106, 109, 108, 104,
                    99, 101, 96, 97, 102, 107, 113, 116, 113,
                    110, 98, 107, 108, 106, 98, 105, 103, 110,
                    105, 104, 100, 96, 108, 103, 104, 114, 114,
                    113, 108, 106, 99),
          method = gl(2, 20, labels = c("Ramsay", "Jung-Parekh"))
         )
> # 점근 Ansari-Bradley 검정
> ansari_test(serum ~ method, data = sid)

     Asymptotic Two-Sample Ansari-Bradley Test

data:  serum by method (Ramsay, Jung-Parekh)
Z = -1.3363, p-value = 0.1815
alternative hypothesis: true ratio of scales is not equal to 1

> # 정확한 Ansari-Bradley 검정
> pvalue(ansari_test(serum ~ method, data = sid,
                     distribution = "exact"))
[1] 0.1880644
```

참고 **시겔-튜키 검정**

시겔-튜키(Siegel-Tukey) 검정은 앤서리-브래들리 검정의 대안적인 방법으로 검정 절차가 유사하다. 이 방법 역시 위치모수가 동일하다고 가정한다. 다만, 순위 부여 방법에 차이가 있으며, 그 방법을 위의 예시 자료를 통해 소개하면 [표 6.3]과 같다(검정통계량을 포함한 자세한 검정 절차는 생략한다).

[표 6.3] 시겔-튜키 검정에서의 순위 부여 방법

표본($m=3,\ n=4$)		Y	Y	X	X	X	Y	Y
순서화된 혼합표본		1	2	3	4	5	6	7
순위 부여	방법 1(순방향)	1	4	5	7	6	3	2
	방법 2(역방향)	2	3	6	7	5	4	1

R의 siegel.test{jmuOutlier}, siegelTukeyTest{PMCMRplus} 함수를 이용할 수 있다.

예제 6.2 시겔-튜키 검정

```
> set.seed(1002)
> siegel.test(rnorm(10), rnorm(10, 0, 2))
[[1]]
[1] "   Siegel-Tukey test"

$alternative
[1] "two.sided"

$rank.x
 [1] 17 18 13  6  9 15 19  1 14 10

$rank.y
 [1]  4 11  7 20  3 12 16  8  2  5

$p.value
[1] 0.2176

> siegel.test(rnorm(10), rnorm(10, 0, 2), reverse=TRUE)
[[1]]
[1] "   Siegel-Tukey test"

$alternative
[1] "two.sided"

$rank.x
 [1]  9  3 19 16 20 14 13  5 18  7

$rank.y
 [1]  2 11  4 12  8 17  1  6 15 10

$p.value
[1] 0.1646
```

(해석) 앤서리-브래들리 검정 결과와 유사하다. 시겔-튜키 검정 결과에서는 순위의 부여 방식(순방향, 역방향)에 따라 2개의 p-value가 제시되었다.

6.2.2 기타 검정

이표본 척도모수에 대한 검정으로 Mood, Klotz 및 Savage 방법을 소개한다. 아울러 위치모수의 동일성 가정이 불필요한 Moses 검정과 위치 및 척도모수를 동시에 검정하는 Lepage 검정을 소개한다.

먼저, m개의 X표본과 n개의 Y표본으로 구성된 총 $N=m+n$개의 순서화된 혼합표본을 가정한다.

(a) Mood 검정

Mood 검정은 혼합표본에서 X자료들의 순위와 평균순위 $(N+1)/2$와의 차이(즉, 편차)에 기초한 방법으로, 검정통계량(M)은 다음과 같다. 이 검정 역시 위치모수가 동일하다고 가정한다.

$$M=\sum_{i=1}^{m}\left[R(X_i)-\frac{N+1}{2}\right]^2.$$

여기서 $R(X_i)$는 혼합표본에서 X_i의 순위이다.

- 검정통계량(M)의 정확한 귀무분포가 알려져 있으며, 이를 이용하여 검정을 수행한다.

- 귀무가설하에서의 평균과 분산은 다음과 같다.

$$E_0(M)=\frac{m(N^2-1)}{12},\ \ Var_0(M)=\frac{mn(N+1)(N^2-4)}{180}.$$

이 검정은 R의 mood.test() 및 mood_test{coin} 함수를 이용할 수 있다.

예제 6.3 Mood 검정

```
> set.seed(1002)
> mood.test(rnorm(10), rnorm(10, 0, 2))

      Mood two-sample test of scale
```

```
data:  rnorm(10) and rnorm(10, 0, 2)
Z = -1.2064, p-value = 0.2277
alternative hypothesis: two.sided
```

(해석) Ansary-Bradley 및 Siegel-Tukey의 결과와 비교해 보기 바란다.

```
> library(coin)
> mood_test(serum ~ method, data = sid)

      Asymptotic Two-Sample Mood Test

data:  serum by method (Ramsay, Jung-Parekh)
Z = 1.0225, p-value = 0.3065
alternative hypothesis: true ratio of scales is not equal to 1
```

(b) Klotz 검정

Klotz 검정은 Mood 검정과 유사한 아이디어를 사용하는 검정법으로, 편차제곱 대신 '정규점수의 제곱'을 이용하는 방법이다. 검정통계량(K)은 다음과 같다.

$$K = \sum_{i=1}^{m} \left[\Phi^{-1}\left(\frac{R(X_i)}{N+1} \right) \right]^2 .$$

여기서 $R(X_i)$는 혼합표본에서 X_i의 순위이다.

- **(대표본 검정)** 대표본의 경우, 다음 사실에 기초하여 검정을 수행한다.

$$\frac{K - E_0(K)}{\sqrt{Var_0(K)}} \underset{H_0}{\overset{\cdot}{\sim}} N(0,\, 1).$$

여기서 $E_0(K)$와 $Var_0(K)$는 귀무가설하에서의 평균과 분산으로 다음과 같이 주어진다.

$$E_0(K) = \frac{m}{N} \sum_{i=1}^{N} \left[\Phi^{-1}\left(\frac{i}{N+1} \right) \right]^2,$$

$$Var_0(K) = \frac{mn}{N(N-1)} \sum_{i=1}^{N} \left[\Phi^{-1}\left(\frac{i}{N+1} \right) \right]^4 - \frac{n}{m(N-1)} [E_0(K)]^2 .$$

- 정규점수에 기초한 검정의 장점은 표준 모수적 검정의 가정이 충족될 때와 그렇지 않을 때 모두에서 잘 수행된다는 점이다.

R의 klotz_test{coin} 함수를 이용할 수 있다.

예제 6.4 Klotz 검정

```
> library(coin)
> klotz_test(serum ~ method, data = sid)

	Asymptotic Two-Sample Klotz Test

data:  serum by method (Ramsay, Jung-Parekh)
Z = 0.7831, p-value = 0.4336
alternative hypothesis: true ratio of scales is not equal to 1
```

참고 Capon 검정

Capon 검정은 Klotz 검정과 유사하게 정규점수의 제곱을 이용하는 검정으로, 다만 분위수 정규점수 대신 기댓값 정규점수를 사용하는 방법이다. 검정통계량(C) 및 귀무가설하에서의 평균과 분산은 다음과 같다.

$$C = \sum_{i=1}^{m} E[\Phi^{-1}(U_{(R_i)})]^2 \quad \text{또는} \quad \sum_{i=1}^{m} E(Z_{(R_i)}^2).$$

$$E_0(C) = m, \quad Var_0(C) = \frac{mn}{N(N-1)} \sum_{i=1}^{N} \left[E(Z_{(R_i)}^2)\right]^2 - \frac{mn}{N-1}.$$

여기서 $U_{(i)}$와 $Z_{(i)}$는 각각 $U(0,1)$과 $N(0,1)$으로부터 $N(=m+n)$개 확률표본의 i-번째 순서통계량이다. 대표본의 경우, 검정통계량의 점근 귀무분포와 검정법은 Klotz 검정과 동일하다.

(c) Savage 검정

대부분의 다른 검정법들이 $-\infty < x < \infty$ 범위의 분포에 적절하나, Savage 검정은 $0 < x < \infty$ 범위를 갖는 지수분포 유형의 분포 간의 이표본 척도 문제에 뛰어난 검정력을 보이는 방법이다. 검정통계량(S)은 다음과 같다.

$$S = \sum_{i=1}^{m} \sum_{j=N-R_i+1}^{N} \frac{1}{j} \quad \text{또는} \quad \sum_{i=1}^{m} \sum_{j=1}^{R_i} \frac{1}{N-j+1}.$$

■ **(대표본 검정)** 대표본의 경우, 다음 사실에 기초하여 검정을 수행한다.

$$\frac{S - E_0(S)}{\sqrt{Var_0(S)}} \overset{\cdot}{\underset{H_0}{\sim}} N(0,\ 1).$$

여기서 $E_0(S)$와 $Var_0(S)$는 귀무가설하에서의 평균과 분산으로 다음과 같이 주어진다.

$$E_0(S) = m,\ \ Var_0(S) = \frac{mn}{N-1}\left(1 - \frac{1}{N}\sum_{j=1}^{N}\frac{1}{j}\right).$$

(d) Moses 검정

Moses 검정은 위치모수의 동일성 가정이 불필요하다. 예를 들면, 위치모수가 서로 다른 특정 질환을 가진 환자 그룹과 정상인 그룹 간의 혈중 콜레스테롤의 산포(분산)를 비교하는 경우이다. 단측 및 양측검정이 모두 가능하며, 양측검정의 경우 가설은 다음과 같다.

$$H_0 : Var(X) = Var(Y) \qquad \text{vs} \qquad H_1 : Var(X) \neq Var(Y)$$

이 검정에 대한 가정은 Conover의 제곱순위검정(6.3.1절)과 동일하다.

■ **(소표본 검정)** Moses 검정의 절차를 간략히 소개한다. X표본을 임의로 동일 크기의 여러 개의 소표본으로 나눈 뒤, 그룹별로 편차제곱합을 구한다. Y표본에 대해서도 동일하게 수행한다. 이때 남는 자료는 버린다. m개와 n개의 편차제곱합 자료에 대해 맨-휘트니 검정을 적용한다. 즉, Moses 검정통계량은 소표본의 '편차제곱합 자료에 대한 순위합'을 검정통계량으로 사용하는 방법이다.

■ **(대표본 검정)** 대표본의 경우에는 표준화된 Moses 검정통계량이 근사적으로 $N(0,1)$을 따른다는 사실에 기초한다.

R의 MosesTest{DescTools} 함수를 이용할 수 있다.

예제 6.5 Moses 검정

```
> set.seed(123)
> x <- sample(1:20, 10, replace=TRUE)
> y <- sample(5:25, 6, replace=TRUE)
> library(DescTools)
> MosesTest(x, y)

        Moses Test of Extreme Reactions

data:  x and y
S = 13, p-value = 0.8846
alternative hypothesis: extreme values are more likely in x than in y
```

(e) Lepage 검정

이표본에서 위치-척도 문제를 동시에 다루는 Lepage 검정을 소개한다. 이 검정의 가설은 다음과 같다.

$$H_0 : \theta_1 = \theta_2, \quad \tau_1^2 = \tau_2^2.$$

Lepage 검정통계량(D)은 다음과 같이 정의된다.

$$D = \frac{[W - E_0(W)]^2}{Var_0(W)} + \frac{[C - E_0(C)]^2}{Var_0(C)}.$$

여기서 W는 윌콕슨의 순위합 검정통계량이고, C는 앤서리-브래들리 검정통계량이다.

검정통계량(D)의 값이 클수록 H_0에 반하는 증거가 크므로, 이 사실에 기초하여 검정을 수행한다.

- **(대표본 검정)** 대표본의 경우, 검정통계량(D)은 H_0하에서 근사적으로 자유도가 2인 카이제곱분포를 따른다.

$$D \underset{H_0}{\overset{\cdot}{\sim}} \chi^2(2).$$

R의 pLepage{NSM3} 함수는 Lepage 검정을 제공한다.

예제 6.6 Lepage 검정

```
> library(NSM3)
> set.seed(1002)
> pLepage(rnorm(10,1), rnorm(10, 0, 2))
Number of X values: 10 Number of Y values: 10
Lepage D Statistic: 4.0724
Monte Carlo (Using 10000 Iterations) upper-tail probability: 0.1263
```

6.3 k표본 척도 문제

6.3.1 제곱순위검정

Conover의 제곱순위(squared rank)검정은 서로 독립인 이표본 또는 $k(\geq 3)$표본에서 분산에 대한 동일성 검정을 수행한다. 가설은 다음과 같다.

$$H_0: k\text{개의 모집단 분산이 모두 동일하다(평균은 다를 수 있음).}$$
$$\text{vs} \quad H_1: \text{적어도 두 개의 분산이 같지 않다.}$$

단, 평균이 동일하다는 확신이 없는 경우에는 필요한 사전작업을 수행하여야 한다.

(i) **(이표본의 경우)** 이표본의 경우, 검정통계량($C2$)은 다음과 같이 정의된다. 먼저 U_i와 V_i를

$$U_i = |X_i - \mu_1|,\ \ i = 1, \cdots, m$$
$$V_i = |Y_i - \mu_2|,\ \ j = 1, \cdots, n$$

이라 하자(이 조정을 통해 H_0하에서 U_i와 V_j가 동일한 분포를 따르게 된다). 여기서 X_i와 Y_i는 각각 모집단 1과 2로부터의 i-번째 자료이고, μ_1과 μ_2는 각각 모집단 1과 2의 평균이다(여기서 μ_1과 μ_2가 미지이면 $\overline{X}$와 $\overline{Y}$로 대체될 수 있다). 귀무가설하에서 표준화된 검정통계량($C2$)과 근사 귀무분포는 다음과 같다. 아래 식에서 기댓값과 분산의 계산은 9.4절을 참고하기 바란다.

$$C2=\frac{\sum_{i=1}^{m}R(U_i)^2-E_0\left[R(U_i)^2\right]}{\sqrt{Var_0\left[R(U_i)\right]}}$$

$$=\frac{\sum_{i=1}^{m}R(U_i)^2-m\overline{R^2}}{\sqrt{\frac{mn}{N(N-1)}\sum_{i=1}^{N}R_i^4-\frac{mn}{N-1}\left(\overline{R^2}\right)^2}}\ \underset{H_0}{\overset{\cdot}{\sim}}\ N(0,1).$$

여기서 $\overline{R^2}$은 혼합표본의 제곱순위의 평균으로

$$\overline{R^2}=\frac{1}{N}\left[\sum_{i=1}^{m}R(U_i)^2+\sum_{j=1}^{n}R(V_j)^2\right]$$

이고, $R(U_i)$와 $R(V_j)$는 각각 U와 V들의 혼합표본에서 U_i와 V_j의 순위이다.

(ii) **(k표본의 경우)** k표본의 경우, 모평균이 서로 다르다면 이표본에서와 동일한 방법으로 자료를 각 평균으로부터의 절대편차로 변환한 뒤, 이 자료에 대해 아래 절차를 수행한다.

검정통계량(C)과 근사 귀무분포는 다음과 같다.

$$C=\frac{1}{D^2}\left(\sum_{i=1}^{k}\frac{S_i^2}{n_i}-N\overline{S}^2\right)\ \underset{H_0}{\overset{\cdot}{\sim}}\ \chi^2(k-1).$$

여기서

$$S_i=\text{표본}i\text{의 제곱순위의 합},\ n_i=\text{표본}i\text{의 자료 수},$$

$$D^2=\frac{1}{N-1}\left(\sum_{i=1}^{N}R_i^4-N\overline{S}^2\right),\ \overline{S}=\frac{1}{N}\sum_{j=1}^{k}S_j$$

$$\&\ R_i=\text{혼합표본에서 }i\text{-번째 자료의 순위}$$

이다.

- 다른 순위 기반 검정과의 중요한 차이는 순위 자체보다 제곱순위를 사용하는 점이다.

- **(다중비교)** 제곱순위 검정통계량을 사용하여 다중검정을 실시할 수 있다. 즉, 아래 식을 만족할 때 처리 i와 j가 유의하다고 판정한다.

$$\left|\frac{S_i}{n_i}-\frac{S_j}{n_j}\right| > t_{\frac{\alpha}{2}}(N-k)\left(D^2\frac{N-1-C}{N-k}\right)^{1/2}\left(\frac{1}{n_i}+\frac{1}{n_j}\right)^{1/2}.$$

여기서 C는 제곱순위 검정통계량이다. R의 {PMCMRplus} 패키지를 이용할 수 있다.

R의 {coin} 패키지의 conover_test() 함수는 분산의 동일성에 대한 제곱순위검정을 수행한다. 다중비교를 위해서는 ConoverTest{DescTools} 함수를 이용한다.

예제 6.7 제곱순위검정

```
> conover_test(count ~ spray, data = InsectSprays)

	Asymptotic K-Sample Conover-Iman Test

data:  count by spray (A, B, C, D, E, F)
chi-squared = 22.945, df = 5, p-value = 0.0003458
```

6.3.2 Fligner 검정

Fligner(또는 Fligner–Killeen)의 중앙값 검정은 분산의 동일성에 대한 검정으로, 정규성에서 벗어난 자료에 대해 로버스트한 비모수적 방법이다. 이 방법은 k표본에 대한 단순선형순위(simple linear rank) 방법으로, 먼저 각 표본의 중앙값으로 중심화를 수행한 뒤(median–centering), 중심화된 표본의 절대값의 순위와 함께 가중치 또는 점수(scores)로

$$a_i = \Phi^{-1}\left(\frac{1}{2}+\frac{i}{2(n+1)}\right), \quad i=1,\cdots,N$$

을 사용하는 방법이다. 검정통계량(X^2)과 근사 귀무분포는 다음과 같다.

$$X^2 = \frac{\sum_{i=1}^{k} n_i(\overline{A}_i - \overline{a})^2}{V^2} \underset{H_0}{\overset{\cdot}{\sim}} \chi^2(k-1).$$

여기서 $\overline{A}_i$는 표본i에 대한 평균 점수이고, $\overline{a}$와 V^2은 전체 점수들의 평균과 분산으로 $\overline{a} = \sum_{i=1}^{N} a_i / N$ 이고 $V^2 = \sum_{i=1}^{N} (a_i - \overline{a})^2 / (N-1)$이다.

R의 fligner.test() 또는 {coin} 패키지의 fligner_test() 함수를 이용할 수 있다.

예제 6.8 Fligner 검정

```
> fligner.test(count ~ spray, data = InsectSprays)

	Fligner-Killeen test of homogeneity of variances

data:  count by spray
Fligner-Killeen:med chi-squared = 14.483, df = 5, p-value =
0.01282
```

6.4 척도모수에 대한 검정법 요약

이상에서 다룬 척도모수에 대한 비모수적 검정법을 요약하면 다음과 같다([표 6.4] 참고).

1. **(이표본 문제)** 중앙값이 동일하거나 알려진 경우에는 앤서리-브래들리, 무드, 시겔-튜키 검정이 있으며, 동일성 가정이 만족되지 않는 경우에는 모제스 검정을 적용할 수 있다.
2. **(k표본 문제)** 플리그너(Fligner) 검정은 여러 표본($k \geq 3$)의 경우에 척도모수의 동일성에 대한 비모수적 검정을 수행한다. R의 fligner.test() 함수를 이용할 수 있다.
3. **(모수적 검정)** 분산의 동일성에 대한 모수적 검정에는 F-검정(이표본)과 Bartlett 검정(k표본)이 있다. R의 var.test()와 bartlett.test() 함수를 이용할 수 있다.

[표 6.4] 척도모수(분산)의 동일성 검정 요약(모수적, 비모수적 방법)[6)]

	비모수적 방법	모수적 방법
이표본	Ansari-Bradley*, Mood*, Siegel-Tukey* 검정 Moses 검정	F-검정
k표본	Fligner 검정, 제곱순위 검정	Bartlett 검정 (Levene 검정)
	*는 중앙값(위치모수)이 동일한 경우에 적용	

Levene의 검정은 Bartlett 검정의 대안으로 정규성이 위배되는 자료에 대해 더 로버스트(덜 민감)한 방법이다. 즉, 자료가 정규분포에 가까우면 Bartlett 검정이 선호된다.

6.5 기타 검정

k개 모집단에서 분산의 동일성에 대한 검정 방법으로, 자료가 정규분포 또는 '거의 정규분포' 하에서 높은 검정력을 보이는 방법(편의상, 모수적 방법으로 분류함)들을 소개한다. 가설은 다음과 같다.

$$H_0 : \sigma_1^2 = \sigma_2^2 = \cdots = \sigma_k^2$$

(a) Hartley 검정

Hartley(1940, 1950) 검정은 모집단의 분포가 정규분포를 따른다는 가정하에서(가정에 매우 민감함), k개 모집단의 등분산성 검정을 수행한다. 이 검정은 각 모집단으로부터의 자료 수가 동일한 경우에 최적으로 작동하며, 정규성을 벗어난 경우에 대해 민감하다.

검정통계량($F_{\max}$)과 근사 귀무분포는 다음과 같다.

$$F_{\max} = \frac{S_{\max}^2}{S_{\min}^2} \underset{H_0}{\overset{\cdot}{\sim}} F(k, n-1).$$

6) 통계적 방법이 모수적 또는 비모수적인지에 대한 구분은 학자들 간에도 견해가 다르다. [표 6.4]에서의 구분은 편의적인 것이며, Bartlett과 Levene의 검정을 비모수적 방법으로 분류해도 무방하다.

여기서 $S_{\max}^2$ 과 $S_{\min}^2$ 은 각각 k개의 표본분산 $S_i^2(i=1,\cdots,k)$ 가운데 가장 크고 가장 작은 값이며, n은 각 모집단으로부터의 자료 수이다. 유의수준 α에서 $F_{\max} > F_\alpha(k, n-1)$이면 H_0를 기각한다.

- R의 hartleyTest{PMCMRplus} 함수를 이용할 수 있다.
  (예) hartleyTest(count ~ spray, data = InsectSprays)

- 검정통계량($F_{\max}$)의 분위수(임곗값)은 qmaxFratio{SuppDists} 함수(또는 부록의 [표 1])를 이용할 수 있다.
  (예) > qmaxFratio(p=.95, df=c(10,20), k=10)
  [1] 8.644153 4.345125

비교 이표본 F-검정

X표본과 Y표본을 각각 정규 모집단으로부터 크기 n_1, n_2인 확률표본으로 가정할 때, 두 모집단의 분산에 대한 다음 가설에 대한 검정(양측 및 단측검정)을 수행한다.

$$H_0: \sigma_1^2 = \sigma_2^2 \quad \text{vs} \quad H_1: \sigma_1^2 = \sigma_2^2$$
$$H_1: \sigma_1^2 > \sigma_2^2$$
$$H_1: \sigma_1^2 < \sigma_2^2$$

검정통계량(F)과 귀무분포는 다음과 같다.

$$F = \frac{S_1^2}{S_2^2} \underset{H_0}{\overset{d}{\sim}} F(n_1 - 1, n_2 - 1).$$

여기서 S_1^2, S_2^2은 각각 X와 Y표본의 표본분산이다.

(b) Bartlett 검정

Bartlett(1937) 검정은 k개 모집단의 등분산성 검정을 수행하며, Hartley 검정과 마찬가지로 정규성을 벗어난 경우에 민감하다. 표본이 비정규 분포에서 나온 경우 Bartlett 검정은 단순히 비정규 분포에 대한 검정일 수 있다.

검정통계량(T)과 근사 귀무분포는 다음과 같다.

$$T=\frac{(N-k)\ln S_p^2-\sum_{i=1}^{k}(n_i-1)\ln S_i^2}{1+\frac{1}{3(k-1)}\left(\sum_{i=1}^{k}\frac{1}{n_i-1}-\frac{1}{N-k}\right)}\ \underset{H_0}{\dot{\sim}}\ \chi_\alpha^2(k-1).$$

여기서 S_i^2, n_i는 각각 그룹i의 분산과 표본 수이고, S_p^2은 공통분산으로 다음과 같이 정의된다.

$$S_p^2=\frac{1}{N-k}\sum_{i=1}^{k}(n_i-1)S_i^2,\ \ N=\sum_{i=1}^{k}n_i.$$

- R의 bartlett.test{stats} 함수를 이용할 수 있다.
  (예) bartlett.test(count ~ spray, data = InsectSprays)

(c) Levene 검정

Levene(1960) 검정은 Bartlett 검정의 대안적인 방법으로, 정규성으로부터의 이탈에 덜 민감한 방법이다. 데이터가 실제로 정규분포 또는 거의 정규분포에서 나왔다는 강력한 증거가 있다면 Bartlett의 검정이 더 나은 성능을 보인다.

Levene 검정은 각 자료를 그룹 평균으로부터의 절대편차로 변환한 뒤($Z_{ij}=|Y_{ij}-\overline{Y}_{i}.|$, 여기서 $\overline{Y}_{i}.$ 는 그룹i의 평균임), 변환된 자료(Z_{ij}), 즉 절대편차 자료에 대해 일원배치 ANOVA를 수행하는 방법을 사용한다. 검정통계량과 근사 귀무분포는 다음과 같다.

$$W=\frac{(N-k)\sum_{i=1}^{k}n_i(\overline{Z}_{i}.-\overline{Z}..)^2}{(k-1)\sum_{i=1}^{k}\sum_{j=1}^{n_i}(Z_{ij}-\overline{Z}_{i}.)^2}\ \underset{H_0}{\dot{\sim}}\ F(k-1,N-k).$$

참고 Brown-Forsythe 검정

- Brown–Forsythe(1974) 검정은 Levene 검정에서 그룹 평균 대신 그룹 중앙값(또는 절사평균)으로부터의 절대편차를 이용하는 방법으로, Levene 검정보다 로버스트한 방법이다. 검정통계량과 검정 절차는 Levene 검정과 동일하다.
- Brown–Forsythe는 모의실험을 통해 자료가 코쉬분포(즉, 두꺼운 꼬리)일 때는 절사평균을, 자료가 $\chi^2(4)$(즉, 편향된) 분포일 때는 중앙값을 사용할 때 가장 검정력이 높았으며, 평균은 꼬리가 중간 정도인 대칭분포의 경우에 최상임을 확인하였다.

- R의 leveneTest{car} 함수는 Levene 및 Brown–Forsythe 검정을 제공한다. center="mean"(디폴트)은 Levene 검정을, "median"은 Brown–Forsythe 검정을 수행한다. 절사평균을 사용할 경우에는 center="mean"과 trim=0.1(10% 절사평균) 옵션을 함께 사용한다.
  (예) leveneTest(weight ~ group, data = PlantGrowth)

7장

분포함수 문제

7.1 서론

분포함수에 대한 검정은 데이터가 특정한 분포로부터 나왔는지(일표본 적합도 검정), 또는 두 자료 집단의 분포함수가 동일한지를 검정한다(이표본 동일성 검정). 가장 널리 사용되는 분포함수에 대한 검정법으로는 모수적 방법인 카이제곱 검정과 비모수적 방법인 콜모고로프-스미르노프(Kolmogorov-Smirnov, 이하 K-S) 검정이 있다.

정의 경험분포함수

$X_i \sim i.i.d\, F$ 이고, $x=(x_1,\cdots,x_n)^T$를 관측 표본이라 하자. 경험분포함수(empirical distribution function) 또는 표본분포함수(sample distribution function) $F_n(x)$는 관측 표본을 사용하여 미지인 F를 다음과 같이 추정한다.

$$F_n(x)(\text{또는 } \hat{F}_n(x)) = \hat{P}(X \le x) = \frac{1}{n}\sum_{i=1}^{n} I(x_i \le x).$$

여기서 $I(\cdot)$는 지시 함수이다. 즉, 경험분포함수는 크기 n인 자료에서 각 관측값에 균등한 확률 $(1/n)$을 부여한 뒤, 이 확률분포로부터 누적분포함수를 구한 것이다. 경험분포함수를 그림으로 나타내면 다음과 같다.

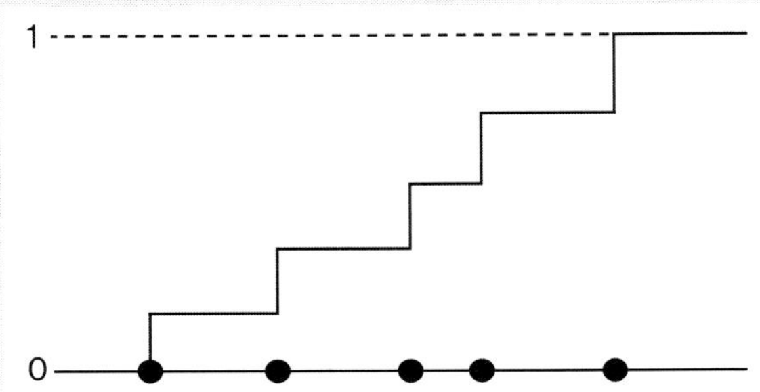

참고

경험분포함수에 대해 다음이 성립한다.

$$E[F_n(x)] = F(x),\quad Var[F_n(x)] = \frac{1}{n}F(x)[1-F(x)].$$

즉, 경험분포함수는 모분포함수 $F(x)$에 대한 불편추정량이며, 표본 수(n)가 증가하면 분산은 감소한다. 또한, Glivenko–Cantelli의 정리로부터

$$\sup_{x \in R} |F_n(x) - F(x)| \xrightarrow{a.s.} 0$$

이 성립한다. 여기서 $\xrightarrow{a.s.}$은 거의 모든 점에서 수렴(almost sure convergence)을 의미한다.

K–S 검정은 일표본과 이표본 문제에 모두 적용이 가능하다. 양측검정의 경우, K–S 검정통계량은 특정 모분포함수와 경험분포함수와의 차이(일표본의 경우) 또는 두 경험분포함수 간의 차이(이표본의 경우)의 최대값인

$$T = \sup_{x} |F_1(x) - F_2(x)|$$

의 형태를 취한다. 여기서 F_1, F_2는 모분포함수 또는 경험분포함수이다. 예를 들어, 이표본의 경우 두 자료 집합으로부터 구해지는 경험분포함수는 다음의 형태를 가진다.

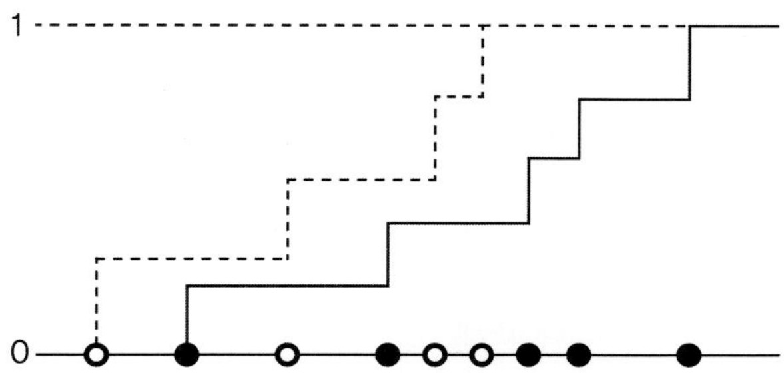

R에서 일표본 문제에서 모분포의 디폴트는 정규분포이며, 평균과 분산은 각각 mean(z)와 sqrt(var(z))로 추정된다.

7.2 일표본 검정

7.2.1 콜모고로프–스미르노프 검정

모집단의 분포함수가 특정 분포를 따르는지에 대한 비모수적 검정으로 콜모고로프–스미르노프 검정을 소개한다. 먼저, 다음과 같이 가정한다.

- $X_1, \cdots, X_n$: 모집단 $F(x)$로부터의 크기 n인 확률표본.

이 검정의 가설과 검정통계량은 다음과 같다. 여기서 $F_0(x)$는 알려진 분포함수이며, $F_n(x)$는 n개 자료에 기초한 경험분포함수이다.

(i) 가설

$$H_0 \ : \text{모든 } x\text{에 대해 } F(x) = F_0(x)$$

$$(\Leftrightarrow H_0 \ : \text{모집단의 분포가 특정한 분포를 따른다})$$

$$\text{vs} \quad H_{1a} \ : \text{적어도 한 점 } x\text{에 대해 } F(x) < F_0(x)$$

$$H_{1b} \ : \text{적어도 한 점 } x\text{에 대해 } F(x) > F_0(x)$$

$$H_{1c} \ : \text{적어도 한 점 } x\text{에 대해 } F(x) \neq F_0(x)$$

(ii) 검정통계량

$$\text{가설 } H_{1a}\text{에 대해, } D^+ = \sup_x \{F_0(x) - F_n(x)\}.$$

$$\text{가설 } H_{1b}\text{에 대해, } D^- = \sup_x \{F_n(x) - F_0(x)\}.$$

$$\text{가설 } H_{1c}\text{에 대해, } D = \sup_x |F_0(x) - F_n(x)|$$

$$= \max(D^+, D^-).$$

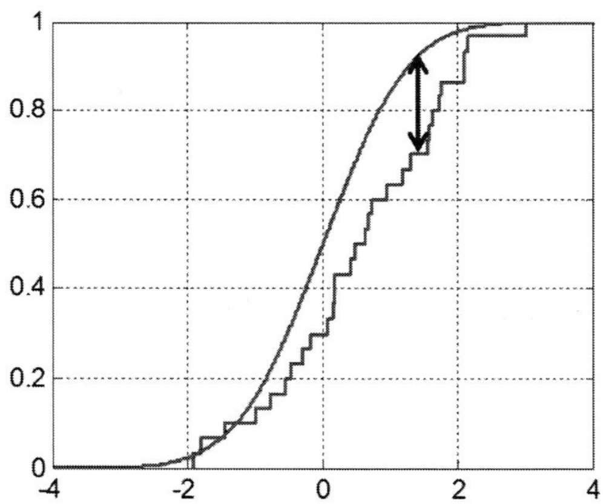

[그림 7.1] 일표본 K-S 검정통계량 예시

(iii) 유의수준 α 인 검정법

가설 H_{1a}에 대해, $D^+ \geq d(\alpha,n)$이면 H_0를 기각함.
가설 H_{1b}에 대해, $D^- \geq d(\alpha,n)$이면 H_0를 기각함.
가설 H_{1c}에 대해, $D \geq d(\alpha/2,n)$이면 H_0를 기각함.

여기서 $d(\alpha,n)$은 해당 검정통계량의 귀무분포의 상위 α 분위수이다.

■ **(K–S 검정의 임곗값)** 유의수준 α 인 K–S 검정을 위해서는 임곗값 $d(\alpha, n)$이 필요하며, 대표본의 경우($n > 40$)에는 근사 임곗값을 사용한다. 다만 이 책에서는 별도의 임곗값 표를 제시하지 않고 R을 이용하여 검정을 수행한다.

참고 K–S 검정통계량의 계산

예를 들어, $D^+ = \sup_x \{F_0(x) - F_n(x)\}$는 $x = x_{(1)}, \cdots, x_{(n)}$ 중 한 개의 값에서 발생하므로, 다음과 같이 계산된다.

$$D^+ = \max_{1 \leq i \leq n} \{F_0(x_{(i)}) - F_n(x_{(i-1)})\} = \max_{1 \leq i \leq n} \left\{F_0(x_{(i)}) - \frac{i-1}{n}\right\}.$$

마찬가지로, $D^- = \max_{1 \leq i \leq n} \{F_n(x_{(i)}) - F_0(x_{(i)})\} = \max_{1 \leq i \leq n} \left\{\frac{i}{n} - F_0(x_{(i)})\right\}$이다.

7.2.2 카이제곱 검정

일표본 콜모고로프–스미르노프 검정에 대응하는 모수적 방법으로 카이제곱 (적합도) 검정을 소개한다. 다만, 카이제곱 검정은 K–S 검정과는 달리 양측검정(H_{1c})에 대해서만 적용되는 방법이다.

카이제곱 검정은 적당히 나누어진 k개의 각 범주(구간)에 포함되는 자료 수(O_i)와 특정 귀무분포하에서의 기대도수(E_i)와의 차이에 기초한 검정 방법이다. Pearson에 의한 카이제곱 검정통계량은 다음과 같다.

$$\chi^2 = \sum_{i=1}^{k} \frac{(O_i - E_i)^2}{E_i}.$$

카이제곱 검정은 대표본 검정이므로, 자료의 수가 적을 때는 결과에 대한 신뢰도가 떨어짐에 유의하여야 한다.

카이제곱 검정의 자료 구조와 검정 방법은 다음과 같다.

(i) 자료 구조

아래 그림에서 곡선은 특정 H_0 하의 귀무분포를 나타낸다. 분포의 범위를 적당한 개수(k)의 구간으로 나누고, 각 구간별로 관측도수(O_i)와 H_0 하에서의 기대도수(E_i)를 구한다. 이때 기대도수는 다음과 같이 구해진다.

$$E_i = n \times p_i,\ i = 1, \cdots, k.$$

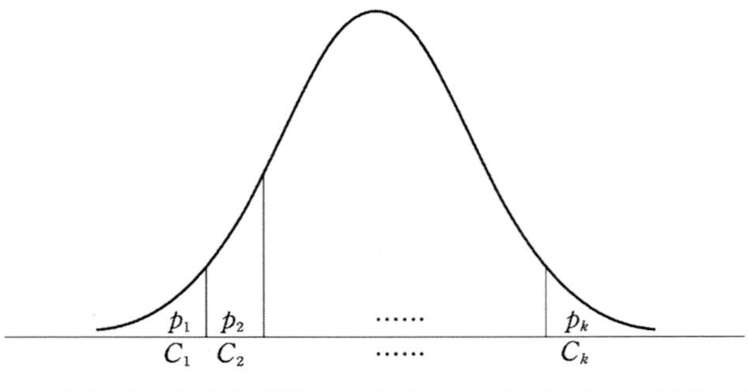

범주	C_1	C_2	$\cdots$	C_k	합계
관측도수	O_1	O_2	$\cdots$	O_k	n
기대도수	E_1	E_2	$\cdots$	E_k	n

Note 분석자가 직접 구간을 나누는 경우, 구간의 개수와 범위는 각 구간에 속하는 빈도가 너무 작지 않으면서 동시에 구간별 기대빈도가 동일한(또는 유사한) 값을 가지도록 나누는 것이 좋다(예: 구간 수(k)가 10인 경우, $p_1 = p_2 = \cdots = p_{10} = 1/10$이도록). R에서는 이 과정을 자동으로 수행해 준다.

(ii) **(대표본 검정)** 유의수준 α인 검정법

$$\sum_{i=1}^{k} \frac{(O_i - E_i)^2}{E_i} > \chi^2_\alpha(k-1) \text{ 이면 } H_0\text{를 기각.}$$

- 귀무가설의 특정 분포가 미지의 모수(c개)를 포함하는 경우에는(예: 'H_0 : 자료가 평균과 분산이 미지인 정규분포를 따른다'), 자료로부터 모수를 먼저 추정한 뒤, 추정된 분포를 귀무분포로하여 검정을 수행한다. 검정통계량과 검정 방법은 다음의 사실에 기초한다. 이때 검정통계량의 자유도는 추정된 모수의 수(c)만큼 작아짐에 유의하기 바란다.

$$\sum_{i=1}^{k} \frac{(O_i - \widehat{E}_i)^2}{\widehat{E}_i} > \chi^2_\alpha(k-c-1) \text{ 이면 } H_0\text{를 기각.}$$

여기서 $\widehat{E}_i$는 추정된 귀무분포로부터의 기대도수이다.

- 카이제곱 (적합도) 검정은 Kolmogorov–Smirnov(K–S) 및 Anderson–Darling(A–D, 7.5.4절) 적합도 검정의 대안이다. K–S 및 A–D 검정이 연속인 분포로 제한되는 반면, 카이제곱 적합도 검정은 이항 및 포아송과 같은 이산형 분포에도 적용될 수 있다.

- **(장단점)** 카이제곱 적합도 검정의 매력적인 특징은 누적분포함수를 계산할 수 있는 모든 일변량 분포에 적용할 수 있다는 점이다. 카이제곱 적합도 검정은 구간화가 가능한 모든 유형의 자료에 적용 가능하다는 장점을 가지는 반면, 구간화되는 방법에 따라 결과가 영향을 받으며 충분한 크기의 표본이 필요하다는 단점이 있다.

7.3 이표본 검정

7.3.1 콜모고로프–스미르노프 검정

두 모집단의 분포함수가 동일한지에 대한 비모수적 검정으로 콜모고로프–스미르노프 검정을 소개한다. 먼저, 서로 독립인 두 표본을 다음과 같이 가정한다.

- $X_1,\cdots,X_m$: 모집단 $F(x)$로부터의 크기 m인 확률표본.
- $Y_1,\cdots,Y_n$: 모집단 $G(x)$로부터의 크기 n인 확률표본.

이 검정의 가설과 검정통계량은 다음과 같다.

(i) 가설

$$H_0 : \text{모든 } x\text{에 대해 } F(x) = G(x)$$
$$(\Leftrightarrow H_0 : \text{두 모집단의 분포함수가 동일하다})$$

$$\text{vs} \quad H_{1a} : \text{적어도 한 점 } x\text{에 대해 } F(x) > G(x)$$
$$H_{1b} : \text{적어도 한 점 } x\text{에 대해 } F(x) < G(x)$$
$$H_{1c} : \text{적어도 한 점 } x\text{에 대해 } F(x) \neq G(x)$$

(ii) 검정통계량

$$\text{가설 } H_{1a}\text{에 대해, } D_1^+ = \sup_x \{F_m(x) - G_n(x)\}.$$

$$\text{가설 } H_{1b}\text{에 대해, } D_1^- = \sup_x \{G_n(x) - F_m(x)\}.$$

$$\text{가설 } H_{1c}\text{에 대해, } D_1 = \sup_x |F_m(x) - G_n(x)|$$
$$= \max\left(D_1^+, D_1^-\right).$$

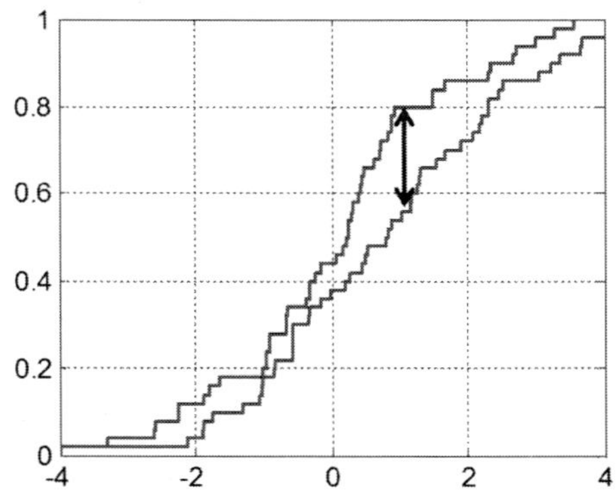

[그림 7.2] 이표본 K-S 검정통계량 예시

(iii) 유의수준 α인 검정법

가설 H_{1a}에 대해, $D_1^+ \ge d(\alpha,m,n)$이면 H_0를 기각함.

가설 H_{1b}에 대해, $D_1^- \ge d(\alpha,m,n)$이면 H_0를 기각함.

가설 H_{1c}에 대해, $D_1 \ge d(\alpha/2,m,n)$이면 H_0를 기각함.

여기서 $d(\alpha,m,n)$은 해당 검정통계량의 귀무분포의 상위 α 분위수이다.

■ **(K–S 검정의 임곗값)** 유의수준 α인 K–S 검정을 위해서는 임곗값 $d(\alpha, m, n)$이 필요하며, 대표본의 경우에는 근사 임곗값을 사용한다. 다만 이 책에서는 별도의 임곗값 표를 제시하지 않고 R을 이용하여 검정을 수행한다.

참고 K–S 검정통계량의 계산

위의 통계량은 혼합표본의 순서통계량인 $z = z_{(1)},\cdots,z_{(N)}$ 중 한 개의 값에서 발생하므로, 다음과 같이 계산된다.

$$D_1^+ = \max_{1 \le i \le N}\{F_m(z_{(i)}) - G_n(z_{(i)})\},\ D_1^- = \max_{1 \le i \le N}\{G_n(z_{(i)}) - F_m(z_{(i)})\}.$$

참고 K–S 검정통계량의 귀무분포

이표본 K–S 검정통계량의 귀무분포를 구하는 절차를 소개한다. 예를 들어, $m=3, n=2$인 경우, 귀무가설하에서 모든 가능한 자료들의 배열은 $\binom{5}{2}=10$가지로 [표 7.1]의 1열과 같이 주어진다. [표 7.1]에서 가운데 3개 열은 검정통계량의 값을 나타낸다.

[표 7.1] K–S 검정통계량의 귀무분포($m=3, n=2$)

배열	검정통계량			H_0하에서의 확률
	D_1^+	D_1^-	D_1	
$X<X<X<Y<Y$	1	0	1	1/10
$X<X<Y<X<Y$	2/3	0	2/3	1/10
$X<Y<X<X<Y$	1/2	1/6	1/2	1/10
$Y<X<X<X<Y$	1/2	1/2	1/2	1/10
$X<X<Y<Y<X$	2/3	1/3	2/3	1/10
$X<Y<X<Y<X$	1/3	1/3	1/3	1/10
$Y<X<X<Y<X$	1/6	1/2	1/2	1/10

배열	검정통계량			H_0 하에서의 확률
	D_1^+	D_1^-	D_1	
$X<Y<Y<X<X$	1/3	2/3	2/3	1/10
$Y<X<Y<X<X$	0	2/3	2/3	1/10
$Y<Y<X<X<X$	0	1	1	1/10

[표 7.1]로부터 이표본 K-S 검정통계량의 귀무분포는 다음과 같다.

d_1^+	0	1/6	1/3	1/2	2/3	1	합
$P_{H_0}(D_1^+=d_1^+)$	2/10	1/10	2/10	2/10	2/10	1/10	1

d_1^-	0	1/6	1/3	1/2	2/3	1	합
$P_{H_0}(D_1^-=d_1^-)$	2/10	1/10	2/10	2/10	2/10	1/10	1

d_1	1/3	1/2	2/3	1	합
$P(D_1=d_1)$	1/10	3/10	4/10	2/10	1

위의 분포표로부터 K-S 검정통계량의 누적분포표를 작성할 수 있으며, 이를 이용하여 기각역에 필요한 분위수(임곗값)를 구할 수 있다. 비모수통계에서 다루어지는 많은 검정통계량의 귀무분포는 이와 유사한 절차를 통해 구해질 수 있음에 주목하기 바란다.

7.3.2 카이제곱 검정

이표본 콜모고로프-스미르노프 검정에 대응하는 모수적 방법으로 카이제곱 (동일성) 검정을 소개한다. 카이제곱 검정은 적절히 나누어진 k개의 각 구간에 포함되는 X표본과 Y표본의 관측도수(O_{ij})를 귀무가설하에의 기대도수(E_{ij})와의 차이에 기초하는 검정이다. 다만, 카이제곱 검정은 K-S 검정되는 달리 양측검정(H_{1c})에 대해서만 적용되는 방법이다.

카이제곱 검정의 자료 구조와 검정 방법은 다음과 같다.

(ⅰ) 자료 구조

범주	1	2	…	k	합계
X표본	O_{11}	O_{12}	…	O_{1k}	m
Y표본	O_{21}	O_{22}	…	O_{2k}	n
합계	N_1	N_2	…	N_k	$N=m+n$

(ii) **(대표본 검정)** 유의수준 α인 검정법

$$\sum_{i=1}^{2}\sum_{j=1}^{k}\frac{(O_{ij}-E_{ij})^2}{E_{ij}} > \chi^2_\alpha(k-1) \text{ 이면 } H_0\text{를 기각.}$$

여기서 O_{ij}는 표본 $i(i=1,2)$의 각 범주에 포함된 자료의 수이고(이때 표본 1, 2는 각각 X표본과 Y표본을 의미함), E_{ij}는 이에 대응하는 귀무가설하에서의 기대도수로 다음과 같이 계산된다.

$$E_{1j} = m\times\frac{N_j}{N},\ E_{2j} = n\times\frac{N_j}{N},\ j=1,\cdots,k.$$

7.4 R 예제

R의 ks.test() 함수는 일표본 및 이표본의 콜모고로프-스미르노프 검정을 제공한다. 이 함수의 일반 형식은 다음과 같다.

```
ks.test(x, y, ...,
        alternative = c("two.sided", "less", "greater"),
        exact = NULL)
```

- x는 (자료 값의) 수치형 벡터.
- y는 (자료 값의) 수치형 벡터 또는 누적분포함수를 명명하는 문자열. 연속형 CDF만 유효함.

예제 7.1 콜모고로프-스미르노프 적합도 검정: 일표본과 이표본

```
> require(graphics)
> x <- rnorm(50)
> y <- runif(30)

> # 이표본 K-S 검정
> ks.test(x, y)

	Two-sample Kolmogorov-Smirnov test

data:  x and y
D = 0.48, p-value = 0.0002033
```

```
alternative hypothesis: two-sided

> # 일표본 K-S 검정
> ks.test(x+2, "pgamma", 3, 2)    # 양측검정

	One-sample Kolmogorov-Smirnov test

data:  x + 2
D = 0.3292, p-value = 2.507e-05
alternative hypothesis: two-sided

> ks.test(x+2, "pgamma", 3, 2, exact = FALSE)

	One-sample Kolmogorov-Smirnov test

data:  x + 2
D = 0.3292, p-value = 3.94e-05
alternative hypothesis: two-sided

> ks.test(x+2, "pgamma", 3, 2, alternative = "gr")

	One-sample Kolmogorov-Smirnov test

data:  x + 2
D^+ = 0.067, p-value = 0.6112
alternative hypothesis: the CDF of x lies above the null hypothesis

> # x가 x2보다 확률적으로 큰지(대립가설)를 검정
> x2 <- rnorm(50, -1)
> plot(ecdf(x), xlim = range(c(x, x2)))
> plot(ecdf(x2), add = TRUE, lty = "dashed")
```

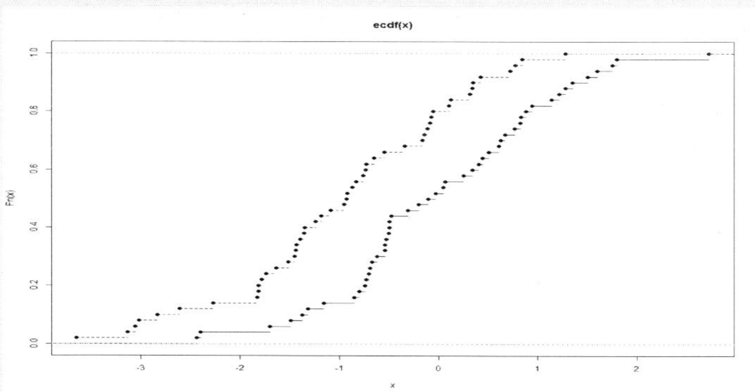


```
> t.test(x, x2, alternative = "g")

	Welch Two Sample t-test
```

```
data:  x and x2
t = 5.1152, df = 97.871, p-value = 7.802e-07
alternative hypothesis: true difference in means is greater than 0
95 percent confidence interval:
 0.6458135       Inf
sample estimates:
  mean of x   mean of y
-0.01226031 -0.96850472

> wilcox.test(x, x2, alternative = "g")

      Wilcoxon rank sum test with continuity correction

data:  x and x2
W = 1922, p-value = 1.835e-06
alternative hypothesis: true location shift is greater than 0

> ks.test(x, x2, alternative = "l")    # 대립가설(alternative = "l")의 지정에 유의

      Two-sample Kolmogorov-Smirnov test

data:  x and x2
D^- = 0.46, p-value = 2.542e-05
alternative hypothesis: the CDF of x lies below that of y
```

카이제곱 적합도 검정은 gofTest{EnvStats} 함수를 이용한다. 이 함수의 일반 형식은 다음과 같다.

```
gofTest(y, x=NULL, test=, distribution="norm", alternative="two.sided",
        param.list=NULL, estimate.params=, n.param.est=NULL,
        exact=, correct=, ...)
```

- test= "sw"(x가 생략 시 디폴트임: Shapiro–Wilk), "chisq"(카이제곱 검정), "ks"(Kolmogorov–Smirnov 검정) 등.
- distribution= "norm"(디폴트), "lnorm", "gamma" 등 지정 가능.
- param.list= 지정된 분포의 모수값을 지정. 지정 방법은 도움말을 이용할 것.
- estimate.params= 모수의 추정을 할 것인지의 여부를 지정. TRUE(param.list=NULL인 경우) 또는 FALSE.
- correct= FALSE(디폴트). TRUE는 "chisq" 검정 시 연속성 수정의 결과를 제시함.

예제 7.2 **카이제곱 적합도 검정**

gofTest() 함수를 이용하여 적합도 검정을 수행한다.

```
> library(EnvStats)
> set.seed(1020)
> x <- rexp(50, rate=1.0)    # 지수분포로부터 난수 발생
> gofTest(x, test="chisq")

Results of Goodness-of-Fit Test
-------------------------------
Test Method:                     Chi-square GOF
Hypothesized Distribution:       Normal
Estimated Parameter(s):          mean = 1.383150
                                 sd   = 1.301921
Estimation Method:               mvue
Data:                            x
Sample Size:                     50
Test Statistic:                  Chi-square = 20.8
Test Statistic Parameter:        df = 7
P-value:                         0.004077716
Alternative Hypothesis:          True cdf does not equal the
                                 Normal Distribution.
```

(해석) p-값이 매우 작으므로 데이터가 정규분포를 따른다는 귀무가설을 기각한다. 결과에서 자유도(df) $= k-1-$(추정 모수의 수)$= 10-1-2=7$이다.

참고 **적합분포의 모수 추정**

적합분포의 모수 추정에는 fitdistr{MASS} 함수를 이용할 수도 있다. 이 함수는 다양한 분포에 대해 추정치, 표준오차, 분산-공분산 행렬, 로그-가능도 등을 제공해 준다.

```
> library(MASS)
> fitdistr(x, "normal")
     mean         sd
  1.3831500   1.2888358    # [예제 7.2]의 결과와 유사함
 (0.1822689) (0.1288836)
```

7.5 기타 검정

K–S 검정에 대한 대안적인 방법으로, 일표본 및 이표본 분포함수에 대한 비모수적 검정법을 소개한다.

7.5.1 Lilliefors의 정규성 검정

$X_1, \cdots, X_n$을 $F(x)$로부터 크기 n의 확률표본이라고 하자. 가설은 다음과 같다.

H_0 : $F(x)$는 (평균, 분산)이 지정되지 않은 정규분포이다.

Lilliefors 검정은 원시자료 대신 다음의 표준화된 자료(Z_i)를 이용한다.

$$Z_i = \frac{X_i - \overline{X}}{S}, \quad i = 1, \cdots, n.$$

검정통계량(T_1)은 표준정규분포의 분포함수 $\Phi(x)$와 Z_i들의 경험분포함수 $F_n(x)$를 이용하여 다음과 같이 정의된다.

$$T_1 = \sup_x |\Phi(x) - F_n(x)|.$$

T_1의 정확한 귀무분포는 알려지지 않았으나, 방대한 모의실험에 의한 근사적인 분위수(임곗값)는 표로 제시되어 있다.

- T_1과 K–S 통계량과의 차이는 경험분포함수 F_n을 구하는 데 있어 K–S는 원시자료를 이용하는 반면, T_1은 표준화된 자료를 이용하는 데 있다.

참고 지수분포에 대한 Lilliefors 검정

Lilliefors는 다음의 지수분포의 가설에 대해 위와 유사한 검정을 제안하였다.

H_0 : $F(x)$는 (평균, 분산)이 지정되지 않은 지수분포이다.

검정통계량(T_2)은 $Z_i = X_i / \overline{X}$들의 경험분포함수 $F_n(x)$와 평균이 1인 지수분포의 분포함수 $F^*(x)$를 이용하여 다음과 같이 제안하였다.

$$T_2 = \sup_x |F^*(x) - F_n(x)|.$$

검정통계량의 정확한 귀무분포가 알려져 있으며, 표를 이용하여 분위수를 얻을 수 있다.

예제 7.3 Lilliefors 정규성 검정

```
> library(nortest)
> lillie.test(rnorm(100, mean = 5, sd = 3))

      Lilliefors (Kolmogorov-Smirnov) normality test

data:  rnorm(100, mean = 5, sd = 3)
D = 0.07979, p-value = 0.1216

> lillie.test(runif(100, min = 2, max = 4))

      Lilliefors (Kolmogorov-Smirnov) normality test

data:  runif(100, min = 2, max = 4)
D = 0.11997, p-value = 0.001186
```

7.5.2 Shapiro-Wilk의 정규성 검정

$X_1, \cdots, X_n$을 $F(x)$로부터 크기 n의 확률표본이라고 하자. 가설은 다음과 같다.

H_0 : $F(x)$는 (평균, 분산)이 지정되지 않은 정규분포이다.

Shapiro–Wilk 검정통계량(W)은 다음과 같다.

$$W = \frac{1}{D}\left[\sum_{i=1}^{k} a_i (X_{(n-i+1)} - X_{(i)})\right]^2.$$

여기서 $D = \sum_{i=1}^{n}(X_i - \overline{X})^2$ 이고, $X_{(i)}$는 i-번째 순서통계량이다. 또한, 계수 $a_1, \cdots, a_k$는 관측된 표본크기 n에 대해 k가 대략 $(n/2)$이도록 구해진다.

검정통계량 W는 기본적으로 순서통계량 $X_{(i)}$와 점수 a_i 간의 피어슨 상관계수의 제곱으로, 이 값이 1에 가까우면 자료가 정규분포를 잘 따른다고 할 수 있다. Shapiro–Wilk는 $n \le 50$인 경우에 대한 임곗값을 표로 제시하였으며, Shapiro와 Francia(1972)는 대표본의 경우에도 적용되는 근사적 방법을 제안하였다.

예제 7.4 Shapiro–Wilk 정규성 검정

```
> library(nortest)
> shapiro.test(rnorm(100, mean = 5, sd = 3))

	Shapiro-Wilk normality test

data:  rnorm(100, mean = 5, sd = 3)
W = 0.9929, p-value = 0.882

> shapiro.test(runif(100, min = 2, max = 4))

	Shapiro-Wilk normality test

data:  runif(100, min = 2, max = 4)
W = 0.94962, p-value = 0.0007828
```

7.5.3 Cramer von Mises 검정

(a) 일표본 검정

자료가 특정 분포함수 $F(x)$를 따르는지에 대한 검정으로 Cramer von Mises 검정을 소개한다. 이 검정은 다음의 식으로 정의되는 $F(x)$와 경험분포함수 $F_n(x)$ 간의 거리(ω^2)에 기초한다.

$$\omega^2 = \int_{-\infty}^{\infty} [F_n(x) - F(x)]^2 dF(x).$$

검정통계량(T)은 다음과 같다.

$$T = n\omega^2 = \frac{1}{12n} + \sum_{i=1}^{n} \left[\frac{2i-1}{2n} - F(x_{(i)}) \right]^2.$$

T가 클 때 H_0를 기각한다.

참고 Watson 검정

Watson 검정은 Cramer von Mises 검정의 변형으로, 다음의 검정통계량(U^2)을 사용한다.

$$U^2 = T - n\left(\overline{F} - \frac{1}{2}\right)^2, \quad \overline{F} = \frac{1}{n}\sum_{i=1}^{n} F(x_{(i)}).$$

예제 7.5 Cramer von Mises 검정

```
> library(goftest)
> set.seed(201)
> x <- rnorm(100, mean=2, sd=1)
> cvm.test(x, null="pnorm", mean=2, sd=1)

	Cramer-von Mises test of goodness-of-fit
	Null hypothesis: Normal distribution
	with parameters mean = 2, sd = 1
	Parameters assumed to be fixed

data:  x
omega2 = 0.035107, p-value = 0.9573
```

```
> cvm.test(x, "pnorm", mean=mean(x), sd=sd(x), estimated=TRUE)

	Cramer-von Mises test of goodness-of-fit
	Braun's adjustment using 10 groups
	Null hypothesis: Normal distribution
	with parameters mean = 2.07082761964605, sd = 1.06361048758696
	Parameters assumed to have been estimated from data

data:  x
omega2max = 0.25286, p-value = 0.8709
```

(b) 이표본 검정

두 모집단의 분포함수가 동일한지에 대한 검정법으로 Cramer von Mises 검정을 소개한다. $X_1,\cdots,X_m$은 분포함수 $F(x)$로부터의 확률표본이고, $Y_1,\cdots,Y_n$은 분포함수 $G(y)$로부터의 확률표본이라 하고, 이들은 서로 독립이라고 하자.

가설은 다음과 같다.

$$\begin{aligned} & H_0: \text{ 모든 } z\text{에 대해 } F(z)=G(x) \\ \text{vs} \quad & H_1: \text{ 적어도 한 점 } z\text{에 대해 } F(z)\neq G(z) \end{aligned}$$

$F_m(x)$와 $G_n(y)$를 두 표본의 경험분포함수라고 할 때, 검정통계량(T)은 다음과 같다.

$$\begin{aligned} T &= \frac{mn}{(m+n)^2}\left\{\sum_{i=1}^{m+n}[F_m(Z_i)-G_n(Z_i)]^2\right\}, \quad Z=(X_1,\cdots,X_m,Y_1,\cdots,Y_n) \\ &= \frac{mn}{(m+n)^2}\left\{\sum_{i=1}^{m}[F_m(X_i)-G_n(X_i)]^2+\sum_{j=1}^{n}[F_m(Y_j)-G_n(Y_j)]^2\right\}. \end{aligned}$$

검정통계량(T)의 귀무분포는 제한된 조건($m+n\le 17$)에서 Burr(1964)가 유도하였으며, Anderson과 Darling(1952)은 충분히 큰 m,n에 대해 귀무분포에서의 임곗값을 제시하였다(이 값은 소표본에서도 꽤 정확한 것으로 알려져 있다).

예제 7.6 Cramer von Mises 검정 – 이표본

```
> library(twosamples)
> x <-  rpois(30,2)
> y <-  rpois(30,3)
> cvm_test(x,y)
 Test Stat    P-Value
0.02555556 0.70300000
attr(,"details")
     n1      n2 n.boots
     30      30    2000
```

7.5.4 Anderson–Darling 검정

일표본 Cramer von Mises 검정의 확장으로, Anderson–Darling은 다음 식으로 정의되는 $F(x)$와 경험분포함수 $F_n(x)$ 간의 거리(ω_A^2)를 제안하였다.

$$\omega_A^2 = \int_{-\infty}^{\infty} [F_n(x) - F(x)]^2 w(x)\, dF(x).$$

이때 $w(x) = 1$이면 ω^2(Cramer von Mises의 거리)과 동일하다.

Anderson–Darling은 가중함수가 $w(x) = [F(x)(1-F(x))]^{-1}$인 다음의 검정통계량($A^2$)을 제안하였다.

$$A^2 = n\omega_A^2,\ w(x) = [F(x)(1-F(x))]^{-1}.$$

검정통계량(A^2)은 다음과 같다.

$$A^2 = -n - S,\ S = \sum_{i=1}^{n} \frac{2i-1}{n}\left[\ln F(Y_i) + \ln(1 - F(Y_{n+1-i}))\right].$$

여기서 F는 특정 분포의 분포함수이고, $Y_i = X_{(i)}$는 순서통계량이다.

이 검정의 임곗값은 검정 중인 지정된 분포에 따라 달라지며, A^2이 클 때 귀무가설을 기각한다.

- A–D 검정은 K–S 검정의 수정으로 K–S 검정보다 꼬리에 더 많은 가중치를 부여한다. K–S 검정은 임곗값이 검정되는 특정 분포(이는 완전히 지정된 분포, 즉 모수가 알려진 경우에만 해당됨)에 의존하지 않는다는 점에서 분포무관 방법이다. Anderson–Darling 검정은 임계값을 계산할 때 특정 분포를 사용한다. 이는 보다 민감한 검정이 가능하다는 장점과 함께 각 분포에 대해 임계값을 계산해야 하는 단점이 있다.

- A–D 검정에서 지정 가능한 특정 분포는 정규, 균일, 로그정규, 지수, Weibull, 극단값 유형 I, 일반화된 파레토 및 로지스틱분포이다.

예제 7.7 Anderson–Darling 검정

```
> library(goftest)
> x <- rnorm(10, mean=2, sd=1)
> ad.test(x, "pnorm", mean=2, sd=1)

      Anderson-Darling test of goodness-of-fit
      Null hypothesis: Normal distribution
      with parameters mean = 2, sd = 1
      Parameters assumed to be fixed

data:  x
An = 0.34627, p-value = 0.8977

> ad.test(x, "pnorm", mean=mean(x), sd=sd(x), estimated=TRUE)

      Anderson-Darling test of goodness-of-fit
      Braun's adjustment using 3 groups
      Null hypothesis: Normal distribution
      with parameters mean = 1.94559429146811, sd = 0.875717602219896
      Parameters assumed to have been estimated from data

data:  x
Anmax = 1.9279, p-value = 0.2821
```

7.5.5 그 외 검정 소개

(a) Kuiper 검정

자료가 특정 분포를 따르는지에 대한 검정으로 Kuiper 검정을 소개한다. 이 검정은 검정통계량으로

$$V = D^{+} + D^{-}$$

를 사용한다. 여기서 D^{+}와 D^{-}은 K-S 검정에서 정의한 것과 동일하다. 이 검정의 특징은 (가장 큰 양의 차이)와 (가장 큰 음의 차이)의 합을 사용함으로써 중앙값에서와 마찬가지로 꼬리에서도 민감하게 반응한다. 또한 독립변수의 순환 변환(cyclic transformatoin)에 대해 불변이다 (cf. A-D 검정은 꼬리에서 중앙값과 동일한 민감도를 제공하지만 순환 불변성을 제공하지 않는다). 이 성질로 인해 Kuiper 검정은 연중, 요일 또는 시간에 따른 순환 변동을 검정할 때, 그리고 보다 일반적인 순환 확률분포의 적합도 및 차이점을 검정할 때 특히 유용하다.

(b) Jarque-Bera 검정

Jarque-Bera 검정은 자료가 정규분포와 동일한 왜도와 첨도를 가지는지를 검정한다. 즉, 귀무가설은 다음과 같다.

$$H_0 : \text{왜도}=0\text{이고 첨도}=0\text{이다.}$$

검정통계량(JB)과 근사 귀무분포는 다음과 같다.

$$JB = \frac{n}{6}\left[S^2 + \frac{(K-3)^2}{4}\right] \underset{H_0}{\overset{\cdot}{\sim}} \chi^2(2).$$

여기서 S와 K는 각각 표본 왜도와 표본 첨도로

$$S = \frac{\hat{\mu}_3}{\hat{\sigma}^3} = \frac{\sum(X_i - \overline{X})^3/n}{\left[\sum(X_i - \overline{X})^2/n\right]^{3/2}}, \quad K = \frac{\hat{\mu}_4}{\hat{\sigma}^4} = \frac{\sum(X_i - \overline{X})^4/n}{\left[\sum(X_i - \overline{X})^2/n\right]^2}$$

이다. 위 통계량은 비음이며 값이 클 때 귀무가설을 기각한다.

8장

비모수적 상관계수

8.1 서론

표본상관계수(이하 상관계수)는 두 변수 간의 선형적인(또는 직선적인) 관계를 나타내는 측도이다. 상관계수는 −1과 1 사이의 값을 가지며, 1 또는 −1에 가까울수록 선형적인 관계가 강하며, 0에 가까울수록 그 관계가 약하다고 할 수 있다.

상관계수의 종류에는 피어슨 상관계수, 스피어만 상관계수, 켄달의 타우 등이 있다([표 8.1] 참고).

[표 8.1] 여러 가지 상관계수

상관계수	
모수적	**비모수적**
피어슨 상관계수	스피어만 상관계수, 캔달의 타우(τ)

이변량 정규분포로부터 추출된 n쌍의 확률표본을 $(X_1, Y_1), \cdots, (X_n, Y_n)$이라 할 때, 피어슨(Pearson) 상관계수(r)는 다음과 같이 정의된다.

$$r = \frac{\sum_{i=1}^{n}(X_i - \overline{X})(Y_i - \overline{Y})}{\sqrt{\sum_{i=1}^{n}(X_i - \overline{X})^2}\sqrt{\sum_{i=1}^{n}(Y_i - \overline{Y})^2}}.$$

8.2 비모수적 상관계수

8.2.1 스피어만 상관계수

스피어만(Spearman) 상관계수는 일종의 비모수적 상관계수로 다음과 같이 정의된다. 먼저 $(X_1, Y_1), \cdots, (X_n, Y_n)$을 연속인 임의의 이변량 모집단 분포로부터의 확률표본이라 하자. $R_i(i=1, \cdots, n)$와 $S_i(i=1, \cdots, n)$를

$$R_i = \{X_1, \cdots, X_n\}\text{에서 } X_i\text{의 순위},$$
$$S_i = \{Y_1, \cdots, Y_n\}\text{에서 } Y_i\text{의 순위}$$

라고 할 때. 스피어만의 상관계수 r_s는 다음과 같이 정의된다.

$$r_s = \frac{\sum(R_i - \overline{R})(S_i - \overline{S})}{\sqrt{\sum(R_i - \overline{R})^2}\sqrt{\sum(S_i - \overline{S})^2}}.$$

여기서 $\overline{R} = \sum R_i/n = (n+1)/2\ (= \overline{S})$이다. 또한, r_s는 다음 식으로 단순화된다.

$$r_s = 1 - \frac{6}{n(n^2-1)}\sum_{i=1}^{n}(R_i - S_i)^2.\ \text{(간편식)}$$

(단, 동점인 경우는 중간순위를 사용함.)

■ **(간편식 유도)** 위 간편식의 유도과정은 다음과 같다.

$$r_s = \frac{\sum R_i S_i - n\overline{R}\overline{S}}{\sqrt{\sum R_i^2 - n\overline{R}^2}\sqrt{\sum S_i^2 - n\overline{S}^2}}$$

이고, 다음의 관계식

$$\begin{aligned}\sum(R_i - S_i)^2 &= \sum(R_i^2 + S_i^2) - 2\sum R_i S_i \\ &= 2\left(\sum R_i^2 - \sum R_i S_i\right), \\ \sum R_i S_i &= \sum R_i^2 - \frac{1}{2}\sum(R_i - S_i)^2, \\ \sum R_i^2 - n\overline{R}^2 &= \frac{n(n+1)(2n+1)}{6} - \frac{n(n+1)^2}{4} = \frac{n(n^2-1)}{12}\end{aligned}$$

으로부터, 아래의 결과를 얻을 수 있다.

$$\begin{aligned}r_s &= \frac{\sum R_i^2 - \frac{1}{2}\sum(R_i - S_i)^2 - n\overline{R}^2}{\sum R_i^2 - n\overline{R}^2} \\ &= 1 - \frac{6\sum(R_i - S_i)^2}{n(n^2-1)}.\end{aligned}$$

■ 스피어만 상관계수는 순위로 전환된 자료에 대해 피어슨 상관계수를 적용한 식이다. 원시 자료 대신 순위자료를 사용하므로 피어슨 상관계수보다 이상점 자료에 대해 덜 민감하게 반응한다. 따라서 스피어만 상관계수는 이상점이 포함된 자료에 대해 피어슨 상관계수보다 선호될 수 있다.

자료분석 과정에서 두 상관계수의 차이가 클 경우에는 두 변수 간의 비선형성(nonlinearity)을 의심해 볼 필요가 있다. 예를 들어, 아래의 [그림 8.1]과 같이 비선형성이 강한 자료에 대한 스피어만 상관계수는 피어슨 상관계수에 비해 훨씬 큰 값을 제공한다.

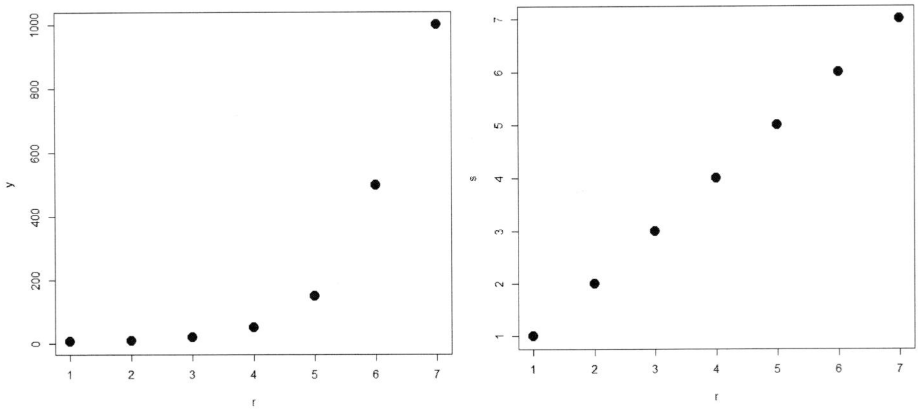

(a) 원시자료($r = 0.84$)　　　(b) 순위자료($r_s = 1$)

[그림 8.1] 스피어만 상관계수

8.2.2 캔달의 타우(τ)

켄달(Kendall)의 타우(τ) 역시 일종의 비모수적 상관계수로 다음과 같이 정의된다. 먼저 $(X_1, Y_1), \cdots, (X_n, Y_n)$을 연속인 임의의 이변량 모집단 분포로부터의 확률표본이라 하자. 원시자료 집합으로부터 부합(concordant pairs)인 쌍의 수를 P, 비부합인 쌍의 수(discordant pairs)를 Q라고 할 때

$$\tau = \frac{P - Q}{P + Q}$$

으로 정의된다. 예를 들어, $n = 5$인 자료가 [그림 8.2]와 같이 주어졌다고 하자(그림에서 선분은 모든 가능한 두 점 사이를 연결한 것이다). 이때 P와 Q는 각각 기울기가 양인 선분과 음인 선분의 수를 의미한다. 즉, 기울기가 양(또는 음)인 선분의 수 P(또는 Q)는 x값이 증가할 때, y값도 따라 증가하는(또는 감소하는) 점의 쌍이 몇 개인지를 나타내는, 즉 부합인(또는 비부합인) '자료쌍(선분)'의 수가 몇 개인지를 나타내는 값으로 이해될 수 있다.

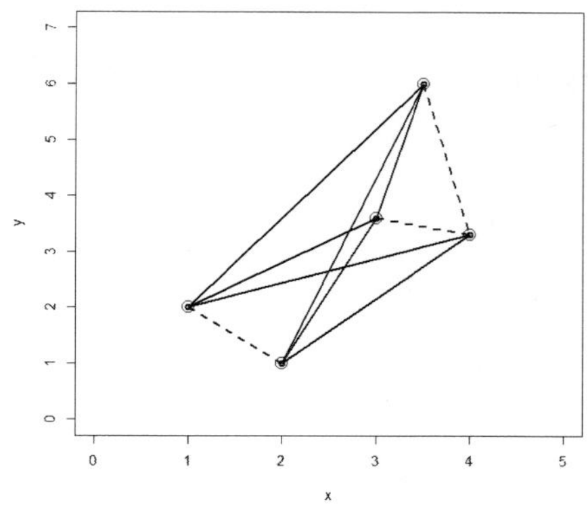

[그림 8.2] 켄달의 $\hat{\tau}$($\hat{\tau}$= 0.4: P=7, Q=3)

■ 캔달의 타우는 Goodman과 Kruskal(1963)에 의해 처음 논의되었으며, 감마계수[7])로도 불린다.

8.3 상관계수 검정

8.3.1 피어슨 상관계수

피어슨 상관계수에 대한 검정은 다음의 t-검정을 이용한다. 모집단의 분포가 이변량 정규분포라는 가정하에서 다음의 가설

$$H_0 : \rho = 0 \quad \text{vs} \quad H_1 : \rho > 0$$
$$H_1 : \rho < 0$$
$$H_1 : \rho \neq 0$$

에 대한 검정(즉, 상관계수가 영(0)인지에 대한 검정)은 표본상관계수(r)를 이용한 다음의 검정통계량

$$t = \frac{r\sqrt{n-2}}{\sqrt{1-r^2}}$$

이 귀무가설하에서 자유도가 $(n-2)$인 t-분포를 따른다는 사실에 기초한다.

7) 감마계수(gamma coefficient)는 14.1.1절을 참고할 것.

■ **(비 영(0)인 귀무가설의 경우: 근사적 검정)** 영(0)이 아닌 상관계수에 대한 검정은 다음과 같이 수행한다. 즉, $\rho_0 \neq 0$일 때의 가설 '$H_0 : \rho = \rho_0$ vs $H_1 : \rho > \rho_0$(또는 $<$ 또는 $\neq$)'에 대한 검정은, 아래의 사실에 기초한 근사적 검정을 수행한다. 즉,

$$W = \frac{1}{2}\ln\left(\frac{1+r}{1-r}\right) \ \dot{\sim}\ N\left(\frac{1}{2}\ln\left(\frac{1+\rho}{1-\rho}\right), \frac{1}{n-3}\right).$$

위 근사식의 좌변(W)은 Fisher의 Z-변환으로 알려져 있다.

8.3.2 스피어만 상관계수

모집단의 분포가 임의의 이변량 연속형 분포일 때, 두 변수 간의 독립성에 대한 검정을 수행한다. 다음의 가설

$$\begin{aligned} H_0 : \rho = 0 \quad \text{vs} \quad & H_1 : \rho > 0 \\ & H_1 : \rho < 0 \\ & H_1 : \rho \neq 0 \end{aligned}$$

에 대한 검정통계량으로 스피어만의 상관계수(r_s)를 사용한다.

참고로, H_0하에서 검정통계량의 분포는 다음과 같이 구해진다. 먼저 자료가 X_i에 따라 순서화되었다고 가정하자. 이때, H_0하에서 모든 $(n!)$가지 Y-순위의 배열은 모두 동일한 확률을 가진다. 예를 들어, $n=3$인 경우, H_0하에서 검정통계량의 분포는 [표 8.2]와 같다.

[표 8.2] **스피어만 상관계수의 귀무분포($n=3$)**

X-순위	Y-순위	r_s	H_0하의 확률
1,2,3	1,2,3	1.0	1/6
1,2,3	1,3,2	0.5	1/6
1,2,3	2,1,3	0.5	1/6
1,2,3	2,3,1	−0.5	1/6
1,2,3	3,1,2	−0.5	1/6
1,2,3	3,2,1	−1.0	1/6

따라서 검정통계량(r_s)의 귀무분포는 다음과 같다.

r	-1.0	-0.5	0.5	1	합계
$P_{H_0}(r_s = r)$	1/6	2/6	2/6	1/6	1

- **(소표본 검정)** 소표본의 경우에는 r_s의 정확한 귀무분포에 기초하여 검정을 수행한다.

- **(대표본 검정)** 스피어만 상관계수(r_s)는 귀무가설하에서

$$E_0(r_s) = 0, \quad Var_0(r_s) = \frac{1}{n-1}$$

을 만족하며, 대표본의 경우에는 다음 사실에 기초하여 검정을 수행한다.

$$\frac{r_s - E_0(r_s)}{\sqrt{Var_0(r_s)}} = \sqrt{n-1}\, r_s \underset{H_0}{\overset{\cdot}{\sim}} N(0,\, 1).$$

(동점이 있는 경우에도 수정 없이 사용함)

8.3.3 캔달의 타우

캔달의 타우(τ)의 모상관계수 ρ_τ는 아래와 같이 정의된다.

$$\rho_\tau = \pi_c - \pi_d.$$

여기서 π_c와 π_d는 각각 부합과 비부합의 확률로 다음과 같이 정의된다.

$$\pi_c = P[(X_i - X_j)(Y_i - Y_j) > 0],\ \pi_d = P[(X_i - X_j)(Y_i - Y_j) < 0].$$

이때 $-1 \le \rho_\tau \le 1$이다. 또한, 두 변수 X와 Y가 독립이면 $\pi_c = \pi_d = 1/2$이므로 $\tau = 0$이 된다. 아울러 $\tau > 0$은 양의 연관성을, $\tau < 0$은 음의 연관성을 의미한다.

다음의 가설

$$H_0 : \rho_\tau = 0 \qquad \text{vs} \qquad H_1 : \rho_\tau > 0$$
$$H_1 : \rho_\tau < 0$$
$$H_1 : \rho_\tau \neq 0$$

에 대한 검정은 검정통계량으로 캔달의 통계량(Kendall's statistic)으로 불리는

$$K = P - Q$$

를 이용한다.

참고로, H_0하에서 검정통계량(K)의 분포는 다음과 같이 구해진다. 먼저 자료가 X_i에 따라 순서화되었다고 가정하자. 이때, H_0하에서 모든 ($n!$)가지 Y−순위의 배열은 모두 동일한 확률을 가진다. 예를 들어, $n=3$인 경우, H_0하에서 검정통계량의 분포는 [표 8.3]과 같다.

[표 8.3] 캔달의 통계량 K의 귀무분포($n=3$)

X−순위	Y−순위	K	H_0하의 확률
1,2,3	1,2,3	3	1/6
1,2,3	1,3,2	1	1/6
1,2,3	2,1,3	1	1/6
1,2,3	2,3,1	−1	1/6
1,2,3	3,1,2	−1	1/6
1,2,3	3,2,1	−3	1/6

따라서 검정통계량(K)의 귀무분포는 다음과 같다.

k	−3	−1	1	3	합계
$P_{H_0}(K=k)$	1/6	2/6	2/6	1/6	1

■ **(소표본 검정)** 소표본의 경우에는 K의 정확한 귀무분포에 기초하여 검정을 수행한다.

■ 검정통계량 K를 수식으로 나타내면 다음과 같다.

$$\begin{aligned} K &= \sum_{i<j}^{n} \mathrm{sgn}(X_i - X_j)\mathrm{sgn}(Y_i - Y_j) \\ &= \sum_{i<j}^{n} \mathrm{sgn}(R_i - R_j)\mathrm{sgn}(S_i - S_j). \end{aligned}$$

여기서 $\mathrm{sgn}(t) = \begin{cases} 1, & t > 0 \\ 0, & t = 0 \\ -1, & t < 0 \end{cases}$ 이다(X 또는 Y에 동점이 있는 경우에는 부호는 영(0)이 된다).

■ 검정통계량 K는 $P + Q = n(n-1)/2$이므로 $K = P - Q = 2P - n(n-1)/2$이다.

■ **(대표본 검정)** 검정통계량 K는 귀무가설하에서

$$E_0(K) = 0, \quad Var_0(K) = \frac{n(n-1)(2n+5)}{18}$$

을 만족하므로, 대표본의 경우에는 다음 사실에 기초하여 검정을 수행한다.

$$\frac{K - E_0(K)}{\sqrt{Var_0(K)}} \overset{\cdot}{\underset{H_0}{\sim}} N(0, 1).$$

대표본 검정에서 동점이 있는 경우에는 수정된 분산식이 사용되나, 그 식이 복잡하므로 생략한다.

참고

검정통계량으로 K 대신 타우(τ)를 사용할 수도 있다. 이 경우에는 다음의 사실이 성립한다.

$$E_0(\tau) = 0, \quad Var_0(\tau) = \frac{2(2n+5)}{9n(n-1)}.$$

8.4 R 예제

R의 cor.test() 함수는 상관계수(피어슨, 스피어만, 캔달)에 대한 검정을 수행한다. 이 함수의 일반 형식은 다음과 같다.

```
cor.test(x, y, alternative c("two.sided", "less", "greater"),
        method=c("pearson", "kendall", "spearman"),
        exact=NULL, conf.level=0.95, continuity=FALSE,...)
cor.test(formula, data, subset, na.action, ...)
```

예제 8.1 상관계수 검정: 쌍둥이 자료

$n = 13$쌍의 쌍둥이의 심리 테스트 점수이다. 테스트 점수가 양의 연관을 가지는지를 검정하고자 한다.

```
> # x: 쌍둥이 첫째, y: 쌍둥이 둘째
> x <- c(277, 169, 157, 139, 108, 213, 232, 229, 114, 232, 161, 149, 128)
> y <- c(256, 118, 137, 144, 146, 221, 184, 188, 97, 231, 114, 187, 230)

> ## 비모수적 상관계수 검정
> cor.test(x, y, method="spearman", alternative = "greater", exact=FALSE)

      Spearman's rank correlation rho

data:  x and y
S = 176.74, p-value = 0.03603
alternative hypothesis: true rho is greater than 0
sample estimates:
      rho
0.5144434

> cor.test(x, y, method="kendall", alternative = "greater", exact=FALSE)

      Kendall's rank correlation tau

data:  x and y
z = 1.6503, p-value = 0.04944
alternative hypothesis: true tau is greater than 0
sample estimates:
      tau
0.3483943

> ## 피어슨 상관계수 검정
> cor.test(x, y, alternative = "greater")
```

```
      Pearson's product-moment correlation

data:  x and y
t = 2.8284, df = 11, p-value = 0.008209
alternative hypothesis: true correlation is greater than 0
95 percent confidence interval:
 0.2479471 1.0000000
sample estimates:
      cor
0.6488863
```

9장

기타 비모수검정

9.1 런 검정

런 검정은 일표본의 경우에는 자료의 임의성을, 이표본의 경우에는 두 자료가 동일한 분포로부터 나왔는지를 검정한다. 두 방법은 검정통계량을 정의하는 방식만 다를 뿐 본질적으로 동일하다.

9.1.1 일표본 런 검정

런 검정(runs test)은 두 종류(0 또는 1, A 또는 B)의 값만을 가지는 자료 시퀀스의 임의성(randomness)을 검정한다. 가설은 다음과 같다.

$$H_0 : \text{자료가 무작위로 생성되었다.}$$

런 검정의 검정통계량(R)은 '런의 수'로 정의된다. 여기서 런(run)이란 동일한 값의 나열(sequence)을 말한다. 예를 들어, 동전을 10회 던진 결과(H: 앞면, T: 뒷면)가 다음과 같이 주어질 때, 런의 수는 6이 된다.

<u>H H</u> <u>T T T</u> <u>H</u> <u>T T</u> <u>H</u> <u>T</u>

자료가 연속형인 경우에는 중앙값을 기준으로 두 개 범주(종류)로 이분화하여 런의 수를 정한다. 런의 수가 작으면 랜덤성을 만족하지 않음을 의미하므로 귀무가설을 기각하게 된다.

- **(소표본 검정)** 소표본의 경우에는 검정통계량(R)의 정확한 귀무분포에 기초하여 검정을 수행한다.

- 런 검정도 양측 및 단측검정이 가능하다. 단측검정의 경우 대립가설은 '실제 런 수가 기대표본 추정치보다 크다(또는 작다)'이다.

런 검정통계량(R)은 귀무가설하에서 다음을 만족한다.

$$E_0(R) = 2\frac{mn}{m+n}+1, \quad Var_0(R) = \frac{(\mu-1)(\mu-2)}{m+n-1}.$$

여기서 $\mu = E_0(R)$이고, m과 n은 각 범주에 속하는 자료 수이다(위의 예에서 $m=4$, $n=6$임).

- **(대표본 검정)** 대표본의 경우(m과 n이 충분히 큰 경우), 다음 사실에 기초하여 검정을 수행한다.

$$\frac{R-E_0(R)}{\sqrt{Var_0(R)}} \underset{H_0}{\overset{\cdot}{\sim}} N(0,1).$$

예제 9.1 런 검정

```
> x <- c(12, 16, 16, 15, 14, 18, 19, 21, 13, 13)
> library(DescTools)
> RunsTest(x, exact=TRUE)

	Runs Test for Randomness

data:  x
runs = 5, m = 5, n = 5, p-value = 0.7143
alternative hypothesis: true number of runs is not equal the expected number
sample estimates:
median(x)
     15.5
```

(해석) 자료의 중앙값은 15.5이다. 이 값으로 이분화할 때, 런의 수는 5이고, 두 범주에 속하는 자료의 수는 각각 5, 5이다.

12, 16, 16, 15, 14, 18, 19, 21, 13, 13

9.1.2 이표본 런 검정

Wald–Wolfowitz의 이표본 런 검정을 소개한다. 이표본 런 검정은 두 개의 독립적인 표본이 동일한 모집단에서 추출되었거나 두 표본이 어떤 식으로든 다른지 여부에 대한 가설을 검정하는 데 사용된다. 이 검정은 두 표본이 중심 경향, 분산, 왜도, 첨도 등 한 개 이상의 측면에서 다른지를 검정하는 데 사용할 수 있다는 점에서 유용하다. 검정에서는 자료의 기저분포를 연속으로 가정한다. 가설은 다음과 같다.

$$H_0 : \text{두 표본의 모집단 분포가 동일하다.}$$

두 표본(X, Y)의 자료 수를 m과 n이라 할 때, 두 표본을 합한 혼합표본에서 X와 Y표본으로 구분하여 런의 수(R)를 정하고 이를 검정통계량으로 한다(일표본에서는 중앙값을 기준으로 런의 수를 정하였음). 이후의 검정 절차는 일표본의 경우와 동일하다.

- 이 검정은 투박한 방법이며, 하나 또는 두 개 이상의 동점이 있는 경우에는 사용하지 말아야 한다. 이 경우에는 분포의 동일성 검정을 위한 다른 방법(예: K–S 검정 등)을 사용하기 바란다.

예제 9.2 이표본 런 검정

```
> library(DescTools)
> A <- c(35,44,39,50,48,29,60,75,49,66)
> B <- c(17,23,13,24,33,21,18,16,32)
> RunsTest(A, B, exact=TRUE)

	Wald-Wolfowitz Runs Test

data:  A and B
runs = 4, m = 10, n = 9, p-value = 0.003139
alternative hypothesis: true number of runs is not equal the expected number

> RunsTest(A, B, exact=FALSE)

	Wald-Wolfowitz Runs Test

data:  A and B
z = -2.8287, runs = 4, m = 10, n = 9, p-value = 0.004674
alternative hypothesis: true number of runs is not equal the expected number
```

9.1.3 Runs Up and Down 검정

자료가 A 또는 B로 양분될 수 없는 경우에 이용되며, 연속되는 자료의 증감을 이용하여 랜덤성을 검정하는 방법이다. 예를 들어, 일련의 자료($n = 15$)가 다음과 같이 주어졌다고 하자.

$$6.0 \quad 6.3 \quad 6.5 \quad 6.9 \quad 5.8 \quad 5.2 \quad 6.7 \quad 7.1 \quad 6.9 \quad 6.5 \quad 6.2 \quad 7.3 \quad 7.5 \quad 7.9 \quad 6.9$$

수치로 표현된 연속형 자료를 증감에 따라 부호로 나타내면 다음과 같다.

$$+ \quad + \quad + \quad - \quad - \quad + \quad + \quad - \quad - \quad - \quad + \quad + \quad + \quad -$$

이때 런의 수(R)는 6이 된다.

이 검정의 검정통계량(R)은 다음과 같다.

$$R = \text{ 표본의 런의 수.}$$

대표본의 경우 다음의 사실에 기초하여 검정을 수행한다.

$$\frac{R-E_0(R)}{\sqrt{Var_0(R)}} \underset{H_0}{\overset{\cdot}{\sim}} N(0,\,1) \text{ for large } n.$$

여기서 $E_0(R)$와 $Var_0(R)$은 귀무가설하에서의 평균과 분산으로 다음과 같이 주어진다.

$$E_0(R)=\frac{2n-1}{3}, \quad Var_0(R)=\frac{16n-29}{90}.$$

여기서 n은 표본의 수이다.

9.2 추세 검정

9.2.1 Cox-Stuart의 추세 검정

Cox와 Stuart(1955)는 일변량 자료에서 추세(trend)가 존재하는지에 대한 검정법을 제안하였다. 많은 측정 프로세스에서 추세의 존재를 탐지하는 것이 필요하다. 즉, 자료가 독립적인 관측값으로 가정되는 경우, 실제로 시간 종속적인 경향이 있는지(즉, 관측값이 실제로 독립이 아님)를 파악하는 데 관심이 있다. 이 검정의 가설은 다음과 같다.

$$H_0: \text{ 추세가 없다.}$$

$X_1, X_2, \cdots, X_n$을 특별한 순서[8](예를 들어, 관측된 순서)에 따라 정렬된 서로 독립인 확률변수라고 하자. 확률변수의 쌍을 다음과 같이 형성한다.

$$(X_1, X_{c+1}), (X_2, X_{c+2}), \cdots, (X_{n-c}, X_n).$$

여기서

8) 여기서 '특별한 순서'는 원시자료의 다양한 방식으로의 재배열을 의미한다.

$$c = \begin{cases} n/2, & \text{if } n = even \\ (n+1)/2, & \text{if } n = odd \end{cases}$$

이다(n이 홀수인 경우, 중간의 확률변수는 제거된다). 각 쌍 (X_i, X_{i+c})를 다음의 방식으로 + 또는 − 부호로 대체한다: 즉, $X_i < X_{i+c}$이면 +로, $X_i > X_{i+c}$이면 −로 하되 동점인 경우는 제거한다. 이제 동점이 아닌 쌍의 수를 n'라고 하자.

검정통계량(T)과 귀무분포는 다음과 같다.

$$T = +\ \text{부호의 개수} \underset{H_0}{\overset{d}{\sim}} B(n', \frac{1}{2}).$$

여기서 n'는 동점이 아닌($X_i \neq X_{i+c}$인) 쌍의 수이다.

- Cox–Stuart 검정은 부호검정의 변형으로, 짝지어진 자료에 부호검정을 적용한 것이다.
- 이 검정은 양측뿐 아니라 단측검정도 가능하다. 단측검정에서는 상향(upward) 또는 하향(downward) 추세를 검정하게 된다.

예제 9.3 Cox–Stuart의 추세 검정

```
> library(randtests)
> data(sweetpotato)      # Sweet potato production harvested in the United States,
between 1868 and 1937.
> cox.stuart.test(sweetpotato$production)

      Cox Stuart test

data:  sweetpotato$production
statistic = 35, n = 35, p-value = 5.821e-11
alternative hypothesis: non randomness

> plot(sweetpotato$production)
```

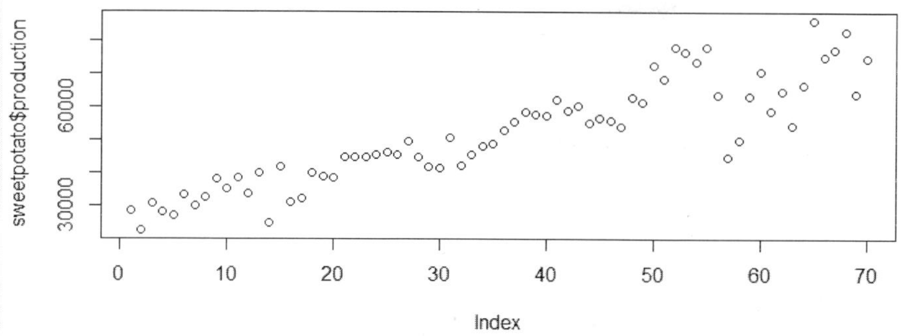


```
> library(snpar)
> cs.test(sweetpotato$production)

        Exact Cox-Stuart trend test

data:  sweetpotato$production
S = 0, p-value = 5.821e-11
alternative hypothesis: data have a monotonic trend
```

- 이 검정은 사인파 또는 기타 주기적 패턴과 같은 임의의 지정된 유형이 아닌 패턴을 감지하는 데 사용할 수 있다. 확률변수의 시퀀스는 가장 작은 숫자가 끝에 가깝도록 배열될 뿐이다. 그런 다음 재배열된 시퀀스에서 상향 추세가 존재한다는 것은 예측된 패턴이 시퀀스의 원래 배열에 존재한다는 증거이다.

9.2.2 Mann-Kendall의 추세 검정

(a) Daniel의 추세 검정

Daniel은 스피어만 상관계수를 이용한 추세 검정을 제안하였다. 이 검정은 서로 독립인 연속형 자료(y)를 일련의 시간($x = 1, 2, \cdots$) 경과에 따른 자료로 간주하여 두 변수 X와 Y 간의 스피어만 상관계수를 구한 후, 이들 상관계수가 영(0)인지에 대한 검정을 수행하는 방법이다. 양측 및 단측검정이 가능하며, 단측검정의 예는 다음과 같다.

H_0 : 자료가 서로 독립이다.

vs H_1 : 시간 경과에 따라 증가(또는 감소) 추세가 있다.

구체적인 검정법은 스피어만 상관계수에 대한 검정 절차와 동일하므로 생략한다. 다만, 이 방법은 Cox-Stuart 검정에 비해 적용되는 자료의 형태가 제한적이라 할 수 있다.

(b) Mann-Kendall의 추세 검정

Mann-Kendall(M-K) 검정 역시 Daniel 검정과 마찬가지로 시간 경과에 따른 추세성을 검정한다. 이 검정의 가설은 다음과 같다.

$$H_0 : \text{단조 추세가 없다.}$$

측정된 시간순으로 정렬된 자료(즉, 시계열 자료)를 $x_1, x_2, \cdots, x_n$이라 할 때, 검정통계량은 다음과 같다.

$$S = \sum_{k=1}^{n-1} \sum_{j=k+1}^{n} \operatorname{sgn}(x_j - x_k).$$

(단, 동점인 경우는 부호 sgn를 0으로 한다.)

위 통계량의 의미는 모든 자료 간의 차이($x_j - x_k$, $j > k$)로부터, (양인 차이의 수)−(음인 차이의 수)에 해당한다. 이 값이 양이면 관측 시간이 후(later)인 관측값이 전(earlier)인 관측값보다 큰 경향이 있음을 나타낸다. 즉, 검정통계량 S는 캔달의 검정통계량과 동일하므로, M-K 검정은 캔달의 상관계수가 영(0)인지의 검정을 통해 추세에 대한 검정을 수행하는 방법이다.

- 이 검정은 Daniel 검정에서 캔달의 상관계수를 사용한 것과 동일하다.

- M-K 검정은 기울기 회귀계수가 영(0)인지에 대한 모수적 검정의 대안으로 사용될 수 있다. 다만 이 방법은 분포무관인 비모수적 방법이므로, 오차에 대한 정규성 가정이 불필요하다.

예제 9.4 M-K 추세 검정

```
> library(trend)
> data(Nile)
> mk.test(Nile, continuity = TRUE)

	Mann-Kendall trend test
```

```
data:  Nile
z = -4.1281, n = 100, p-value = 3.658e-05
alternative hypothesis: true S is not equal to 0
sample estimates:
            S          varS           tau
-1.387000e+03  1.127283e+05 -2.807413e-01

> # 다른 방법: cor.test() 함수 이용
> n <- length(Nile)
> cor.test(x=(1:n),y=Nile, meth="kendall", continuity = TRUE)

      Kendall's rank correlation tau

data:  (1:n) and Nile
z = -4.1281, p-value = 3.658e-05
alternative hypothesis: true tau is not equal to 0
sample estimates:
       tau
-0.2807413
```

9.3 분위수 검정

분위수 검정(quantile test)은 일표본 또는 이표본에서 위치(location)에 대한 검정을 수행한다. 여기서 위치는 중앙값(median)뿐 아니라 분위수(quantile)가 될 수 있으나, 이표본에서는 중앙값으로 제한한다.

분위수 검정에서의 가설은 다음과 같다.

[일표본 경우] H_0 : 중앙값(또는 분위수)이 q이다.
(부호검정의 확장: 중앙값 -> 분위수)
[이표본 경우] H_0 : 독립인 두 표본의 중앙값이 동일하다.
(윌콕슨 순위합검정의 대안)

일표본 문제에서 분위수를 중앙값으로 지정할 경우에는 부호검정과 동일하다. 일표본 분위수 검정은 대응비교의 경우에도 동일하게 적용된다. 모집단에 대해서는 임의의 연속인 분포(F)를 가정한다.

이표본의 경우, 이 검정은 'Brown–Mood 검정'으로 알려져 있다. 이 검정은 '혼합표본의 중앙값보다 큰 1표본 자료의 수'를 검정통계량으로 하며, 초기하 분포를 통해 p–값을 계산한다(표본이 큰 경우에는 정규근사를 이용함). 두 모집단의 분포는 '동일한 형태'를 가지는 임의의 분포를 가정한다. 다만, 정규분포 또는 꼬리가 짧은 분포에 대해서는 검정력이 매우 떨어짐에 유의해야 한다.

R 패키지 {snpar}의 quant.test() 함수는 일표본과 이표본 문제에서 분위수 검정을 제공한다. 이 함수의 일반 형식은 다음과 같다.

```
quant.test(x, y = NULL, q, paired = FALSE, p = 0.5,
         alternative = c("two.sided", "less", "greater"),
         exact = FALSE, correct = TRUE)
```

- q= 귀무가설의 분위수(일표본 검정에 한함)이다.
- p= 분위수의 확률로 $0 \sim 1$의 값. 디폴트는 0.5(중앙값)이다.

예제 9.5 **분위수 검정: 일표본과 이표본**

```
> ## 일표본 검정
> x <- c(14.22, 15.83, 17.74, 19.88, 20.42, 21.96, 22.33, 22.79, 23.56, 24.45)
> # 정확한 검정
> library(snpar)
> quant.test(x, q = 19, p=0.5, exact = TRUE)
> # H0 : 제50 백분위수(p=0.5)가 19이다(q=19).

      Exact one-sample quantile test

data:  x
location = 21.19, p-value = 0.3438
alternative hypothesis: true location is not equal to 19
```

(해석) 위의 결과는 아래의 부호검정의 결과와 동일하다. 다만, quant.test{snpar} 함수는 중앙값뿐 아니라 분위수 검정까지 가능하다.

```
> library(BSDA)
> SIGN.test(x-19)
```

```
> ## 이표본 검정
> y <- c(5.54, 5.52, 5.00, 4.89, 4.95, 4.85, 4.80, 4.78, 4.82, 4.85, 4.72, 4.48,
       4.39, 4.36, 4.30, 4.26, 4.25, 4.22)
> group <- as.numeric(gl(2,9))
> # 독립 이표본
> library(snpar)
> quant.test(y, group, paired=FALSE, exact=TRUE)

        Exact two-sample (Brown-Mood) quantile test

data:  y with group group
Difference = 0.53, p-value = 4.114e-05
alternative hypothesis: true location shift is not equal to 0
```

이표본에서 중앙값 검정은 k표본($k \geq 3$)의 경우로 확장된다. 이때 k개의 모집단은 서로 독립을 가정한다. 이 검정의 가설은 다음과 같다.

[k표본의 경우] H_0 : k표본의 중앙값이 모두 같다.
(크루스칼-왈리스 검정의 대안)

이 검정은 '피어슨의 카이제곱 검정'의 특별한 경우로 다음의 절차를 따른다. 먼저, 전체 자료의 중앙값(M)을 구한 뒤, 각 표본마다 M보다 큰 자료와 작거나 같은 자료의 개수를 세어 아래와 같이 $2 \times k$ 분할표를 구성한다. 이 자료로부터 관측빈도가 여러 그룹을 결합한 분포로부터 파생되는 기대빈도와의 차이를 이용한 카이제곱 검정을 수행한다.

	표본 1	표본 2	⋯	표본 k
$> M$				
$\leq M$				

R 패키지 {coin}의 median_test() 함수를 이용하여 중앙값 검정을 수행한다. 이 함수의 일반 형식은 다음과 같다.

```
median_test(formula, data, subset = NULL, weights = NULL, ...)
median_test(object, mid.score = c("0", "0.5", "1"),
            conf.int = FALSE, conf.level = 0.95, ...)
```

- mid.score= 중앙값과 정확히 같은 관측값에 할당된 점수를 문자(character)로 지정; 0("0", 디폴트), 0.5("0.5") 또는 1("1")
- object는 "IndependenceProblem" 클래스에서 상속되는 개체(자세한 설명은 {coin} 패키지의 도움말을 참고할 것)

예제 9.6 k표본 중앙값 검정

```
> y <- c(5.54, 5.52, 5.00, 4.89, 4.95, 4.85, 4.80, 4.78, 4.82,
         4.85, 4.72, 4.48, 4.39, 4.36, 4.30, 4.26, 4.25, 4.22)
> group <- as.numeric(gl(3,6))
> library(coin)
> dat <- data.frame(y, group)
> median_test(y~as.factor(group), data=dat)

	Asymptotic K-Sample Brown-Mood Median Test

data:  y by as.factor(group) (1, 2, 3)
chi-squared = 11.333, df = 2, p-value = 0.003459
```

9.4 선형순위통계량

9.4.1 이론 소개

이 절에서는 비모수검정에서 중요하게 취급되는 선형순위통계량을 정의하고, 이 통계량의 주요 성질을 소개한다.

정의 선형순위통계량

$\{a(1),\cdots,a(N)\}$과 $\{c_1,\cdots,c_N\}$은 N개의 상수로 이루어진 두 집합으로, 각 집합 내의 숫자가 모두 같지는 않다고 하자. 이때 다음 형태의 통계량을 선형순위통계량(linear rank statistic)으로 정의한다.

$$T=\sum_{i=1}^{N} c_i a(R_i).$$

이때 상수 $a(1),\cdots,a(N)$을 점수(scores)라 부르고, $c_1,\cdots,c_N$을 회귀상수(regression constants)라고 한다.

이 책에서 소개된 많은 검정통계량들은 선형순위통계량의 형태를 취한다. 특히, 이들 검정통계량을 이용하여 대표본 검정을 수행하기 위해서는 H_0하에서의 평균과 분산이 필수적으로 요구된다. 이 절에서는 H_0하에서 선형순위통계량(T)의 평균과 분산을 유도하기로 한다.

(i) T의 기댓값

T의 기댓값은

$$E(T)=E\left[\sum_{i=1}^{N}c_i a(R_i)\right]=\sum_{i=1}^{N}c_i E[a(R_i)]$$

이다. 여기서 $P(R_i=j)=1/N\ (j=1,\cdots,N)$이므로

$$E[a(R_i)]=\sum_{j=1}^{N}a(j)\cdot\frac{1}{N}=\frac{1}{N}\sum_{j=1}^{N}a(j)\equiv\overline{a}$$

이다. 따라서 $E(T)=\sum_{i=1}^{N}c_i\overline{a}=N\overline{c}\,\overline{a}$이다.

(ii) T의 분산

T의 분산은

$$Var(T)=\sum_{i=1}^{N}c_i^2 Var[a(R_i)]+\sum_{\substack{i=1\\ i<j}}^{m}\sum_{j=1}^{n}c_ic_j Cov[a(R_i),a(R_j)]$$

이다. 여기서

$$Var[a(R_i)]=E[a(R_i)-\overline{a}]^2=\frac{1}{N}\sum_{k=1}^{N}[a(k)-\overline{a}]^2\equiv A$$

이고, $P(R_i=i,\ R_j=l)=1/N(N-1)\ (k\neq l)$이므로

$$
\begin{aligned}
Cov[a(R_i),\, a(R_j)] &= E\{[a(R_i)-\overline{a}][a(R_j)-\overline{a}]\} \\
&= \sum_{\substack{i=1 \\ i<j}}^{m}\sum_{j=1}^{n}[a(k)-\overline{a}][a(l)-\overline{a}]\cdot\frac{1}{N(N-1)}
\end{aligned}
$$

이다. 위 식에서 $k=l$인 항을 더해주고 빼주면

$$
\begin{aligned}
Cov[a(R_i), a(R_j)] = \sum_{k=1}^{N}[a(k)-\overline{a}]\sum_{l=1}^{N}[a(l)-\overline{a}]\cdot\frac{1}{N(N-1)} \\
-\sum_{k=1}^{N}[a(k)-\overline{a}]^2\cdot\frac{1}{N(N-1)}
\end{aligned}
$$

이다. 여기서 위 식의 첫째 항은 0이므로

$$
Cov[a(R_i), a(R_j)] = -\frac{1}{N-1}A
$$

가 된다.

따라서 다음이 성립한다.

$$
\begin{aligned}
Var(T) &= \sum_{i=1}^{N}c_i^2A-\sum_{\substack{i=1 \\ i<j}}^{m}\sum_{j=1}^{n}c_ic_j\frac{1}{N-1}A \\
&= \frac{A}{N-1}\left[(N-1)\sum_{i=1}^{N}c_i^2-\sum_{\substack{i=1 \\ i<j}}^{m}\sum_{j=1}^{n}c_ic_j\right] \\
&= \frac{A}{N-1}\left[(N-1)\sum_{i=1}^{N}c_i^2-\left\{\left(\sum_{i=1}^{N}c_i\right)^2-\left(\sum_{i=1}^{N}c_i^2\right)\right\}\right] \\
&= \frac{A}{N-1}\left[N\sum_{i=1}^{N}c_i^2-N^2\,\overline{c}^2\right] \\
&= \frac{AN}{N-1}\sum_{i=1}^{N}(c_i-\overline{c})^2, \quad A=\frac{1}{N}\sum_{k=1}^{N}(a(k)-\overline{a})^2 \\
&= \frac{1}{N-1}\left[\sum_{i=1}^{N}(c_i-\overline{c})^2\right]\left[\sum_{i=1}^{N}(a(i)-\overline{a})^2\right].
\end{aligned}
$$

이상의 결과를 요약하면 다음의 [정리 9.1]과 같다.

정리 9.1 선형순위통계량을 $T=\sum_{i=1}^{N} c_i a(R_i)$이라 하자. 순위 집합 $\{R_1,\cdots,R_N\}$이 정수 $(1,\cdots,N)$의 순열 집합($N!$개) 상에서 균일분포를 따를 때, 다음이 성립한다.

$$E(T)=N\bar{c}\bar{a}.$$
$$Var(T)=\frac{1}{N-1}\left[\sum_{i=1}^{N}(c_i-\bar{c})^2\right]\left[\sum_{i=1}^{N}(a(i)-\bar{a})^2\right].$$

여기서 $\bar{a}=\sum_{i=1}^{N} a(i)/N$ 이고, $\bar{c}=\sum_{i=1}^{N} c_i/N$이다.

특히, 선형순위통계량(T)은 적절한 조건하에서 다음 사실이 성립한다. 즉, 충분히 큰 N에 대해

$$\frac{T-E(T)}{\sqrt{Var(T)}} \overset{\cdot}{\sim} N(0,1)$$

이다. 이 사실은 많은 비모수검정에서 대표본 검정에 대한 이론적 배경으로 사용된다.

- 순위를 통해서만 확률표본에 의존하는 통계량(예: 선형순위통계량)은 분포무관임이 알려져 있어, 비모수적 추론에서 특히 유용하다. 예를 들어, 부호순위 및 순위합 검정통계량은 H_0 하에서 분포무관이다.

9.4.2 적용 예제

이 책에서 소개된 많은 검정통계량들은 선형순위통계량에 속하며, 따라서 [정리 9.1]을 적용하여 H_0 하에서의 평균과 분산을 쉽게 유도할 수 있다. [예제 9.7]과 [예제 9.8]은 윌콕슨의 순위합 및 Conover의 제곱순위 검정통계량에 적용한 예이다.

예제 9.7 **순위합검정**

윌콕슨의 순위합 검정통계량 $W=\sum_{i=1}^{m} R(X_i)=\sum_{i=1}^{m} R_i$은 선형순위통계량에서

$$c_i = \begin{cases} 1, & i=1,\cdots,m \\ 0, & i=m+1,\cdots,N \end{cases} \quad \& \quad a(i)=i, \quad i=1,\cdots,N$$

인 경우에 해당한다.

[정리 9.1]을 적용하면 평균과 분산은 다음과 같이 계산된다.

$$E(W) = N\bar{c}\bar{a} = N\frac{m}{N}\frac{N+1}{2} = \frac{m(N+1)}{2}.$$

$$\begin{aligned} Var(W) &= \frac{1}{N-1}\left[\sum_{i=1}^{N}(c_i-\bar{c})^2\right]\left[\sum_{i=1}^{N}(a(i)-\bar{a})^2\right] \\ &= \frac{1}{N-1}\left[\sum_{i=1}^{m}\left(1-\frac{m}{N}\right)^2 + \sum_{i=m+1}^{N}\left(0-\frac{m}{N}\right)^2\right]\left[\sum_{i=1}^{N}a(i)^2 - N\bar{a}^2\right] \\ &= \frac{1}{N-1}\left[m\left(\frac{n}{N}\right)^2 + n\left(\frac{m}{N}\right)^2\right]\left[\sum_{i=1}^{N}R_i^2 - N\left(\frac{N+1}{2}\right)^2\right] \\ &= \frac{mn}{N(N-1)}\sum_{i=1}^{N}R_i^2 - \frac{mn(N+1)^2}{4(N-1)} \qquad (a) \\ &= \frac{mn}{N(N-1)}\frac{N(N+1)(2N+1)}{6} - \frac{mn(N+1)^2}{4(N-1)} \qquad (b) \\ &= \frac{mnN[2(N+1)(2N+1)-3(N+1)^2]}{12N(N-1)} \\ &= \frac{mn(N+1)}{12}. \end{aligned}$$

위의 계산 과정에서 (a)에서 (b)는 동점이 없는 경우에 성립한다.

예제 9.8 제곱순위 검정

제곱순위 검정통계량 $S=\sum_{i=1}^{m}R(U_i)^2=\sum_{i=1}^{m}R_i^2$은 선형순위통계량에서

$$c_i = \begin{cases} 1, & i=1,\cdots,m \\ 0, & i=m+1,\cdots,N \end{cases} \quad \& \quad a(i)=i^2, \quad i=1,\cdots,N$$

인 경우에 해당한다.

[정리 9.1]을 적용하면 평균과 분산은 다음과 같이 계산된다.

$$E(W) = N\bar{c}\bar{a} = n\frac{m}{N}\left(\sum_{i=1}^{N}R_i^2\right) = \frac{m}{N}\overline{R^2}, \quad \overline{R^2} = \frac{1}{N}\sum_{i=1}^{N}R_i^2.$$

$$\begin{aligned} Var(W) &= \frac{1}{N-1}\left[\sum_{i=1}^{N}(c_i-\bar{c})^2\right]\left[\sum_{i=1}^{N}(a(i)-\bar{a})^2\right] \\ &= \frac{mn}{N(N-1)}\left[\sum_{i=1}^{N}R_i^4 - N\left(\overline{R^2}\right)^2\right] \\ &= \frac{mn}{N(N-1)}\sum_{i=1}^{N}R_i^4 - \frac{mn}{N-1}\left(\overline{R^2}\right)^2. \end{aligned}$$

여기서 $\sum_{i=1}^{N}R_i^4 = \sum_{i=1}^{N}i^4 = N(N+1)(2N+1)(3N^2+3N-1)/30$이다.

이외에도 [정리 9.1]을 적용할 수 있는 예는 다음과 같다.

(예 1) Mood 검정

$$M = \sum_{i=1}^{m}\left(R_i - \frac{N+1}{2}\right)^2 = \sum_{i=1}^{N}c_i a(R_i),$$

$$c_i = \begin{cases} 1, & i=1,\cdots,m \\ 0, & i=m+1,\cdots,N \end{cases} \quad \& \quad a(i) = \left(i - \frac{N+1}{2}\right)^2, \quad i=1,\cdots,N.$$

(예 2) Klotz 검정

$$K = \sum_{i=1}^{m}\left[\Phi^{-1}\left(\frac{R_i}{N+1}\right)\right]^2 = \sum_{i=1}^{N}c_i a(R_i),$$

$$c_i = \begin{cases} 1, & i=1,\cdots,m \\ 0, & i=m+1,\cdots,N \end{cases} \quad \& \quad a(i) = \left[\Phi^{-1}\left(\frac{i}{N+1}\right)\right]^2, \quad i=1,\cdots,N.$$

(예 3) Capon 검정

$$C = \sum_{i=1}^{m}E(Z_{(R_i)}^2) = \sum_{i=1}^{N}c_i a(R_i),$$

$$c_i = \begin{cases} 1, & i=1,\cdots,m \\ 0, & i=m+1,\cdots,N \end{cases} \quad \& \quad a(i) = E(Z_{(i)}^2), \quad i=1,\cdots,N.$$

(예 4) Savage 검정

$$S = \sum_{i=1}^{m}\sum_{j=N-R_i+1}^{N}\frac{1}{j} = \sum_{i=1}^{N}c_i a(R_i),$$

$$c_i = \begin{cases} 1, & i=1,\cdots,m \\ 0, & i=m+1,\cdots,N \end{cases} \quad \& \quad a(i) = \sum_{j=N-i+1}^{N}\frac{1}{j}, \quad i=1,\cdots,N.$$

(예 5) Ansary−Bradley 검정

$$C=\sum_{i=1}^{m} R_i=\sum_{i=1}^{N} c_i a(R_i),$$

$$c_i=\begin{cases}1, & i=1,\cdots,m\\ 0, & i=m+1,\cdots,N\end{cases} \quad \& \quad \begin{array}{l} a(1)=1,\ a(N)=1,\\ a(2)=2,\ a(N-1)=2,\ \cdots .\end{array}$$

이때 스코어 $a(i)$는 다음과 같이 표현될 수 있다.

$$a(i)=\frac{N+1}{2}-\left|i-\frac{N+1}{2}\right| \quad \text{또는} \quad a(i)=\begin{cases}N+1-i, & i>\dfrac{N+1}{2}\\ i, & i\le \dfrac{N+1}{2}.\end{cases}$$

■ Siegel−Tukey 검정의 경우

$$\begin{array}{l} a(1)=1,\ a(n)=2,\ a(n-1)=3,\ a(2)=4,\\ a(3)=5,\ a(n-2)=6,\ a(n-3)=7,\ a(4)=8,\ \cdots .\end{array}$$

(예 6) Brown−Mood 검정(이표본 중앙값 검정)

$$T=\text{혼합표본의 중앙값보다 큰 } X\text{표본의 수}=\sum_{i=1}^{m} c_i a(R_i),$$

$$c_i=\begin{cases}1, & i=1,\cdots,m\\ 0, & i=m+1,\cdots,N\end{cases} \quad \& \quad a(i)=\begin{cases}1, & i>\dfrac{N+1}{2}\\ 0, & i\le \dfrac{N+1}{2}.\end{cases}$$

[정리 9.1]을 적용한 결과는 다음과 같다.

- N이 짝수일 때($\bar{a}=1/2$임):

$$E(T)=\frac{m}{2},\quad Var(T)=\frac{mn}{4(N-1)}.$$

- N이 홀수일 때($\bar{a}=(N-1)/(2N)$임):

$$E(T)=\frac{m}{2}\left(\frac{N-1}{N}\right),\quad Var(T)=\frac{mn(N+1)}{4N^2}.$$

9.4.3 기타 응용

[정리 9.1]을 이용한 추가적인 예를 소개한다. [예제 9.9]와 [예제 9.10]은 각각 Kruskal-Wallis 검정통계량과 스피어만 상관계수의 귀무 극한분포의 유도를 다루었다. 특히, [예제 9.9]에서 사용된 절차는 Friedman 검정통계량 및 정렬된 순위 검정통계량에도 유사하게 적용된다.

예제 9.9 Kruskal-Wallis 검정

Kruskal-Wallis 검정통계량은 다음과 같다.

$$\begin{aligned} H &= \frac{12}{N(N+1)}\sum_{i=1}^{k} n_i(\overline{R}_{i}. - \overline{R}_{..})^2 \\ &= \frac{12}{N(N+1)}\sum_{i=1}^{k}\frac{R_{i}^2.}{n_i} - 3(N+1). \end{aligned}$$

(i) $E(R_i.)$와 $Var(R_i.)$의 계산

$R_i.$는 표본i에 할당된 순위들의 합이므로, 이는 선형순위통계량에서 N개의 회귀상수 $c_i(i=1,\cdots,N)$ 중 n_i개는 1이고, 나머지 $(N-n_i)$개는 0인 경우에 해당한다. 따라서 [정리 9.1]로부터 $E(R_i.)$와 $Var(R_i.)$는 다음과 같이 계산된다.

$$\begin{aligned} E(R_i.) &= N\bar{c}\bar{a} = N\frac{n_i}{N}\frac{N+1}{2} = n_i\frac{N+1}{2}. \\ Var(R_i.) &= \frac{1}{N-1}\left[\sum_{i=1}^{N}(c_i-\bar{c})^2\right]\left[\sum_{i=1}^{N}(a(i)-\bar{a})^2\right] \\ &= \frac{1}{N-1}\left[n_i\left(1-\frac{n_i}{N}\right)^2 + (N-n_i)\left(0-\frac{n_i}{N}\right)^2\right]\left[\sum_{i=1}^{k}\sum_{j=1}^{n_i}\left(R_{ij}-\frac{N+1}{2}\right)^2\right] \\ &= \frac{1}{N-1}\left[\frac{n_i(N-n_i)(N-n_i+n_i)}{N^2}\right]\left[\sum_{i=1}^{k}\sum_{j=1}^{n_i}R_{ij}^2 - N\left(\frac{N+1}{2}\right)^2\right] \\ &= \frac{1}{N-1}\frac{n_i(N-n_i)}{N}\left[\frac{N(N+1)(2N+1)}{6} - \frac{N(N+1)^2}{4}\right] \\ &= \frac{n_i(N-n_i)}{N(N-1)}\left[\frac{N(N+1)(N-1)}{12}\right] \\ &= n_j(N-n_j)\frac{N+1}{12}. \end{aligned}$$

따라서 다음이 성립한다.

$$\frac{R_i. - E(R_i.)}{\sqrt{Var(R_i.)}} \xrightarrow[n_i\to\infty]{d} N(0,1) \quad \text{또는} \quad \left[\frac{R_i. - E(R_i.)}{\sqrt{Var(R_i.)}}\right]^2 \xrightarrow[n_i\to\infty]{d} \chi^2(1).$$

(ii) 만약 $R_i.\ (j=1,\cdots,k)$가 서로 독립이라면 다음이 성립된다.

$$\sum_{i=1}^{k}\left[\frac{R_i.-E(R_i.)}{\sqrt{Var(R_i.)}}\right]^2 \xrightarrow[n_i\to\infty]{d} \chi^2(k).$$

그러나 $R_i.$은 서로 독립이 아니다(그 이유는 $R_i.$의 합은 $N(N+1)/2$로 일정하며 $R_i.$이 커지면 나머지 $R_j.\ (j\neq i)$들은 작아지는 경향이 있기 때문이다). 이에 대한 해결책으로 Hajak(1967)이 제안한 다음의 근사식을 사용한다.

$$\sum_{i=1}^{k}\left(1-\frac{n_i}{N}\right)\cdot\left[\frac{R_i.-E(R_i.)}{\sqrt{Var(R_i.)}}\right]^2 \xrightarrow[n_i\to\infty]{d} \chi^2(k-1).$$

(iii) (i)을 (ii)에 대입하여 다음의 결과를 얻을 수 있다.

$$\begin{aligned}
&\sum_{i=1}^{k}\left(1-\frac{n_i}{N}\right)\left[\frac{R_i.-n_i(N+1)/2}{\sqrt{n_i(N-n_i)(N+1)/12}}\right]^2\\
&=\sum_{i=1}^{k}\frac{N-n_i}{N}\frac{[R_i.-n_i(N+1)/2]^2}{n_i(N-n_i)(N+1)/12}\\
&=\frac{12}{N(N+1)}\sum_{i=1}^{k}\frac{1}{n_i}\left[R_i^2.-n_i(N+1)R_i.+\frac{n_i^2(N+1)^2}{4}\right]\\
&=\frac{12}{N(N+1)}\left[\sum_{i=1}^{k}\frac{R_i^2.}{n_i}-(N+1)\sum_{j=1}^{k}R_i.+\frac{(N+1)^2}{4}\sum_{i=1}^{k}n_i\right]\\
&=\frac{12}{N(N+1)}\left[\sum_{i=1}^{k}\frac{R_i^2.}{n_i}-(N+1)\frac{N(N+1)}{2}+\frac{N(N+1)^2}{4}\right]\\
&=\frac{12}{N(N+1)}\left[\sum_{i=1}^{k}\frac{R_i^2.}{n_i}-\frac{N(N+1)^2}{4}\right]\\
&=\frac{12}{N(N+1)}\sum_{i=1}^{k}\frac{R_i^2.}{n_i}-3(N+1) \xrightarrow[n_i\to\infty]{d} \chi^2(k-1).
\end{aligned}$$

예제 9.10 스피어만 상관계수

스피어만 상관계수(r_s)는 다음과 같다.

$$r_s = \frac{\sum(R_i - \overline{R})(S_i - \overline{S})}{\sqrt{\sum(R_i - \overline{R})^2}\sqrt{\sum(S_i - \overline{S})^2}} = \frac{\sum R_i S_i - n(n+1)^2/4}{n(n^2-1)/12}.$$

여기서 $S \equiv \sum_{i=1}^{n} R_i S_i$라고 할 때, S의 분포는 $\sum_{i=1}^{n} iR(Y_i)$의 분포와 동일하다. 즉,

$$S \equiv \sum_{i=1}^{n} R_i S_i = \sum_{i=1}^{n} R(X_i)R(Y_i) \overset{d}{=} \sum_{i=1}^{n} iR(Y_i)$$

이므로, 이는 선형순위통계량에서 다음의 경우에 해당한다.

$$c_i = a(i) = i, \quad i = 1, \cdots, n.$$

[정리 9.1]로부터 다음의 결과를 얻을 수 있다.

$$E(S) = n\overline{c}\,\overline{a} = n\left(\frac{n+1}{2}\right)\left(\frac{n+1}{2}\right) = \frac{n(n+1)^2}{4}.$$

$$\begin{aligned}
Var(S) &= \frac{1}{n-1}\left[\sum_{i=1}^{n}(c_i - \overline{c})^2\right]\left[\sum_{i=1}^{n}(a(i) - \overline{a})^2\right] \\
&= \frac{1}{n-1}\left[\sum_{i=1}^{n}\left(i - \frac{n+1}{2}\right)^2\right]^2 \\
&= \frac{1}{n-1}\left[\sum_{i=1}^{n} i^2 - n\left(\frac{n+1}{2}\right)^2\right]^2 \\
&= \frac{1}{n-1}\left[\frac{n(n+1)(2n+1)}{6} - \frac{n(n+1)^2}{4}\right]^2 \\
&= \frac{1}{n-1}\left[\frac{n(n+1)(n-1)}{12}\right]^2 \\
&= \frac{n^2(n+1)^2(n-1)}{144}.
\end{aligned}$$

따라서 다음이 성립한다.

$$\sqrt{n-1}\, r_s = \frac{S - E(S)}{\sqrt{Var(S)}} \xrightarrow[n \to \infty]{d} N(0, 1).$$

10장

붓스트랩 검정과 순열검정

10.1 서론

붓스트랩 방법은 일반적으로 데이터의 재-사용(re-use), 특히 복원 임의 재표본(random resampling with replacement)을 통해 불확실성을 정량화하는 통계적 접근 방식을 말한다. 이것은 통계량을 추출하거나 일부 계산 절차를 데이터에 적용하려는 경우에 특히 유용하다. 이때 해당 통계량의 표본분포는 닫힌 형식으로 제공되지는 않는다.

붓스트랩 검정(bootstrap testing)에서 재표본은 귀무가설 H_0가 참임을 확인하는 조건하에서 수행된다(10.4절 참고). 이것은 붓스트랩 $p-$값(bootstrap p-value)의 공식화를 허용한다.

순열 기반의 분석은 관찰된 자료의 랜덤화에 의존한다는 점에서 붓스트랩과 유사하다. 주요 차이점은 붓스트랩 분석이 일반적으로 데이터로부터 계산된 일부 통계량의 표본분포(sampling distribution)를 정량화하는 반면, 순열 분석은 일반적으로 귀무분포(null distribution)를 정량화하고자 한다. 즉, 데이터 세트에 미리 설정된 구조를 깨고 '순전히 우연(purely by chance)'으로 볼 것으로 예상되는 패턴의 종류를 정량화하고자 한다.

순열검정(permutation test)[9]은 관측된 자료값의 가능한 모든 재배열에서 검정통계량의 가능한 모든 값을 계산하여 귀무가설하에서 검정통계량의 분포를 얻는 일종의 통계적 유의성 검정이다. 즉, 실험 설계에서 피험자에게 치료를 할당하는 방법이 해당 설계의 분석에 반영된다. 귀무가설하에서 관측값의 레이블을 교환할 수 있는 경우(exchangeable), 결과 검정은 정확한 유의수준을 제공한다. 이 검정으로부터 신뢰구간을 도출할 수 있다.

10.2 붓스트랩 기초

이 절에서는 붓스트랩 방법의 기초 개념을 소개한다. 아래에서 $X_1, \cdots, X_n \sim i.i.d\ F$이고, $(x_1, \cdots, x_n)$은 관측 자료를 나타낸다.

(a) 비모수적 붓스트랩

비모수적 붓스트랩(non-parametric bootstrap)은, 모집단의 분포를 모르는 cdf F로 가정하고, 관측된 표본 $(x_1, \cdots, x_n)$이 주어질 때 관심 통계량의 표본분포를 추정하는 것이 주목적이다.

비모수적 붓스트랩 방법은 다음의 절차를 따른다.

(i) 관측 표본 $(x_1, \cdots, x_n)$에서 복원으로 표본을 추출한다: $(\tilde{x}_{i,1}, \cdots, \tilde{x}_{i,n})_{1 \le i \le B}$ (B개의 붓스트랩 표본(sample)).

9) 순열검정은 임의 배치(random assignment)에 기초하는 검정으로 임의화검정(randomization test) 또는 재-임의화검정(re-randomization test) 또는 정확검정(exact test)이라고도 한다.

(ii) 붓스트랩 표본으로 통계량 s를 계산한다: $\tilde{s}_1, \cdots, \tilde{s}_B$ (붓스트랩 복제(replicates) 또는 반복(replications)).

(iii) 붓스트랩 자료 $(\tilde{s}_1, \cdots, \tilde{s}_B)$를 이용하여 s의 정확도(예: 표준오차, 신뢰구간 등)를 계량화한다.

[그림 10.1]은 비모수적 붓스트랩 절차를 도식화한 것이다(참고: Dutang 외, 2008.).

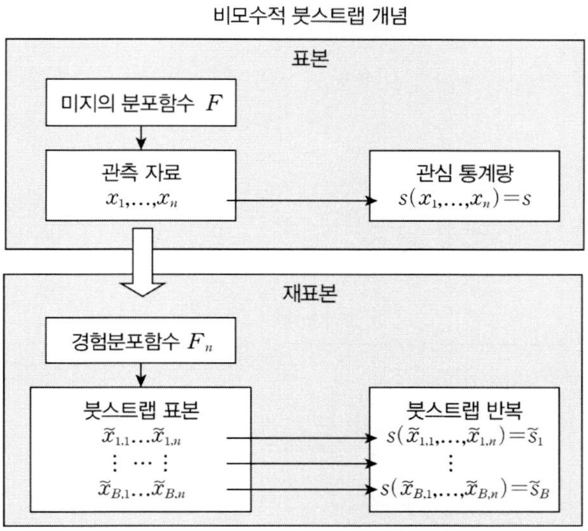

[그림 10.1] 비모수적 붓스트랩 절차

(b) 모수적 붓스트랩

비모수적 붓스트랩은 표본 통계량의 편의나 표준오차의 추정에는 유용하나, 가설검정의 구성에는 그다지 유용하지 않다. 이는 비모수적 붓스트랩 분포가 원본(원시)자료에 나타나는 실제 기저 모집단의 속성을 기반으로 구성되기 때문이다. 가설검정의 경우에는, 실제 모집단이 아닌 귀무가설하에서 통계량 s의 분포가 필요하다.

모수적 붓스트랩(parametric bootstrap)에서 관측 자료 $(x_1, \cdots, x_n)$은 모수적 모형으로부터 나온 것으로 가정한다. 즉, 모집단 분포 F를 모수 θ에 의존하는 특정한 분포(예: 지수분포, 정규분포 등)로 가정한다. 비모수적 붓스트랩과의 차이는 자료로부터 모수 θ가 먼저 추정된 후, 추정된 모수적 모형으로부터 재표본이 수행된다는 점이다.

모수적 붓스트랩 방법은 다음의 절차를 따른다.

(i) 관측 표본 $(x_1, \cdots, x_n)$으로 모수적 모형의 모수 θ를 추정한다: $\hat{\theta}$.

(ii) $\theta = \hat{\theta}$인 모수적 모형으로부터의 확률표본을 통해 B개의 붓스트랩 표본을 얻는다: $(\tilde{x}_{i,1}, \cdots, \tilde{x}_{i,n})_{1 \le i \le B}$ (B개의 붓스트랩 표본).

(iii) 붓스트랩 표본으로 통계량 s를 계산한다: $\tilde{s}_1, \cdots, \tilde{s}_B$ (붓스트랩 복제).

(iv) 붓스트랩 자료 $(\tilde{s}_1, \cdots, \tilde{s}_B)$를 이용하여 s의 정확도(예: 표준오차, 신뢰구간 등)를 계량화한다.

[그림 10.2]는 모수적 붓스트랩 절차를 도식화한 것이다(참고: Dutang 외, 2008.).

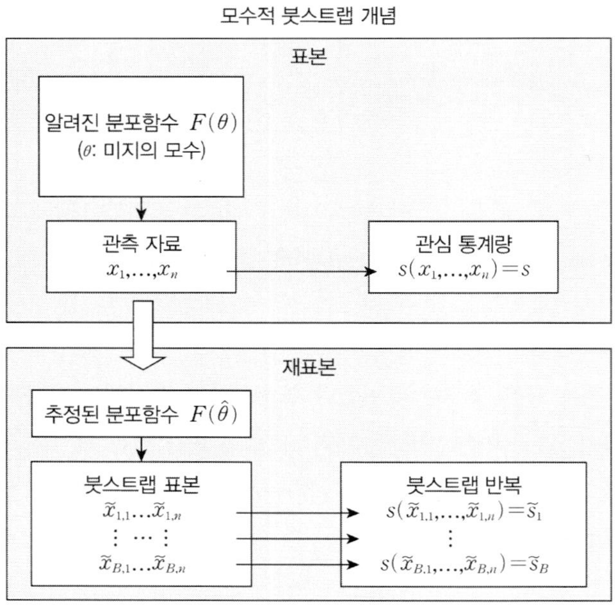

[그림 10.2] 모수적 붓스트랩 절차

10.3 R 패키지 소개

R 패키지 {boot}와 {nptest}를 소개한다.

10.3.1 {boot} 패키지

R 패키지 {boot}는 붓스트랩과 관련된 다양한 함수를 제공한다. 대표적인 함수는 다음과 같다.

- boot(): 붓스트랩 재표본
- boot.ci(): 비모수적 붓스트랩 신뢰구간(5가지 신뢰구간을 제공함)

이 가운데 boot() 함수는 붓스트랩 복제(또는 반복)를 제공한다. 이 함수의 일반 형식과 주요 옵션은 다음과 같다.

```
boot(data, statistic, R, sim = "ordinary", stype = c("i", "f", "w"),
     strata = rep(1,n), ...)
```

- data= 벡터, 행렬 또는 데이터프레임.
- statistic= 관심 통계량 지정. sim="parametric"인 경우 첫 번째 인수는 반드시 자료이어야 함.
- R= 붓스트랩 반복 수.
- sim= 모의실험의 유형. "ordinary" (디폴트), "parametric", "balanced", "permutation", or "antithetic".
- stype= 문자열로 통계량의 두 번째 인수가 무엇을 나타내는지를 지정. "i" (indices: 디폴트), "f"(frequencies) 또는 "w"(weights). sim="parametric"인 경우에는 사용되지 않음.
- strata= 정수 벡터 또는 요인으로 다중-표본의 문제에서 층을 지정. sim="parametric"인 경우에는 무시됨. 비모수적 붓스트랩에 사용될 경우, 모의실험은 지정된 층(strata) 내에서 수행됨.

모수적 붓스트랩에서는 boot() 함수에서 아래의 옵션이 사용된다.

- ran.gen= (sim="parametric")일 때 사용하는 옵션으로 난수가 생성되는 방법을 설명한다. 첫 번째 인수는 관찰 자료이고, 두 번째 인수는 필요한 기타 정보이다(예: 모수 추정).
- mle= ran.gen에 전달할 두 번째 인수로, 보통 자료로부터 추정된 모수의 최대가능도추정량(MLE)임.

예제 10.1 붓스트랩 복제 생성 ①

한 개 통계량과 여러 개 통계량에 대한 붓스트랩 복제를 생성한다.

```
> ## 결정계수(R-squared)에 대한 붓스트랩 복제
> library(boot)
> # 데이터로부터 결정계수를 구하는 함수
> rsq <- function(formula, data, indices) {
          d <- data[indices,]
          fit <- lm(formula, data=d)
          return(summary(fit)$r.square)
          }
> results <- boot(data=mtcars, statistic=rsq,
              R=1000, formula=mpg~wt+disp)
> plot(results)
```

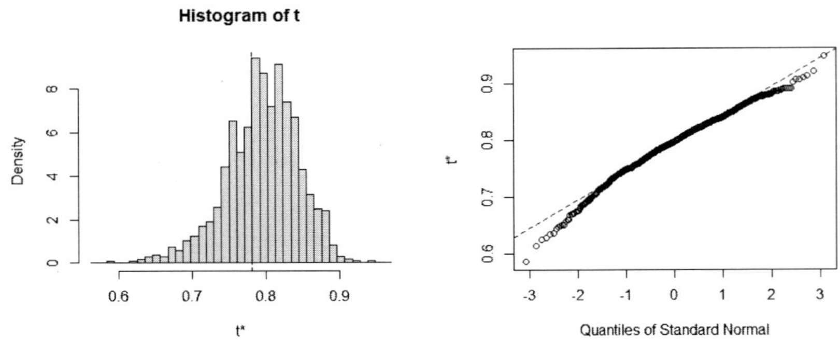


```
> # 붓스트랩 신뢰구간(자세한 내용은 11장을 참고)
> boot.ci(results, type="bca")

> ## 회귀계수에 대한 붓스트랩 복제
> library(boot)
> bs <- function(formula, data, indices) {
          d <- data[indices,]
          fit <- lm(formula, data=d)
          return(coef(fit))
          }
> results <- boot(data=mtcars, statistic=bs,
              R=1000, formula=mpg~wt+disp)

> # 붓스트랩 분포
> plot(results, index=1)    # intercept
```

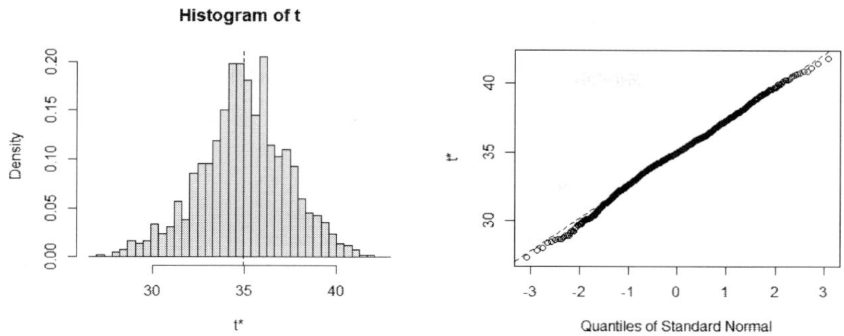


```
> plot(results, index=2)    # wt
> plot(results, index=3)    # disp

> # 붓스트랩 신뢰구간
> boot.ci(results, type="bca", index=1)    # intercept
> boot.ci(results, type="bca", index=2)    # wt
> boot.ci(results, type="bca", index=3)    # disp
```

예제 10.2 붓스트랩 복제 생성 ②

미국의 10개 도시의 인구(단위: 천명) 자료를 이용하여 붓스트랩 복제를 생성한다. 통계량은 인구의 비(ratio)이다.

```
> str(city)
'data.frame':   10 obs. of  2 variables:
 $ u: num  138 93 61 179 48 37 29 23 30 2    # 1920년 인구
 $ x: num  143 104 69 260 75 63 50 48 111 50    # 1930년 인구

> ratio <- function(d, w) sum(d$x * w)/sum(d$u * w)
> # (stype = "w": 통계량의 두 번째 인수가 "weight"임 지정)
> bs <- boot(city, ratio, R = 999, stype = "w")
> # 붓스트랩 분포
> plot(bs)
```

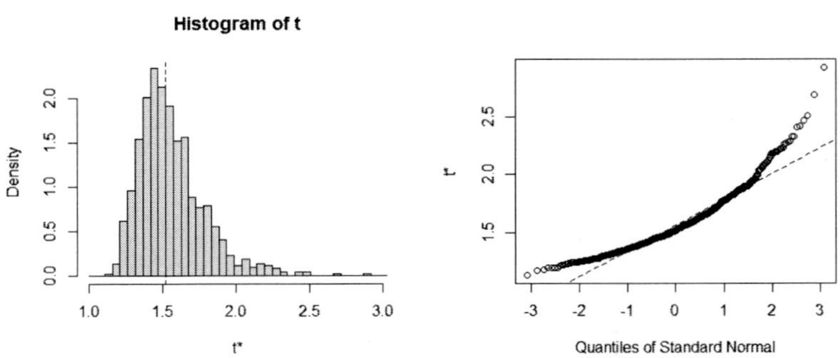

10.3.2 {nptest} 패키지

R 패키지 {nptest}는 비모수적 붓스트랩 검정과 순열검정 및 관련 함수를 제공한다. 이 가운데 np.boot() 함수는 비모수적 붓스트랩 재표본을 생성해 주며, 5가지의 붓스트랩 신뢰구간[10] 도 함께 제공해 준다. 이 함수의 일반 형식은 다음과 같다.

```
np.boot(x, statistic, ..., R = 9999, level = c(0.9, 0.95, 0.99),
        method = c("norm", "basic", "perc", "stud", "bca")[-4],
        boot.dist = TRUE. ...)
```

예제 10.3

관심 통계량에 대한 붓스트랩 복제를 구하고 그 결과를 시각화한다.

```
> ## 일변량 통계량
> set.seed(10)     # 표준정규분포로부터 100개의 난수 생성
> n <- 100
> x <- rnorm(n)

> # 비모수적 붓스트랩(중앙값)
> npbs <- np.boot(x = x, statistic = median)
> hist(npbs$boot.dist)
```

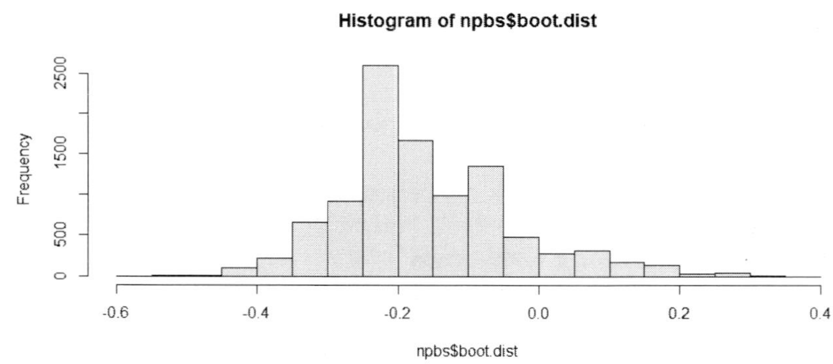


```
> ## 다변량 통계량
> set.seed(200)     # 표준정규분포로부터 100개의 난수 생성
> n <- 100
> x <- rnorm(n)

> ## 비모수적 붓스트랩(분위수)
```

10) 붓스트랩 신뢰구간으로 정규근사, 기본, 백분위수, 스튜던트화(또는 bootstrap-t), BCa 신뢰구간이 있다. 자세한 내용은 11장에서 다룬다.

```
> npbs.1 <- np.boot(x = x, statistic = quantile,
                    probs = c(0.25, 0.5, 0.75))

> ## 붓스트랩 분포의 시각화
> par(mfrow = c(1,3))
> for(j in 1:3) {
    hist(npbs.1$boot.dist[,j], xlab = "Statistic",
         main = paste0("Bootstrap Distribution", ": Q", j))
    box()
    abline(v = npbs.1$t0[j], lty = 2, col = "red")
    legend("topright", paste0("t0[",j,"]"), lty = 2, col = "red", bty = "n")
    }
```

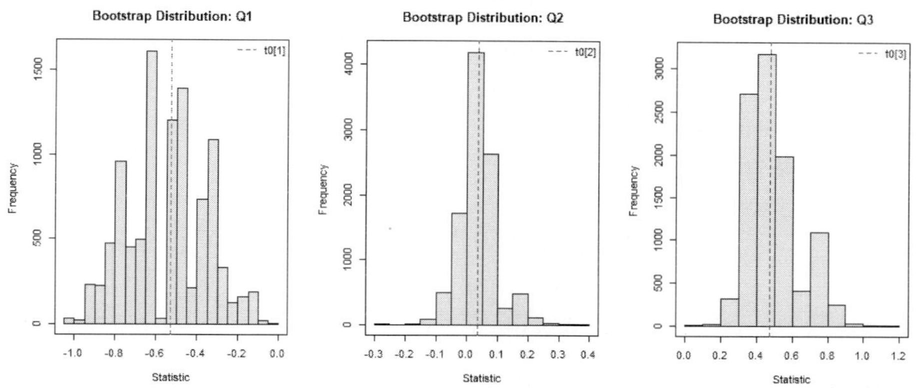

10.4 붓스트랩 검정

붓스트랩 검정은 검정통계량의 관측값 $t(x)$로 출발한다(여기서 $t(x)$는 모수의 추정치일 필요가 없음). 검정의 결과는 다음과 같이 ASL(Achieved Significance Level)로 제시한다.

$$ASL = P_{H_0}\{t(x^*) \geq t(x)\}.$$

여기서 확률변수 x^*의 분포는 귀무가설(H_0)에 의해 특정되는 분포(F_0)를 가진다. 또한, 붓스트랩 가설검정에서는 F_0의 추정에 '플러그-인' 방식을 사용한다(예: F_0의 추정에 귀무가설하에서의 경험분포함수를 사용함).

정의 플러그-인(Plug-In) 원리

$X_i \sim i.i.d.\ F(i=1,\cdots,n)$이고, $x=(x_1,\cdots,x_n)^T$를 관측 자료라고 하자. 관심 모수를 $\theta=t(F)$라고 할 때, θ의 플러그-인 추정치는 다음과 같이 정의된다.

$$\hat{\theta}_n = t(\hat{F}_n).$$

여기서 $\hat{F}_n$은 경험분포함수(empirical cdf)이다. 즉, 모수를 정의하는 함수 $t()$에 F 대신 $\hat{F}_n$을 적용한 것이다. 이때 플러그-인 추정치 $\hat{\theta}_n$은 전형적인 추정치인 $\hat{\theta}=s(x)$와 동등할 필요가 없다.

(예 1) (평균) 모평균 $\theta=E_F(X)$에 대한 플러그-인 추정치는 $\hat{\theta}_n = E_{\hat{F}_n}(X) = \sum_{i=1}^{n} x_i\,(1/n) = \bar{x}$이다.

이 경우, 플러그-인 추정치는 실무에서 사용되는 전형적인 추정치인 $\hat{\theta}=s(x)=\bar{x}$와 동일하다.

(예 2) (분산) 모분산 $\hat{\theta}= Var(X)=E_F(X-\mu)^2=E_F(X^2)-E_F(X)^2$에 대한 플러그-인 추정치는 다음과 같다. 즉,

$$\hat{\theta}_n = E_{\hat{F}_n}(X^2) - E_{\hat{F}_n}(X)^2 = \frac{1}{n}\sum_{i=1}^{n} x_i^2 - \left(\frac{1}{n}\sum_{i=1}^{n} x_i\right)^2 = \frac{1}{n}\sum_{i=1}^{n}(x_i-\bar{x})^2.$$

이 경우, 분산에 대한 플러그-인 추정치는 MLE와 동등하며, 이는 MLE보다 전형적으로 선호되는 불편추정량인 $\hat{\theta}=\frac{1}{n-1}\sum_{i=1}^{n}(x_i-\bar{x})^2$과는 다르다.

붓스트랩 가설검정은 다음의 두 가지 요소를 이용한다.

(a) 검정통계량

(b) H_0하에서 자료에 대한 근사 귀무분포 $\hat{F}_0$

위의 결과가 주어질 때, $\hat{F}_0$하에서 B개의 붓스트랩 표본을 생성하고, 아래와 같이 ASL을 추정한다.

$$\widehat{ASL}_{boot} = \frac{\#\{t(x^{*b}) \geq t(x)\}}{B}.$$

- 검정통계량 $t(x)$의 선택과 귀무분포의 추정은 검정에서 검정력(power)을 결정한다.
- 붓스트랩 검정은 대립가설이 잘 지정되지 않을 때 유용하다. 모수적 대립가설이 있는 경우에는 가능도 또는 베이지안 방법이 바람직할 수 있다.

예제 10.4 이표본 문제: 분포의 동일성 검정

두 개의 독립인 확률표본이 아래와 같이 관측되었다고 하자.

$$F \rightarrow x = (x_1, x_2, \cdots, x_m),$$
$$G \rightarrow y = (y_1, y_2, \cdots, y_n).$$

여기서 F와 G가 동일하다는 가설($H_0 : F = G$)에 대해 검정하고자 한다.

(풀이) 혼합표본을 z로, 이의 경험분포함수를 $\hat{F}_0$으로 나타내자. H_0하에서 $\hat{F}_0$은 x와 y를 생성시키는 공통인 모집단에 대한 비모수 추정이다.

붓스트랩 검정의 절차는 다음과 같다.

① z로부터 복원으로 크기 $(m+n)$인 표본을 B개 생성한다. 처음 m개를 x^*로, 나머지 n개를 y^*로 한다.
② 각 표본에 대해 $t(\cdot)$를 계산한다: $t(z^{*b})$.
③ 다음 식으로 ASL을 추정한다: $\widehat{ASL}_{boot} = \#\{t(z^{*b}) \geq t(z)\}/B$.

예제 10.5 이표본 문제: 평균의 동일성 검정

가설 $H_0 : F = G$ 대신 $H_0 : \mu_x = \mu_y$를 검정하고자 한다(편의상, 분산은 동일하다고 가정한다). 여기서 우리는 공통평균(common mean)의 가정만을 이용하여 F와 G에 대한 추정이 필요하다.

붓스트랩 검정의 절차는 다음과 같다.

① $\tilde{x}$와 $\tilde{y}$의 경험분포가 동일한 평균을 가지도록 $\tilde{x}_i$와 $\tilde{y}_i$를 다음과 같이 정의한다.

$$\tilde{x}_i = x_i - \bar{x} + \bar{z} \quad (i = 1, \cdots, m); \quad \tilde{y}_i = y_i - \bar{y} + \bar{z} \quad (i = 1, \cdots, n).$$

② $(\tilde{x}_1, \tilde{x}_2, \cdots, \tilde{x}_m)$와 $(\tilde{y}_1, \tilde{y}_2, \cdots, \tilde{y}_n)$ 각각으로부터 복원으로 B개의 붓스트랩 표본 (x^*, y^*)를 추출한다.
③ 각 표본에 대해 $t(\cdot)$를 계산한다.

$$t(z^{*b}) = \frac{\bar{x}^* - \bar{y}^*}{\sqrt{\bar{\sigma}_x^*/m + \bar{\sigma}_y^*/n}}.$$

④ 다음 식으로 ASL을 추정한다: $\widehat{ASL}_{boot} = \#\{t(z^{*b}) \geq t(z)\}/B$.

예제 10.6 **일표본 문제**

확률표본이 아래와 같이 관측되었다고 하자.

$$F \quad \rightarrow \quad x = (x_1, x_2, \cdots, x_n),$$

여기서 모집단의 평균이 특정한 값을 가지는지에 대해($H_0 : \mu_x = \mu_0$)에 대해 검정하고자 한다.

(풀이) 귀무가설하에서 분포 F의 추정이 중요하다. 경험분포함수 $\hat{F}$은 H_0를 따르지 않으므로 좋은 추정이 아니다. $\tilde{x}$의 경험분포가 평균 μ_0를 가지도록 $\tilde{x}_i$를 $\tilde{x}_i = x_i - \bar{x} + \mu_0 \ (i = 1, \cdots, n)$으로 정의한다. 검정통계량 $t(x) = \dfrac{\bar{x} - \mu_0}{\bar{\sigma}/\sqrt{n}}$의 근사분포에 기초하여 검정을 수행한다고 할 때, 붓스트랩 검정의 절차는 다음과 같다. $(\tilde{x}_1, \tilde{x}_2, \cdots, \tilde{x}_n)$으로부터 복원으로 B개의 붓스트랩 표본 $(\tilde{x}_1^*, \tilde{x}_2^*, \cdots, \tilde{x}_n^*)$을 구성하고, 각 표본에 대해 $t(\tilde{x}^*) = \dfrac{\bar{\bar{x}} - \mu_0}{\bar{\bar{\sigma}}/\sqrt{n}}$를 계산한다. 이로부터 추정된 ASL은 $\widehat{ASL}_{boot} = \dfrac{\#\{t(\tilde{x}^{*b}) \geq t(x)\}}{B}$이다.

10.5 붓스트랩 검정 - R 예제

붓스트랩 검정을 요약하면 다음과 같다.

- 모수적 붓스트랩 검정은 자료가 미지의(unknown) 모수를 가지는 알려진(known) 분포 F로부터 나왔다고 가정한다. 귀무가설하에서 θ는 모수의 특별한 부분집합인 Θ_0에 속한다(한 개 값일 수도 있음). 귀무가설하에서 표본 붓스트랩 복제 $t(x^{*1}), \cdots, t(x^{*B})$를 얻고, 이로부터 H_0를 기각할 확률을 다음 식으로 근사한다.

$$\widehat{ASL}_{boot} = \frac{\#\{t(x^{*b}) \geq t(x)\}}{B}.$$

- 비모수적 붓스트랩 검정은 보통 여러 표본(multi sample)에 대한 일부 특성(예: 독립성 또는 두 표본의 평균 차이)을 검정한다. 이것은 재표본(resampling) 방법으로, 귀무가설하에서의 재표본을 이용한다.

붓스트랩 검정의 예는 다음과 같다.

예제 10.7 **일표본 문제: 비모수적 붓스트랩 검정**

{boot} 패키지의 aircondit 자료(x)는 에어컨 장비의 고장 간의 시간 간격을 측정한 자료이다(단위: 시간). 이 자료를 이용하여 평균(θ)[11]에 대한 다음의 가설을 검정하고자 한다.

$$H_0 : \theta = 100 \qquad \text{vs} \qquad H_1 : \theta > 100$$

먼저 이 자료가 평균이 θ인 분포 F로부터 나왔다고 하고, θ에 대한 추정량으로 $\hat{\theta} = \bar{x}$를 사용하기로 한다.

귀무가설하에서 추정된 분포의 평균이 100이 되도록 $\tilde{x}_i = x_i - \bar{x} + 100$으로 변환하고, 변환된 자료로부터 재표본을 얻는다. 이로부터 ASL을 추정할 수 있다.

```
> # 분석 자료: 에어컨 장비의 고장 간 시간 간격(단위: 시간)
> library(boot)
> str(aircondit)
'data.frame':   12 obs. of  1 variable:
 $ hours: num  3 5 7 18 43 85 91 98 100 130 ...

> air <-  aircondit$hours
> muhat <-  mean(air)
> air.0 <- air-muhat+100
> mean(air.0)
[1] 100
> B <- 10000
> xbar <- rep(0, B)
> set.seed(200)
> for(i in 1:B) {
       boot.sample <- sample(air.0, length(air), replace=TRUE)
       xbar[i] <- mean(boot.sample)
       }
> ASL <- mean(xbar>=muhat)
> ASL
[1] 0.3796

> # 붓스트랩 분포
> # hist(xbar)
> hist(xbar, xlab = "Statistic", main = "Bootstrap Distribution")
> box()
> abline(v = mean(air), lty = 2, col = "red")
> legend("topleft", "t0", lty = 2, col = "red", bty = "n")
```

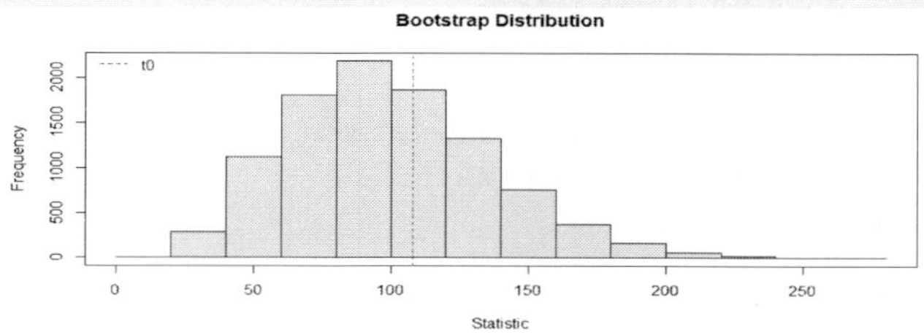

예제 10.8 **일표본 문제: 모수적 붓스트랩 검정**

[예제 10.7]의 에어컨 자료에 대해 모집단의 분포로 지수분포를 가정하자. 이 경우에는 모수적 붓스트랩 방법을 적용할 수 있다. 즉, 귀무가설하에서(즉, $\mu = 100$인 지수분포로부터) 붓스트랩 표본을 구하고, 이로부터 ASL을 추정한다.

```
> library(boot)
> air.rg <- function(data, mle) rexp(length(data), 1/mle)
> set.seed(200)
> air.boot <- boot(air, mean, R = 9999, sim = "parametric",
                   ran.gen = air.rg, mle = 100)
> mean(air.boot$t > air.boot$t0)
[1] 0.360136
```

예제 10.9 **대응비교: 우울증 자료**

9명의 정신과 환자가 진정제 치료를 받았다. 치료 전과 후 환자의 자살 성향을 측정한 자료이다. 진정제가 자살 경향을 감소시키는지($\theta = \mu_1 - \mu_2$)에 대한 다음 가설을 검정하고자 한다. 점수가 클수록 자살 경향이 큼을 의미한다.

$$H_0 : \theta = 0 \quad \text{vs} \quad H_1 : \theta > 0$$

윌콕슨의 부호순위 검정통계량을 사용하여 붓스트랩 방법으로 검정을 수행하고자 한다. 귀무가설(즉, $\theta = 0$)하에서 모든 가능한 차이(differences) 자료를 구성하고, 이로부터 붓스트랩 표본을 얻는다.

```
> # x: 치료 전, y: 치료 후
> x <- c(1.83, 0.50, 1.62, 2.48, 1.68, 1.88, 1.55, 3.06, 1.30)
> y <- c(0.878, 0.647, 0.598, 2.05, 1.06, 1.29, 1.06, 3.14, 1.29)
> # 모든 가능한 차이 자료
> d <- x-y
> d.all <- c(d, -d)

> # 붓스트랩 표본 생성
> n <-length(d); B <- 1000
> set.seed(200)
> b.sample <- matrix(sample(d.all, n*B, replace=TRUE), ncol=n)

> # 붓스트랩 통계량과 검정
> t.stat <- function(x) wilcox.test(x)$statistic
> b.stat <- apply(b.sample, 1, t.stat)
> mean(b.stat >= t.stat(d))
```

11) θ가 평균 대신 위치모수인 경우에는 $\tilde{x}_i = x_i - \hat{\theta} + \theta_0$를 사용하면 된다. 이때 $\hat{\theta}$는 θ에 대한 적절한 추정량이다.

```
[1] 0.015

> # 붓스트랩 분포
> # hist(b.stat)
> hist(b.stat, xlab = "Statistic", main = "Bootstrap Distribution")
> box()
> abline(v = t.stat(d), lty = 2, col = "red")
> legend("topleft", "t0", lty = 2, col = "red", bty = "n")
```

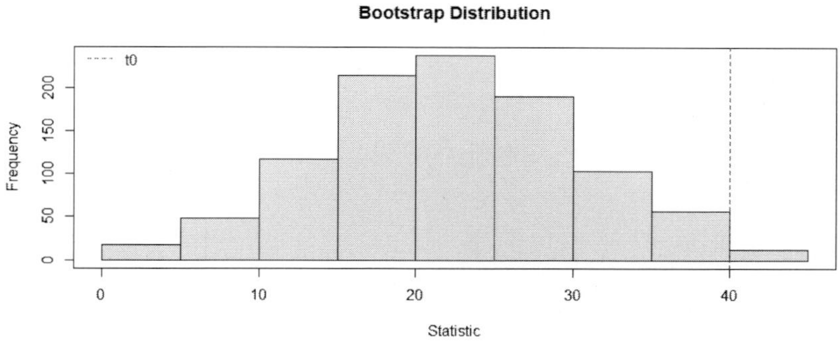

10.6 순열검정

10.6.1 순열검정의 원리

고전적 가설검정의 패러다임은 다음과 같다.

- 자료의 수집
- 귀무가설의 설정
- 검정통계량 설계
- H_0하에서 검정통계량의 분포

많은 경우, 귀무가설은 '효과 없음(예: $\theta = 0$)'을 의미한다. 효과 없음의 가정하에서 모든 가능한 실현치(즉, 순열)들은 동일한 확률을 가지며, 이로부터 검정통계량의 귀무분포가 구해지므로 순열은 표본분포와 관련이 있다.

어떤 검정통계량의 관측값 $\hat{\theta}=s(x)$가 있고, $\hat{\theta}$이 클수록 귀무가설에 반하는 증거가 더 크다고 가정하자. $\hat{\theta}$이 주어질 때, 순열검정에서 ASL은 H_0가 참일 때 검정통계량이 $\hat{\theta}$ 이상의 값으로 관측될 확률로 다음과 같이 정의된다.

$$ASL = P(\hat{\theta}^* \geq \hat{\theta} \mid H_0 : true).$$

10.6.2 일표본 문제

일표본 위치 문제에서 크기 n의 표본에 대해 다음과 같이 가정하자.

- (일표본의 경우) $X_1, \cdots, X_n \sim i.i.d\, F.$
- (대응비교의 경우) $Z_1, \cdots, Z_n \sim i.i.d\, F, \quad Z_i = X_i - Y_i.$

자료의 위치(location)에 대해 추론을 실시하고자 한다. 모집단의 분포를 F라 하고, θ를 F의 중앙값이라 할 때, 가설은 다음과 같다.

$$H_0 : \theta = \theta_0 \quad \text{vs} \quad H_1 : \theta \neq \theta_0$$

먼저 $g=(g_1, g_2, \cdots, g_n)$을 관측값이 θ_0보다 큰지($g_i=1$) 또는 작은지($g_i=-1$)를 나타내는 순열 벡터(permutation vector)라고 하자. 이때 2^n가지의 서로 다른 가능한 g 벡터가 존재한다. H_0가 참일 때 $P(X<\theta_0)=1/2$이다.

귀무가설($H_0 : \theta = \theta_0$)하에서 벡터 g는 2^n개의 서로 다른 가능한 실현치에 대해 $1/2^n$의 동일한 확률을 가진다. 순열 ASL은 $\hat{\theta}^*$가 $\hat{\theta}$보다 클 확률로 다음과 같다.

$$ASL_{perm} = \# \left\{ |\hat{\theta}_b^*| \geq |\hat{\theta}| \right\} / 2^n.$$

여기서 $\left\{\hat{\theta}_b^*\right\}_{b=1}^{2^n}$은 귀무가설하에서 모든 가능한 검정통계량의 집합이다.

Note 위의 결과는 양측 대립가설 $H_1 : \theta \neq \theta_0$의 경우이다.

- 가설이 $H_1 : \theta < \theta_0$ 이면, $ASL_{perm} = \#\left\{ \hat{\theta}_b^* \leq \hat{\theta} \right\}/2^n$ 이다.
- 가설이 $H_1 : \theta > \theta_0$ 이면, $ASL_{perm} = \#\left\{ \hat{\theta}_b^* \geq \hat{\theta} \right\}/2^n$ 이다.

[문제점] (순열검정의 문제점과 해결책) 2^n이 큰 경우, 모든 가능한 g 벡터에 대해 $\hat{\theta}_b^*$를 구하는 것은 매우 많은 계산이 필요하다. 이에 대한 해결책으로 다음의 몬테카를로 방법을 사용한다.

① B개의 순열 벡터를 랜덤으로 추출한다: $g_1^*, \cdots, g_B^*$.

② 순열 복제(permutation replicates)를 계산한다; $\hat{\theta}_b^* = s(g_b^*, x)$, 여기서 $x = (x_1, \cdots, x_n)$ 은 관측된 자료 벡터이다.

③ 다음 식으로 ASL을 근사한다: $\widehat{ASL}_{perm} = \#\left\{ |\hat{\theta}_b^*| \geq |\hat{\theta}| \right\}/B$.

여기서 통계량 $\hat{\theta} = s(g, x)$는 절댓값이 클수록 귀무가설에 반하는 증거가 크도록 설정되었으며, 그 예는 다음과 같다.

(예) F가 θ_0에 대해 대칭을 가정할 때(이때, θ_0는 귀무가설하에서 F의 중앙값이며 평균임), 아래 통계량은 차례대로 표본평균, 부호순위 및 부호 검정통계량을 나타낸다.

- 통계량 1: $\hat{\theta} = \frac{1}{n}\sum_{i=1}^{n} |x_i - \theta_0| \, g_i = \bar{x}$.
- 통계량 2: $\hat{\theta} = \sum_{i=1}^{n} R_i 1_{\{g_i = 1\}} - \frac{n(n+1)}{4}$, 여기서 $R_i = rank(|x_i - \theta_0|)$.
- 통계량 3: $\hat{\theta} = \sum_{i=1}^{n} 1_{\{g_i = 1\}} - \frac{n}{2}$ (θ_0에 대한 대칭 가정이 없을 때).

[R 코드] 일표본 순열검정을 수행하는 R 코드를 제시하면 다음과 같다.

```
> perm1samp <- function(x, myfun=mean, mu=0, nsamp=10000,
    alternative=c("two.sided","less","greater")){
    x = x - mu
    n = length(x)
```

```
theta.hat = myfun(x)
gmat = replicate(nsamp, sample(x=c(1,-1), size=n, replace=TRUE))
theta.mc = apply(gmat*abs(x),2,myfun)
if(alternative[1]=="less"){
     aslperm = sum(theta.mc <= theta.hat) / nsamp
     } else if(alternative[1]=="greater"){
     aslperm = sum(theta.mc >= theta.hat) / nsamp
     } else{
     aslperm = sum(abs(theta.mc) >= abs(theta.hat)) / nsamp
     }
list(theta.hat=theta.hat,theta.mc=theta.mc,asl=aslperm)
}
```

예를 들어, 부호순위 검정통계량으로 순열검정을 수행하는 절차는 다음과 같다.

```
> SignedR <- function(x) {
     n = length(x)
     rx = rank(abs(x))
     sum(rx[x>0]) - n*(n+1)/4
     }
> perm1samp(x, myfun=SignedR, mu=0)$asl
```

실제 자료에 대해 적용한 예는 [예제 10.10]을 참고하기 바란다.

10.6.3 이표본 문제

이표본 위치 문제에서 크기 $N=m+n$의 표본에 대해 다음과 같이 가정하자.

- $X_1, \cdots, X_m$: F_1(모집단 1)으로부터의 확률표본.
- $Y_1, \cdots, Y_n$: F_2(모집단 2)로부터의 확률표본.

분포의 차이에 대한 추론을 실시하고자 한다. 먼저 모집단 1과 2의 분포를 F_1과 F_2라고 할 때, 가설은 다음과 같다.

$$H_0: \text{ 모든 } z\text{에 대해 } F_1(z) = F_2(z)$$

$$\text{vs} \quad H_1: \text{ 적어도 한 점 } z\text{에 대해 } F_1(z) \neq F_2(z)$$

먼저 $g = (g_1, g_2, \cdots, g_N)$을 어느 관측값이 어느 그룹에 속하는지를 나타내는 순열벡터라고 하자. 이때 g는 m개의 X-그룹 레이블(:1)과 n개의 Y-그룹 레이블(:2)을 포함한다. g_i는 z_i의 그룹 소속을 나타내며, 여기서 z_i는 N 관측값의 혼합표본에 대한 i-번째 관측값이다. 이때 서로 다른 가능한 g벡터의 수는 $\binom{N}{n}$이다.

귀무가설(H_0 : 모든 z에 대해 $F_1(z) = F_2(z)$)하에서 벡터 g는 $\binom{N}{n}$개의 서로 다른 가능한 실현치에 대해 $1/\binom{N}{n}$의 동일한 확률을 가진다. 순열 ASL은 $\hat{\theta}^*$가 $\hat{\theta}$보다 클 확률로 다음과 같다.

$$ASL_{perm} = \#\left\{ |\hat{\theta}_b^*| \geq |\hat{\theta}| \right\} / \binom{N}{n}.$$

여기서 $\left\{\hat{\theta}_b^*\right\}_{b=1}^{\binom{N}{n}}$은 귀무가설하에서 모든 가능한 검정통계량의 집합이다.

Note 위의 결과는 양측 대립가설 $H_1 : \theta \neq \theta_0$의 경우이다.

- 가설이 $H_1 : \theta < \theta_0$ 이면, $ASL_{perm} = \#\left\{ \hat{\theta}_b^* \leq \hat{\theta} \right\} / \binom{N}{n}$ 이다.
- 가설이 $H_1 : \theta > \theta_0$ 이면, $ASL_{perm} = \#\left\{ \hat{\theta}_b^* \geq \hat{\theta} \right\} / \binom{N}{n}$ 이다.

[문제점] (순열검정의 문제점과 해결책) $\binom{N}{n}$이 큰 경우, 모든 가능한 g 벡터에 대해 $\hat{\theta}_b^*$를 구하는 것은 매우 많은 계산이 필요하다. 이에 대한 해결책으로 아래의 몬테카를로 방법을 사용한다.

① B개의 순열 벡터를 랜덤으로 추출한다: $g_1^*, \cdots, g_B^*$.

② 순열 복제(permutation replicates)를 계산한다; $\hat{\theta}_b^* = s(g_b^*, z)$, 여기서 $z = (z_1, \cdots, z_N)$은 관측된 자료 벡터이다.

③ 다음 식으로 ASL을 근사한다: $\widehat{ASL}_{perm} = \#\left\{ |\hat{\theta}_b^*| \geq |\hat{\theta}| \right\} / B$.

위의 결과는 통계량 $\hat{\theta} = s(g, z)$이 그 절댓값이 클수록 귀무가설에 반하는 증거가 크도록 설정되었으며, 그 예는 다음과 같다.

(예) 아래 통계량은 차례대로 평균 차이, 순위합 검정통계량 및 로그분산비를 나타낸다.

- 통계량 1: $\hat{\theta} = \overline{x} - \overline{y}$.
- 통계량 2: $\hat{\theta} = \sum_{i=1}^{N} R_i 1_{\{g_i = 1\}} - \frac{m(N+1)}{2}$, 여기서 $R_i = rank(z_i - \theta_0)$.
- 통계량 3: $\hat{\theta} = \log(\hat{\sigma}_x^2 / \hat{\sigma}_y^2)$.

[R 코드] 이표본 순열검정을 수행하는 R 코드를 제시하면 다음과 같다.

```
> perm2samp <- function(x, y, myfun=meandif, nsamp=10000,
    alternative=c("two.sided","less","greater")){
    theta.hat = myfun(x,y)
    m = length(x)
    n = length(y)
    N = m + n
    z = c(x,y)
    gmat = replicate(nsamp,sample.int(N,m))
    theta.mc = apply(gmat, 2, function(g,z) {myfun(z[g], z[-g])}, z=z)
    if(alternative[1]=="less"){
         aslperm = sum(theta.mc <= theta.hat) / nsamp
         } else if(alternative[1]=="greater"){
         aslperm = sum(theta.mc >= theta.hat) / nsamp
         } else{
         aslperm = sum(abs(theta.mc) >= abs(theta.hat)) / nsamp
         }
      list(theta.hat=theta.hat,theta.mc=theta.mc,asl=aslperm)
    }
```

예를 들어, 순위합 검정통계량으로 순열검정을 수행하는 절차는 다음과 같다.

```
> set.seed(1)
> x = rnorm(15)
> y = rnorm(20,mean=1)
> choose(35,15)

> myfun = function(x,y){
    m = length(x)
    n = length(y)
    rx = rank(c(x,y))
    sum(rx[seq(along=x)]) - m*(m+n+1)/2
    }
> myfun(x,y)
```

```
> ptest = perm2samp(x,y,myfun)
> ptest$theta.hat
> ptest$asl
> hist(ptest$theta.mc)
> lines(rep(ptest$theta.hat,2), c(0,2000), col="red", lty=2)
```

비고 붓스트랩 검정과 순열검정

- 정확도(accuracy): 이표본 문제에서 ASL_{perm}은 검정통계량이 관측된 값보다 더 극단적인 값을 취할 수 있는 정확한 확률(exact probability)[12]이다. 반면, 붓스트랩은 추정된 확률 메커니즘에서 샘플링을 수행하므로 정확한 확률로 해석될 수 없다.
- 유연성(flexibility): 특별한 대칭성이 필요하지 않은 경우, 붓스트랩 검정은 순열검정보다 훨씬 더 일반적으로 적용될 수 있다. 순열검정은 이표본 문제에서 가설 $H_0 : F = G$인 경우로 제한된다(예를 들어, 위치 차이에 대한 검정($H_0 : \mu_x = \mu_y$)을 위해서는 정규성과 함께 등분산의 가정이 필요하다. 즉, 순열 t-검정은 고전적인 스튜던트 t-검정과 동일한 약점(Behrens-Fisher 문제)을 공유한다).

Good(2005)은 순열검정과 붓스트랩 검정의 차이점을 다음과 같이 설명하였다. "순열은 분포에 관한 가설을 검정하고 붓스트랩은 모수에 관한 가설을 검정한다. 결과적으로 붓스트랩은 덜 엄격한 가정을 수반한다."

10.6.4 상관계수 문제

다음과 같이 크기 n의 짝지어진 자료를 생각하자.

- $(X_i, Y_i) \sim i.i.d\ F\ (i = 1, \cdots, n)$. 여기서 F는 이변량 분포이다.

만약 X와 Y가 상관(또는 연관)이 있다면, 그들은 종속(dependent)이다. 다음의 가설을 생각하자.

$$H_0 : \rho = 0 \quad \text{vs} \quad H_1 : \rho \neq 0.$$

여기서 $\rho = cor(X, Y)$으로, 이는 다양한 방식으로 정의될 수 있다.

12) 경우에 따라 적절하게 스튜던트화된 통계량에 기초한 순열검정은 교환 가능성(exchangeability) 가정을 위반하더라도 점근적으로 정확할 수 있다.

먼저 $g=(g_1, g_2, \cdots, g_n)$을 어떤 순서로 정수 $\{1, \cdots, n\}$을 포함하는 순열 벡터라고 하자. 이때 $(n!)$가지의 서로 다른 가능한 g 벡터(y_i들의 순서)가 존재한다. H_0가 참일 때 y_i들의 재순서화(reordering)는 상관에 영향을 미치지 않는다.

귀무가설($H_0 : \rho = \rho_0$)하에서, 벡터 g는 $(n!)$개의 서로 다른 가능한 실현치에 대해 $(1/n!)$의 동일한 확률을 가진다. 순열 ASL은 $\hat{\theta}^*$가 $\hat{\theta}$보다 클 확률로 다음과 같다.

$$ASL_{perm} = \#\left\{ |\hat{\rho}_b^*| \geq |\hat{\rho}| \right\} / n!.$$

여기서 $\left\{\hat{\theta}_b^*\right\}_{b=1}^{n!}$은 귀무가설하에서 모든 가능한 검정통계량의 집합이다.

Note 위의 결과는 양측 대립가설 $H_1 : \rho \neq 0$의 경우이다.
- 가설이 $H_1 : \rho < 0$ 이면, $ASL_{perm} = \#\left\{ \hat{\rho}_b^* \leq \hat{\rho} \right\} / n!$ 이다.
- 가설이 $H_1 : \rho > 0$ 이면, $ASL_{perm} = \#\left\{ \hat{\rho}_b^* \geq \hat{\rho} \right\} / n!$ 이다.

[문제점] (순열검정의 문제점과 해결책) $(n!)$이 큰 경우, 모든 가능한 g 벡터에 대해 $\hat{\rho}_b^*$를 구하는 것은 매우 많은 계산이 필요하다. 이에 대한 해결책으로 아래의 몬테카를로 방법을 사용한다.

① B개의 순열 벡터를 랜덤으로 추출한다: $g_1^*, \cdots, g_B^*$.

② 순열 복제(permutation replicates)를 계산한다: $\hat{\rho}_b^* = cor(x, y_b)$, 여기서 x는 관측 벡터이고, y_b는 y의 b−번째 순열된 벡터이다.

③ 다음 식으로 ASL을 근사한다: $\widehat{ASL}_{perm} = \#\left\{ |\hat{\rho}_b^*| \geq |\hat{\rho}| \right\} / B$.

여기서 통계량 $\hat{\rho} = cor(x, y)$는 절댓값이 클수록 귀무가설에 반하는 증거가 크도록 설정되었으며, 그 예는 다음과 같다.

- 피어슨 상관계수, 스피어만 상관계수, 캔달의 타우.
- 어떠한 합리적인 상관계수 측도.

10.7 순열검정 - R 예제

R 패키지 {nptest}는 비모수적 붓스트랩 검정과 순열검정 및 관련 함수를 제공한다. 이 가운데 순열검정에 대한 주요 함수는 다음과 같다.

- flipn(): n개의 부호 자료(−1 또는 1)를 생성
- permn(): 정수 $1 \sim n$의 모든 순열을 생성
- np.loc.test(): 위치모수에 대한 비모수적 검정
- np.cor.test(): 상관계수에 대한 비모수적 검정
- np.reg.test(): 회귀계수에 대한 비모수적 검정

이 가운데 기본함수인 flipn()과 permn() 함수를 먼저 소개한다.

flipn() 함수는 -1과 1 요소로 구성된 길이가 n인 모든 가능한 2^n개의 벡터를 생성한다.

```
> flipn(3)
     [,1] [,2] [,3] [,4] [,5] [,6] [,7] [,8]
[1,]   -1   -1   -1   -1    1    1    1    1
[2,]   -1   -1    1    1   -1   -1    1    1
[3,]   -1    1   -1    1   -1    1   -1    1
```

permn() 함수는 정수 1에서 n까지의 순열로 구성된 길이 n인 모든 가능한 $(n!)$개의 벡터를 생성한다.

```
> permn(3)
     [,1] [,2] [,3] [,4] [,5] [,6]
[1,]    1    2    2    1    3    3
[2,]    2    1    3    3    1    2
[3,]    3    3    1    2    2    1
```

10.7.1 일표본 문제

일표본 문제에 적용되는 검정법을 요약하면 [표 10.1]과 같다.

[표 10.1] 일표본 검정법 요약(모수적, 비모수적 방법)

	평균 검정	중앙값 검정
대칭성 가정(X)	Johnson의 t−검정*	부호검정(Fisher)
대칭성 가정(O)	t−검정	부호순위검정

* Johnson(1978)의 왜도−수정된 t−검정

이 가운데 Johnson의 왜도−수정된 t−검정을 소개한다. Johnson(1978)은 치우친 자료에 대한 Student's t−검정통계량에 대한 수정으로 다음 통계량을 제안하였다.

$$t = \frac{(\overline{X}-\mu_0)+(\hat{\mu}_3/6nS^2)+(\hat{\mu}_3/3S^4)(\overline{X}-\mu_0)^2}{S/\sqrt{n}}.$$

여기서 $\hat{\mu}_3 = \frac{1}{n-1}\sum_{i=1}^{n}(X_i-\overline{X})^3$은 F의 추정된 3차 중심적률이고, $S^2 = \frac{1}{n-1}\sum_{i=1}^{n}(X_i-\overline{X})^2$이다.

예제 10.10 자료: 우울증 치료

9명의 정신과 환자가 진정제 치료를 받았다. 치료 전과 후 환자의 자살 성향을 측정한 자료이다. 진정제가 자살 경향을 감소시키는지에 대해 검정하고자 한다. 점수가 클수록 자살 경향이 큼을 의미한다.

```
> # x: 치료 전, y: 치료 후
> x <- c(1.83,  0.50,  1.62,  2.48, 1.68, 1.88, 1.55, 3.06, 1.30)
> y <- c(0.878, 0.647, 0.598, 2.05, 1.06, 1.29, 1.06, 3.14, 1.29)

> ## (1) 순열검정(T=윌콕슨의 부호순위검정)
> nlt <- np.loc.test(x, y, alternative = "greater", paired = TRUE,
                     median.test = TRUE)
> nlt

Nonparametric Location Test (Paired Wilcoxon Signed Rank Test)
alternative hypothesis: true median of differences is greater than 0
t = 2.0732,  p-value = 0.0195
sample estimate:
```

```
(pseudo)median of the differences
                             0.46
------------------------------------------------------------
```

(해석) 위의 순열검정의 결과(p-값)는 정확한 값으로, 아래의 wilcox.test() 함수를 수행한 결과와 동일하다.

```
> wilcox.test(x, y, paired = TRUE, alternative = "greater")

	Wilcoxon signed rank exact test

data:  x and y
V = 40, p-value = 0.01953
alternative hypothesis: true location shift is greater than 0
```

```
> ## 순열검정의 시각화
> hist(nlt$perm.dist, breaks = "FD", xlab = "T",
      main = "Permutation Distribution (T = Wilcoxon)")
> box()
> abline(v = nlt$statistic, lty = 2, col = "red")
> legend("topleft", "Observed T", lty = 2, col = "red", bty = "n")
```

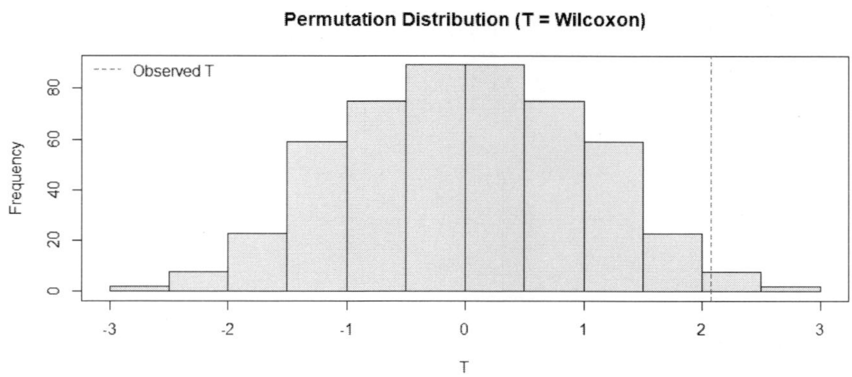

주목 부호순위 검정통계량으로 본문에서 소개한 perm1sample() 함수를 이용하여 순열검정을 수행하면 다음과 같다. 이 결과는 10만 번의 모의실험을 통해 ASL을 추정한 결과로, 정확한 값(p-value = 0.01953)과 거의 일치함을 확인할 수 있다.

```
> perm1samp(x-y, myfun=SignedR, mu=0, alternative="greater", nsamp=100000)$asl
[1] 0.01965
```

```
> ## (2) 순열검정(T=Fisher의 부호검정)
> nlt <- np.loc.test(x, y, alternative = "greater", paired = TRUE,
                     median.test = TRUE, symmetric = FALSE)
> nlt

Nonparametric Location Test (Paired Fisher Sign Test)
alternative hypothesis: true median of differences is greater than 0
t = 1.6667,  p-value = 0.0898
sample estimate:
median of the differences
                     0.49

> ## 순열검정 시각화
> hist(nlt$perm.dist, breaks = 22, xlab = "T",
     main = "Permutation Distribution (T = Fisher)")
> box()
> abline(v = nlt$statistic, lty = 2, col = "red")
> legend("topleft", "Observed T", lty = 2, col = "red", bty = "n")
```

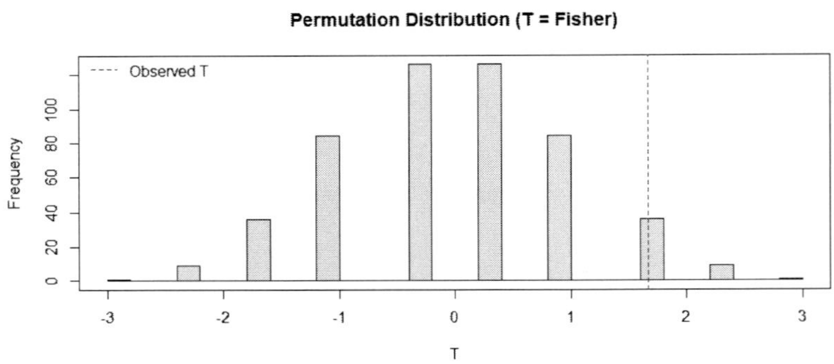

10.7.2 이표본 문제

이표본 문제에 적용되는 검정법을 요약하면 [표 10.2]와 같다.

[표 10.2] 이표본 검정법 요약(모수적, 비모수적 방법)

	평균 검정	중앙값 검정
등분산(X)	Welch의 t-검정	스튜던트화 윌콕슨 검정*
등분산(O)	t-검정	순위합검정

* Chung과 Romano(2016)의 수정된(modified) 순위합검정.

이 가운데 스튜던트화 윌콕슨 검정을 소개한다. Chung과 Romano(2016)는 이분산(unequal variances)에 대한 윌콕슨의 순위합 검정통계량의 수정으로 다음 통계량을 제안하였다.

$$\frac{W - E_0(W)}{\sqrt{\widetilde{Var}_0(W)}}.$$

여기서 W와 $E_0(W)$는 이전 정의와 동일하며, 수정된 분산항은 다음과 같다.

$$\widetilde{Var}_0(W) = (mn)^2\left(\frac{\xi_x^2}{m} + \frac{\xi_y^2}{n}\right).$$

여기서

$$\xi_x^2 = \frac{1}{m-1}\sum_{i=1}^{m}\left(\overline{U}_i - \frac{1}{m}\sum_{i=1}^{m}\overline{U}_i\right)^2,\ \xi_y^2 = \frac{1}{n-1}\sum_{j=1}^{n}\left(\overline{V}_j - \frac{1}{n}\sum_{j=1}^{n}\overline{V}_j\right)^2$$

이고, $\overline{U}_i = \frac{1}{n}\sum_{j=1}^{n} I(Y_j \le X_i)$, $\overline{V}_j = \frac{1}{m}\sum_{i=1}^{m} I(X_i < Y_j)$이다.

예제 10.11 자료: 알코올 치료

$N = 23$명이 알코올 치료 프로그램에 참여하였다. $m = 12$명은 통제 조건에 할당되었고, $n = 11$명은 사회기술훈련(SST)에 할당되었다. 프로그램을 이행 후 1년간의 알코올 섭취량을 측정하였다(단위: 리터). SST 프로그램이 알코올 섭취를 줄였는지를 검정하고자 한다.

```
> # x: 통제 그룹, y: SST 프로그램
> x <- c(1042, 1617, 1180, 973, 1552, 1251, 1151, 1511, 728, 1079, 951, 1319)
> y <- c(874, 389, 612, 798, 1152, 893, 541, 741, 1064, 862, 213)

> ## 순열검정(T=스튜던트화 윌콕슨 검정)
> set.seed(110)
> nlt <- np.loc.test(x, y, alternative = "greater",
                     median.test = TRUE)
> nlt

Nonparametric Location Test (Studentized Wilcoxon Test)
alternative hypothesis: true median of differences is greater than 0
```

```
t = 5.4221,  p-value = 6e-04
sample estimate:
median of the differences
                    435.5

> ## 순열검정 시각화
> hist(nlt$perm.dist, breaks = "FD", xlab = "T",
      main = "Permutation Distribution (T = Studentized Wilcoxon)")
> box()
> abline(v = nlt$statistic, lty = 2, col = "red")
> legend("topleft", "Observed T", lty = 2, col = "red", bty = "n")
```

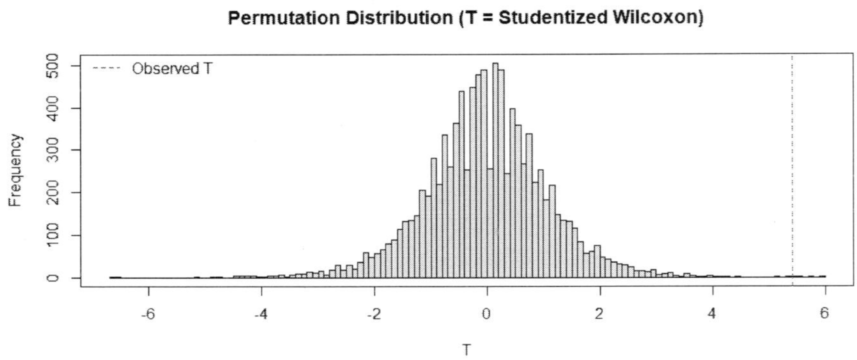

주목 순위합 검정통계량으로 본문에서 소개한 perm2sample() 함수를 이용하여 순열검정을 수행하면 다음과 같다. 이 결과는 10만 번의 모의실험을 통해 ASL을 추정한 결과로, 위의 결과 (p-value = 6e-04)와 거의 일치함을 확인할 수 있다.

```
> set.seed(110)
> perm2samp(x, y, myfun, alternative="greater", nsamp=100000)$asl
[1] 0.00057
```

10.7.3 상관계수 문제

피어슨 상관계수는 모집단에 대해 이변량 정규분포를 가정한다. 이때 상관계수에 대한 가설 $H_0 : \rho = 0$은 다음의 가설과 동치이다.

$$H_0 : X\text{와 } Y\text{가 서로 독립}(\Leftrightarrow\ H_0 : F_{X,Y}(x,y) = F_X(x)F_Y(y))$$

DiCiccio와 Romano(2017)는 모집단의 분포 $F_{X,Y}$를 임의의 이변량의 연속형 분포로 가정할 때, 가설 $H_0 : \rho = 0$에 대한 검정으로 수정된(또는 스튜던트화) 검정통계량과 귀무분포를 다음과 같이 제안하였다.

$$t = \frac{r\sqrt{n}}{\hat{\tau}} \underset{H_0 : \rho = 0}{\dot{\sim}} N(0, 1).$$

여기서 $\hat{\tau}^2$은 분자($r\sqrt{n}$)[13]의 점근(asymptotic) 분산으로 알려진 $\tau^2 = E[(X-\mu_X)^2(Y-\mu_Y)^2] / (\sigma_X^2 \sigma_Y^2)$의 추정량으로 다음과 같다.

$$\hat{\tau}^2 = \frac{\frac{1}{n}\sum_{i=1}^{n}(X_i - \overline{X})^2(Y_i - \overline{Y})^2}{\left[\frac{1}{n}\sum_{i=1}^{n}(X_i - \overline{X})^2\right]\left[\frac{1}{n}\sum_{i-1}^{n}(Y_i - \overline{Y})^2\right]}.$$

상관계수 문제에 적용되는 검정법을 요약하면 [표 10.3]과 같다.

[표 10.3] **상관계수 검정법 요약(모수적, 비모수적 방법)**

$H_0 : \rho = 0$**의 의미**	
독립성(O)	독립성(X)
t-검정	스튜던트화 t-검정*

* DiCiccio와 Romano(2017)의 검정.

예제 10.11 **쌍둥이 자료**

$n = 13$쌍의 쌍둥이의 심리 테스트 점수이다([예제 8.1] 참고). 테스트 점수가 양의 연관을 가지는지를 검정하고자 한다. DiCiccio와 Romano(2017)의 스튜던트화 t-통계량을 이용하여 순열검정을 수행한다.

```
> # x: 쌍둥이 첫째, y: 쌍둥이 둘째
> x <- c(277, 169, 157, 139, 108, 213, 232, 229, 114, 232, 161, 149, 128)
> y <- c(256, 118, 137, 144, 146, 221, 184, 188, 97, 231, 114, 187, 230)

> library(nptest)
```

13) $r\sqrt{n}$은 $H_0 : \rho = 0$에 대한 Pitman(1937)의 검정통계량으로 알려져 있다.

```
> ## 순열검정(T=스튜던트화 t-검정)
> library(nptest)
> set.seed(1)
> nct <- np.cor.test(x, y, alternative = "greater")
> nct

Nonparametric Correlation Test
alternative hypothesis: true correlation is greater than 0
t = 1.9463,  p-value = 0.025
sample estimate:
      cor
0.6488863

> ## 순열검정 시각화(T=스튜던트화 t-검정)
> hist(nct$perm.dist, breaks = "FD", xlab = "T",
       main = "Permutation Distribution (T = Studentized)")
> box()
> abline(v = nct$statistic, lty = 2, col = "red")
> legend("topleft", "Observed T", lty = 2, col = "red", bty = "n")
```

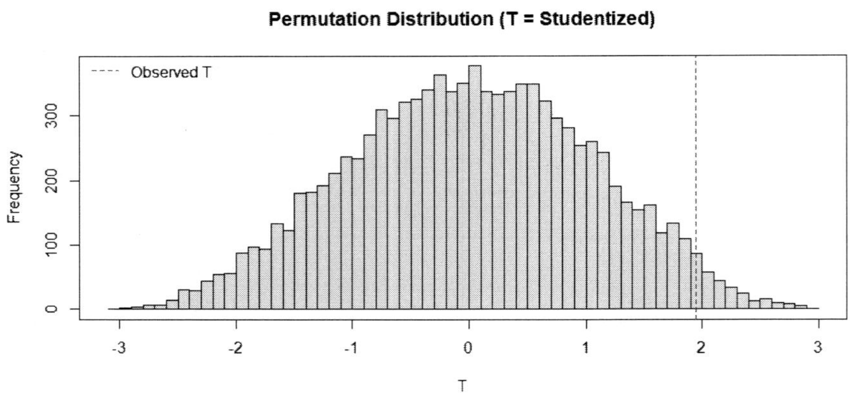

마지막으로, 순열검정을 위한 R의 {coin} 패키지를 소개한다. 이 패키지는 다양한 재-임의화(re-randomization) 또는 순열(permutation) 기반의 검정을 제공한다. 검정에서 요구되는 가정이 충족되지 않을 경우 기존 검정에 대한 합리적인 대안으로 사용될 수 있다.

{coin} 패키지에서 제공하는 주요 함수는 다음과 같다.

sign_test(): 부호검정

wilcoxsign_test(): 부호순위검정

wilcox_test(): 윌콕슨(맨-휘트니)의 순위합검정

kruskal_test(): 크루스칼-왈리스 검정

friedman_test(): 프리드만 검정

spearman_test() : 스피어만 상관계수 검정

⋮

위의 함수에 따라 선택적으로 사용되는 dist= 옵션을 소개한다.

- dist="asymptotic"(디폴트)은 대표본 검정을 수행.
- dist="exact": 정확한 검정.
- dist="approximate(nresample=9999)": 근사적 검정으로 검정통계량의 귀무분포의 근사에 몬테카를로 재표본을 이용함.

옵션에서 dist="approximate(nresample=9999)"을 사용할 때, 재표본(순열)의 수가 커지면 정확한 검정("exact")에 가까워지며, 자료의 수가 크면 점근분포에 의한 결과("asymptotic")와 유사하게 된다.

(예 1)

```
> diffusion <- data.frame(
     pd = c(0.80, 0.83, 1.89, 1.04, 1.45, 1.38, 1.91, 1.64, 0.73, 1.46,
            1.15, 0.88, 0.90, 0.74, 1.21),
     age = factor(rep(c("At term", "12-26 Weeks"), c(10, 5)))
     )
> # 정확한 윌콕슨(맨-휘트니) 검정
> wilcox_test(pd ~ age, data = diffusion,
             distribution = "exact", conf.int = TRUE)

      Exact Wilcoxon-Mann-Whitney Test

data:  pd by age (12-26 Weeks, At term)
Z = -1.2247, p-value = 0.2544
alternative hypothesis: true mu is not equal to 0
95 percent confidence interval:
 -0.76  0.15
sample estimates:
difference in location
                -0.305
```

(예 2)

```
> yoy <- data.frame(
     length = c(46, 28, 46, 37, 32, 41, 42, 45, 38, 44,
                42, 60, 32, 42, 45, 58, 27, 51, 42, 52,
                38, 33, 26, 25, 28, 28, 26, 27, 27, 27,
                31, 30, 27, 29, 30, 25, 25, 24, 27, 30),
     site = gl(4, 10, labels = as.roman(1:4))
     )

> # 근사적(몬테카를로) 크루스칼-왈리스 검정
> kruskal_test(length ~ site, data = yoy,
             dist = approximate(nresample = 10000))

      Approximative Kruskal-Wallis Test

data:  length by site (I, II, III, IV)
chi-squared = 22.852, p-value < 1e-04
```

참고 조건부 추론: {coin} 패키지

검정통계량의 귀무분포를 알 수 없다고 하자. 이 경우 자료가 주어질 때, 검정통계량의 조건부 분포를 귀무분포로 대체하여 검정을 수행하는 방식을 조건부 검정 혹은 순열검정이라고 한다. R 패키지 {coin}은 'conditional inference'의 약어로, 다양한 척도(scale)의 변수 집합에 대한 독립성 검정(general independence test) 등을 제공한다. 여기에는 이표본, k표본(비모수 ANOVA), 상관, 중도절단, 다변량 문제가 포함된다.

10장(붓스트랩 검정과 순열검정)의 내용은 Helwig의 사이트(users.stat.umn.edu/~helwig/notes/)를 참고하였음을 밝힌다.

11장 붓스트랩 추정

(참고: Dutang 외, 2008.)

11.1 붓스트랩 표준오차와 편향

붓스트랩의 가장 중요한 실제 응용 중 하나인 관심 통계량에 대한 표준오차 및 편향에 대한 추정을 다룬다.

11.1.1 표준오차의 붓스트랩 추정

관심 통계량 s의 표준오차(standard error)를 $\sigma_s = \sqrt{Var(s(X_1,\cdots,X_n))}$이라 하자. 붓스트랩 방법을 통해 얻은 붓스트랩 복제를 $(\tilde{s}_1,\cdots,\tilde{s}_B)$이라 할 때, 표준오차의 붓스트랩 추정은 $(\tilde{s}_1,\cdots,\tilde{s}_B)$의 경험적 표준편차(empirical standard deviation)를 사용한다. 즉,

$$\tilde{\sigma}_B = \sqrt{\frac{1}{B-1}\sum_{i=1}^{B}(\tilde{s}_i - \bar{\tilde{s}}_B)^2} \xrightarrow[B\to\infty]{} \sigma_s$$

이다. 여기서 $\bar{\tilde{s}}_B$는 붓스트랩 복제의 평균(즉, $\frac{1}{B}\sum_{i=1}^{B}\tilde{s}_i$)이다.

11.1.2 편향의 붓스트랩 추정

통계량 s의 편향(b_s)에 대한 추정도 위와 유사하다. 편향(bias)은 통계량 s의 기대치와 추정하고자 하는 수학적 양(quantity) S 간의 차이이다. 예를 들어, 평균의 편향은 $b_{\overline{X}_n} = E(\overline{X}_n) - E(X)$이다. 반면 모수 추정의 맥락에서 $\hat{\theta}_n$의 편향은 $b_{\hat{\theta}_n} = E(\hat{\theta}_n) - \theta$이다.

통계량 s의 편향에 대한 추정은 다음 사실에 기초한다.

$$\tilde{b}_B = \frac{1}{B}\sum_{i=1}^{B}\tilde{s}_i - s(x_1,\cdots,x_n) \xrightarrow[B\to\infty]{} b_s.$$

11.1.3 R 예제

R의 boot{boot} 함수는 데이터에 적용된 통계량의 붓스트랩 복제를 생성한다. 모수적 및 비모수적 재표본이 모두 가능하다. 이 함수의 일반 형식과 주요 옵션은 다음과 같다.

```
boot(data, statistic, R, sim = "ordinary", stype = c("i", "f", "w"), ... )
```

- data: 벡터, 행렬 또는 데이터프레이다.
- statistic: 데이터에 적용할 때 관심 통계량을 포함하는 벡터를 반환하는 함수이다.
- R: 붓스트랩 반복 수이다.
- sim: 필요한 모의실험 유형을 나타내는 문자열로 “ordinary”(일반: 디폴트), “parametric”(모수적), “balanced”(균형), “permutation”(순열) 또는 “antithetic”(대조)이다.
- stype: statistic의 두 번째 인수가 나타내는 것으로 “i”(인덱스: 디폴트), “f”(빈도) 및 “w”(가중치)이다. sim=“parametric”에는 사용되지 않는다.

예제 11.1 비모수적 붓스트랩

USArrests 자료에 비모수적 붓스트랩 방법을 사용하여 살인에 의한 체포자 수의 평균과 중앙값에 대한 표준오차와 편향을 추정한다. 이 자료는 1973년 미국 50개 주 각각에서 폭행, 살인 및 강간으로 체포된 주민 10만 명당 통계를 포함한다. 여기서는 살인만 다루기로 한다.

```
> library(boot)
> data(USArrests)
> murder <- USArrests[,1]
> # 평균(mean)의 표준오차(SE)에 대한 붓스트랩 추정
> boot(murder, statistic=function(x,y) mean(x[y]), R=1000, stype = "i")

ORDINARY NONPARAMETRIC BOOTSTRAP


Call:
boot(data = murder, statistic = function(x, y) mean(x[y]), R = 1000,
    stype = "i")


Bootstrap Statistics :
    original  bias    std. error
t1*    7.788 0.00313   0.6205409

> # 중앙값(median)의 표준오차(SE)에 대한 붓스트랩 추정
> boot(murder, statistic=function(x,y) median(x[y]), R=1000, stype = "i")

ORDINARY NONPARAMETRIC BOOTSTRAP


Call:
boot(data = murder, statistic = function(x, y) median(x[y]),
    R = 1000, stype = "i")


Bootstrap Statistics :
    original    bias    std. error
t1*     7.25  -0.01715   0.8783478
```

(해석) 살인에 의한 체포자 수의 평균과 중앙값은 각각 7.788과 7.250이다. 이 통계량들의 붓스트랩 표준오차는 0.621과 0.878이다. 각각의 편향 추정치는 0.003과 -0.017이다.

[그림 11.1]은 재표본 수 B에 따른 (평균과 중앙값의) 표준오차의 붓스트랩 추정치를 나타낸다. BESE(Bootstrap estimate of SE)의 수렴은 우리가 예상하는 것만큼 빠르지 않다. 재표본 수 B가 500 미만인 경우 BESE는 평균 및 중앙값 통계량 모두에 대해 부정확하다. 이는 부분적으로 데이터 수가 적기 때문이다(50개, 즉 미국의 주의 수).

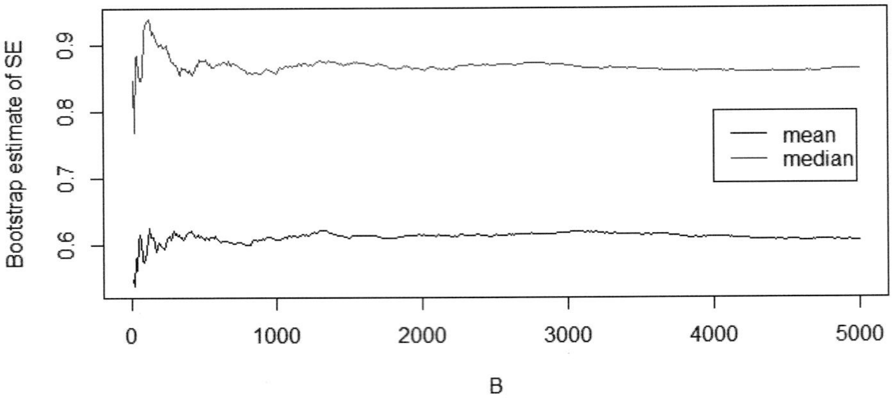

[그림 11.1] 표준오차의 붓스트랩 추정치의 수렴

[R 코드] [그림 11.1]에 대한 R 코드는 다음과 같다.

```
> library(boot)
> data(USArrests)
> murder <- USArrests[,1]
> bootReplMean <- boot(murder, function(x,y) mean(x[y]), R=5000)$t
> BESEmean <- sapply(1:500*10, function(n) sd(bootReplMean[1:n]))
> bootReplMedian <- boot(murder, function(x,y) median(x[y]), R=5000)$t
> BESEmedian <- sapply(1:500*10, function(n) sd(bootReplMedian[1:n]))
> bound <- c(min(BESEmean, BESEmedian), max(BESEmean,
            BESEmedian))
> plot(1:500*10, BESEmean, type ="l", xlab="B", ylab="Bootstrap estimate
      of SE", ylim=bound)
> lines(1:500*10, BESEmedian, col="blue")
> legend(4000, 0.8, c("mean","median"), col=c("black","blue"), lty=c(1,1))
```

예제 11.2 모수적 붓스트랩

지수분포 $\mathrm{Exp}(\theta)$(θ: 비율)로부터 생성된 표본으로부터 θ의 추정량에 대한 붓스트랩 표준오차와 편향을 구한다. 모수 θ의 추정에 $\hat{\theta}_n = (n-1)/\sum_{i=1}^{n} X_i$를 사용한다. 우리는 $\hat{\theta}_n$의 표준오차에 관심이 있으며, 이의 정확한 공식은 $\sqrt{Var(\hat{\theta}_n)} = \theta^2/(n-2)$임을 이미 알고 있다. 따라서 $\hat{\theta}_n$의 BESE를 참값과 비교할 수 있다. [그림 11.2]는 붓스트랩 반복에 따른 BESE의 수렴을 나타낸다. 참값으로의 수렴이 잘 이루어지지 않으며, 이는 상대적으로 작은 표본($n = 1000$)에 기인한 것으로 보인다.

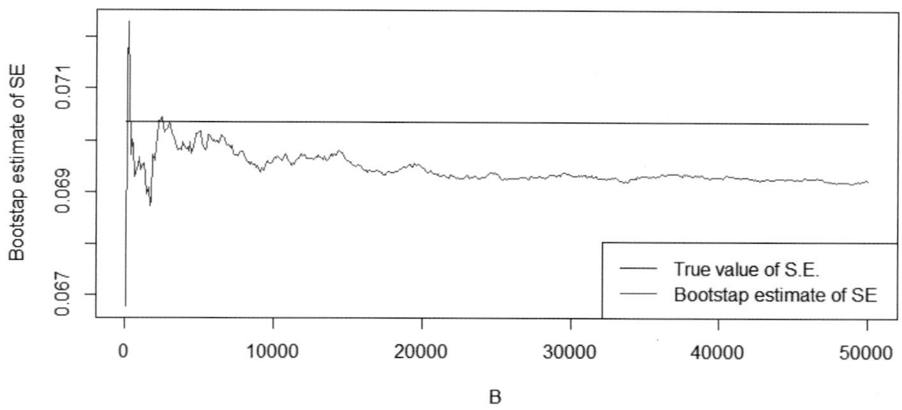

[그림 11.2] 표준오차의 붓스트랩 추정치의 수렴

[R 코드] [그림 11.2]에 대한 R 코드는 다음과 같다.

```
> x <- rexp(1000, y <- rlnorm(1))
> n <- length(x)
> lambdaMLE <- (n-1)/mean(x)/n
> para.rg <- function(data, mle) rexp(length(data), lambdaMLE)
> para.boot <- function(data) (length(data)-1)/mean(data)/length(data)
> para.boot.MLE <- boot(x, para.boot, R=50000, sim="parametric",
                         ran.gen= para.rg, mle=lambdaMLE)$t
> BESEmeanPara <- sapply(1:500*100, function(n) sd(para.boot.MLE[1:n]))
> truevalue <- sqrt(y^2/(n-2))
> plot(1:500*100, BESEmeanPara, type ="l",
     xlab="B", ylab="Bootstap estimate of SE", col="blue",
     ylim=c(min(truevalue,BESEmeanPara), max(BESEmeanPara)))
> lines(1:500*100, truevalue*rep(1,500))
> legend("bottomright", c("True value of S.E.","Bootstap estimate of
        SE"), col=c("black","blue"), lty=1)
```

11.2 붓스트랩 신뢰구간

표기법 이 장에서 s(소문자)는 통계량을, S(대문자)는 모수를 나타낸다.

신뢰 집합(confidence sets)은 관심 통계량 s에 대한 경계(bounds)를 제공하기 때문에 통계학에서 널리 사용된다. 실수 R의 부분집합 C_n은 $P(S \in C_n) = 1 - \alpha$인 경우 수준 α 의 신뢰 집합이라고 한다. 대부분의 경우 신뢰 집합은 '추축(pivotal)' 함수 $g(x_1, \cdots, x_n, F)$를 고려하여 구성된다(추축 함수의 분포 G_n은 미지의 분포 F와 독립임). 그러나 문제는 분포 G_n이 알려져 있지 않다는 것이다. 고전 이론에서 분포 G_n을 그것의 극한으로 대체하므로 유도된 신뢰 집합은 큰 n에 대해서만 유효하다.

이 문제의 붓스트랩 접근 방식은 G_n의 붓스트랩 추정 G_{boot}을 사용하여 신뢰 집합을 구성한다.

11.2.1 가우시안 붓스트랩

정규-이론(normal-theory)에 기초한 신뢰구간은 통계량 s가 정규분포를 따른다고 가정하며, 이는 충분히 큰 표본의 통계량의 경우일 수 있다. 이 경우 표준오차의 붓스트랩 추정치를 사용하여 다음 형식의 관심 양(quantity) S에 대한 $100(1-\alpha)\%$ 신뢰구간을 구성한다.

$$\left[s - z_{1-\frac{\alpha}{2}}\tilde{\sigma}_B,\ s + z_{1-\frac{\alpha}{2}}\tilde{\sigma}_B\right]$$

여기서 $\tilde{\sigma}_B$는 s의 표준오차의 붓스트랩 추정치이고, $z_{1-\alpha/2}$는 표준정규분포의 제 $100(1-\alpha/2)$ 백분위수이다(예: 95% 신뢰구간의 경우 1.96임).

11.2.2 붓스트랩-t 방법

가우시안 붓스트랩 방식의 문제는 통계량 s에 대해 정규근사를 사용한다는 것이다. 즉, $\dfrac{s-S}{\sigma_s}$가 정규분포를 따른다고 가정한다(여기서 s는 S의 추정치이고 σ_s는 s의 참 표준오차이다). 붓스트랩-t의 원리는 $\dfrac{s-S}{\sigma_s}$의 분포를 이것의 붓스트랩 분포로 추정하는 것이다.

붓스트랩 복제로 계산된 분포를 G_{boot}으로 표시하면 S에 대한 붓스트랩-t 신뢰구간은 다음과 같다.

$$\left[s - G_{boot}^{-1}(1-\frac{\alpha}{2})\sigma_s,\ s + G_{boot}^{-1}(1-\frac{\alpha}{2})\sigma_s\right].$$

이 방법의 주요 단점은 s의 표준오차 σ_s를 추정해야 하는 것이다. 붓스트랩 방법으로 σ_s의 추정치 $\tilde{\sigma}_B$를 얻기 위해서는 G_{boot}과는 별도의 붓스트랩 복제를 사용해야 하므로 계산량이 많아진다(각 붓스트랩 표본마다 다시 붓스트랩 표본을 추출하여 추정함).

비교 기본 방법

붓스트랩-t 방법은 스튜던트화 추축 방법(studentized pivotal method)으로도 불린다. 이 방법은 $\frac{s-S}{\sigma_s}$의 분포를 붓스트랩 분포로 추정하는 것에 기초한다. 반면, 주로 '기본 방법(basic method)' 또는 '역-백분위수(reverse percentile) 방법'으로도 알려진 비-스튜던트화 추축 방법(non-studentized pivotal method)은 $\frac{s-S}{\sigma_s}$ 대신 $(s-S)$를 사용하는 방법이다.

11.2.3 붓스트랩-백분위수 방법

붓스트랩-백분위수(percentile)(또는 crude) 구간은 붓스트랩 복제 $(\tilde{s}_1, \cdots, \tilde{s}_B)$의 경험적 분위수를 사용하여 s에 대한 신뢰구간을 다음과 같이 형성하는 것이다.

$$\left[\tilde{s}_{[\frac{\alpha}{2}(B+1)]},\ \tilde{s}_{[(1-\frac{\alpha}{2})(B+1)]}\right]$$

여기서 $\tilde{s}_{[k]}$는 붓스트랩 복제 $(\tilde{s}_1, \cdots, \tilde{s}_B)$의 k-번째 순서통계량 값이다. 예를 들어, $B=999$이고 $\alpha=0.05$인 경우 $\left[\tilde{s}_{[25]},\ \tilde{s}_{[975]}\right]$이다.

11.2.4 BCa 방법

정규성을 가정하지 않으나 붓스트랩-백분위수 신뢰구간은 종종 좋은 결과를 제시하지 않는다. 소위 편향-수정 가속된(bias-corrected accelerated, 이하 BCa) 백분위수 구간이 선호된다. 먼저 s에 대한 BCa 구간을 구하기 위해 $z=\Phi^{-1}(G_{boot}(s))$을 계산한다. 여기서 $G_{boot}(x)$는 붓스트랩 복제로 계산된 s의 경험적 분포함수 $\frac{1}{B}\sum_{i=1}^{B} I(\tilde{s}_i \le x)$이고 $\Phi^{-1}(\cdot)$은 표준정규 분위수 함수이다. 만약 붓스트랩 표본분포가 대칭이고, s가 불편성을 만족할 경우, 이 비율은 0.5에 가까우며 '수정 요인(correction factor)' z는 영(0)에 가까울 것이다.

원시표본 $(x_1,\cdots,x_n)$에서 i-번째 관측값이 제거될 때 생성된 s의 값을 $s_{(-i)}$이라 하고, 1-제거된 통계량 표본 $(s_{(-1)},\cdots,s_{(-n)})$의 평균을 $\bar{s}_{-}=\frac{1}{n}\sum_{i=1}^{n}s_{(-i)}$이라 하자. 상수 a를 다음과 같이 계산한다.

$$a=\frac{\sum_{i=1}^{n}(s_{(-i)}-\bar{s}_{-})^3}{6\left(\sum_{i=1}^{n}(s_{(-i)}-\bar{s}_{-})^2\right)^{\frac{3}{2}}}.$$

수정요인(또는 수정계수) z와 a를 이용하여 다음을 계산한다.

$$a_1=\Phi\left(z+\frac{z-z_{1-\alpha/2}}{1-a(z-z_{1-\alpha/2})}\right),\quad a_1=\Phi\left(z+\frac{z+z_{1-\alpha/2}}{1-a(z-z_{1-\alpha/2})}\right).$$

마지막으로 a_1, a_2 값을 이용하여 다음과 같이 수정된 백분위수 신뢰구간을 구한다.

$$\left[\tilde{s}_{[Ba_1]},\ \tilde{s}_{[Ba_2]}\right].$$

수정요인 a와 z가 모두 영(0)일 때, $a_1=\Phi(-z_{1-\alpha/2})=\Phi(z_{\alpha/2})=\alpha/2$, $a_2=\Phi(z_{1-\alpha/2})$ $=\Phi(z_{\alpha/2})=1-\alpha/2$이며, 이는 (비수정된) 백분위수 구간에 해당한다. Shao와 Tu(1996)는 수정요인 z가 신뢰구간의 편향을 수정하는 데 사용되는 반면, a는 신뢰구간의 수렴 속도를 높이는 데 사용된다고 설명한다. 충분히 정확한 95% BCa 신뢰구간을 얻으려면 붓스트랩 표본 수(B)가 1000 이상이어야 한다.

11.3 붓스트랩 신뢰구간의 비교

이 절에서는 주요 붓스트랩 신뢰구간에 대한 요약과 함께 다양한 비교 결과를 제시한다.

먼저, 좋은 붓스트랩 신뢰구간이란 다음의 조건을 만족하는 것이다.

- 정확한 신뢰구간을 구할 수 있는 경우(예: 표본 평균), 붓스트랩 신뢰구간은 정확한 신뢰구간과 가깝게 일치해야 한다.
- 정확한 신뢰구간을 구할 수 없는 경우(예: 표본 중앙값), 붓스트랩 신뢰구간은 정확한 포함확률(coverage probability)을 제공해야 한다.

좁은 신뢰구간이 반드시 더 나은 신뢰구간이 아니다. 신뢰구간의 길이와 모양(비대칭성)은 포함확률이 정확한 경우에만 중요하다. 붓스트랩 신뢰구간마다 다른 포함확률(coverage probability)의 정확도를 가진다.

(a) 붓스트랩 방법과 포함확률

[그림 11.1]은 신뢰구간을 구하는 여러 가지 붓스트랩 방법과 그들 간의 관계 및 포함오차(coverage error)를 도식화한 것이다(출처: Carpenter와 Bithell, 2000).

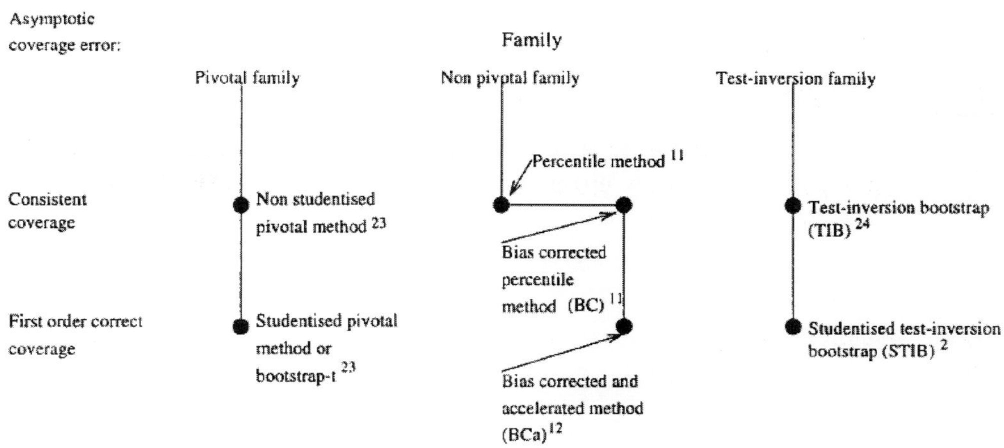

[그림 11.1] 신뢰구간을 위한 붓스트랩 방법 간의 관계 및 포함 오차

[그림 11.1]에서 붓스트랩 방법은 크게 추축족(pivotal family), 비추축족(non-pivotal family), 역-검정족(test-inversion family)으로 나눌 수 있다. 추축족에는 기본 방법과 붓스트랩-t 방법이 속하고, 비추축족에는 백분위수, BC 및 BCa 방법이 속한다. 역-검정족은 신뢰구간과 검정 간의 쌍대성(duality)을 활용하는 방법으로 TIB 방법과 STIB 방법이 있으나 크게 활용되지는 않으므로 이후의 설명에서 논외로 한다.

위의 그림에서 'Consistent' coverage는 포함오차(coverage error)가 $O(n^{-1/2})$이고, 'First order correct' coverage는 포함오차가 $O(n^{-1})$임을 의미한다. 즉, 기본 방법, 백분위수 방법 및 BC 방법은 포함오차가 'Consistent'인 반면(정규 방법도 포함됨), 붓스트랩-t와 BCa 방법은 'First order correct'인 방법이다. 참고로, 'Consistent'와 'First order accurate'의 표현은 각각 'First order accurate'와 Second order accurate'으로 나타내기도 한다. 그 차이는 근사의 정확도 차수를 나타낼 때 전자는 step-size를 $1/n$, 후자는 $1/\sqrt{n}$을 기준으로 정했을 때 해당한다.

Big O 표기

$f(x) = O(g(x))$ as $x \to \infty$(또는 $x \to a$).

$\Leftrightarrow$ $x \geq x_0$인 모든 x에 대하여 $|f(x)| \leq Mg(x)$를 만족하는 양수 M과 실수 x_0가 존재.

$\Leftrightarrow$ $|x-a| < \delta$인 x에 대하여 $|f(x)| \leq Mg(x)$가 성립하도록 하는 양수 δ와 M이 존재.

$\Leftrightarrow$ $\limsup_{x \to a} \left| \frac{f(x)}{g(x)} \right| < \infty$(예) $n \to \infty$일 때, $(n+1)^2 = n^2 + O(n)$.

참고 **근사의 정확도**

오차를 ||정확한 값 − 근삿값||이라 할 때, 오차의 정확도 차수(order of accuracy)는 근삿값의 정확한 값으로의 수렴 속도를 나타내는 양으로, 오차가 step-size h의 n 거듭제곱에 비례할 때, 즉

||오차|| $\leq Ch^n$ (C는 h와 무관한 상수임).

일 때, 근삿값이 'n-차 정확(n-th order accurate)하다'고 한다. 이를 'big O' 표기로 나타내면 다음과 같다.

||오차|| $= O(h^n)$.

참고 **신뢰구간에서의 1차- 및 2차- 정확도**

1. 신뢰구간은 양쪽의 비-포함확률이 명목 값과 $O(n^{-1/2})$만큼 다른 경우 1차 정확(first-order accurate)하다.
   - $P(\theta < \hat{\theta}_{lo}) = \alpha + h_{lo}/\sqrt{n}$ and $P(\theta > \hat{\theta}_{up}) = \alpha + h_{up}/\sqrt{n}$.
2. 신뢰구간은 양쪽의 비-포함확률이 명목 값과 $O(n^{-1})$만큼 다른 경우 2차 정확(second-order accurate)하다.
   - $P(\theta < \hat{\theta}_{lo}) = \alpha + h_{lo}/n$ and $P(\theta > \hat{\theta}_{up}) = \alpha + h_{up}/n$.

(b) 붓스트랩 방법의 장·단점

붓스트랩 신뢰구간 방법들의 장단점을 정리하면 다음과 같다. 붓스트랩 방법의 올바른 선택을 위해 각 방법의 포함 확률과 함께 고려하면 좋을 것이다.

(i) 기본(basic) 방법은 계산이 간단하나 모수에 제약이 있는 경우(예: $\theta > 0$) 신뢰구간이 종종 무의미한(invalid) 모수값을 포함한다.

(ii) 붓스트랩-t 방법은 σ_s를 쉽게 사용할 수 있는 경우에 표준 및 분산 안정화 형식 모두에서 안정적으로 수행되며, σ_s의 유도가 어려운 경우에도 쉽게 적용할 수 있다. 반면, 계산량이 매우 방대하며(분산 추정에 이중 붓스트랩을 사용하므로), 신뢰구간이 무의미한 모수값을 포함할 수 있으며, 변환에 대해 불변성을 만족하지 않는다. 또한, 작은 표본의 경우 신뢰구간이 매우 좁고($\tilde{\sigma}_B$이 매우 작으므로), 분포가 크게 치우치면 성능이 떨어진다.

붓스트랩-t 방법의 다른 문제점은 σ_s가 s와 (근사적으로) 독립이 아닌 경우(이들의 붓스트랩 추정치를 플롯해 봄으로써 확인할 수 있음)에는 성능이 매우 떨어진다. 이 경우에는 분산 안정화된 붓스트랩-t(variance stabilized bootstrap-t) 방법을 사용하면 문제점을 해소할 수 있다. 이에 대한 자세한 설명은 생략한다.

(iii) 붓스트랩-백분위수 방법의 가장 큰 장점은 단순하고 이해하기 쉽다는 것이다. 붓스트랩-t와 달리 분산(σ_s)의 추정이 필요하지 않으며, 무의미한 모수값이 신뢰구간에 포함될 수 없으며, 변환에 대해 불변성을 만족한다. 반면, s의 분포가 거의 대칭이 아닌 경우 포함 확률이 상당히 커지는 단점을 가진다. 또한, 자료가 치우친 경우 붓스트랩 표준오차(SE)를 사용하는 붓스트랩-t 방법보다 장점이 있으나, 작은 n에 대해 신뢰구간이 매우 좁은 경향이 있다(붓스트랩 SE를 사용하는 붓스트랩-t에 비해).

(iv) 편향 수정된(bias-corrected method, 이하 BC) 방법은 비대칭 문제에 대한 백분위수 방법을 개선하기 위해 고안된 방법으로 이 방법의 장점은 백분위수 방법과 동일하나(대칭인 경우에는 두 방법은 일치함), 포함 확률은 여전히 큰 경우가 자주 발생한다.

(v) BCa 방법의 장점은 백분위수의 장점과 동일하며 이에 더해 백분위수 또는 BC 방법에 비해 더 적은 포함 확률을 가진다. 단점은 복잡한 모수적 문제에서 a의 계산이 복잡할 수

있으며, $\alpha \to 0$일 때 포함 확률이 커진다. 아울러 다양한 모수에 대해 잘 작동하나 다른 방법들에 비해 덜 직관적이다.

다양한 붓스트랩 신뢰구간의 계산에 대한 세부 사항은 Efron과 Tibshirani(1993)와 Davison과 Hinkley(1997)에 설명되어 있다. 붓스트랩 신뢰구간에 대한 유용하고 간결한 논의는 Carpenter와 Bithell(2000)을 참고하기 바란다.

11.4 R 예제

R 패키지 {boot}을 이용하여 붓스트랩 신뢰구간을 구하는 방법을 소개한다.

예제 11.3 붓스트랩 신뢰구간: 단일 통계량의 경우

mtcars 자료의 선형회귀(mpg~wt+disp)에서 결정계수(R^2)에 대한 붓스트랩 신뢰구간을 구한다.

```
> library(boot)
> # R^2를 구하는 함수
> rsq <- function(formula, data, indices) {
            d <- data[indices,]    # allows boot to select sample
            fit <- lm(formula, data=d)
            return(summary(fit)$r.square)
            }
> # 붓스트랩 반복을 1000번 수행
> results <- boot(data=mtcars, statistic=rsq,
                 R=1000, formula=mpg~wt+disp)
> results

ORDINARY NONPARAMETRIC BOOTSTRAP

Call:
boot(data = mtcars, statistic = rsq, R = 1000, formula = mpg ~
    wt + disp)


Bootstrap Statistics :
     original      bias    std. error
t1* 0.7809306 0.01172576  0.04911651

> plot(results)
```

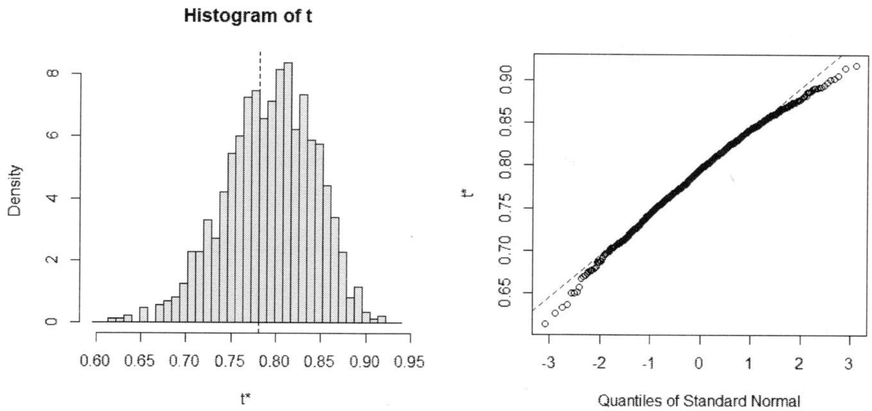


```
> # 95% 신뢰구간
> boot.ci(results, type="all")     # type="all"은 디폴트임
BOOTSTRAP CONFIDENCE INTERVAL CALCULATIONS
Based on 1000 bootstrap replicates

CALL :
boot.ci(boot.out = results)

Intervals :
Level      Normal              Basic
95%   ( 0.6729,  0.8655 )   ( 0.6848,  0.8711 )

Level     Percentile            BCa
95%   ( 0.6908,  0.8771 )   ( 0.6503,  0.8602 )
Calculations and Intervals on Original Scale
Some BCa intervals may be unstable
```

예제 11.4 **붓스트랩 신뢰구간: 여러 개 통계량의 경우**

[예제 11.3]의 자료에서 여러 개의 회귀계수(intercept, wt, disp)에 대한 붓스트랩 신뢰구간을 구한다.

```
> library(boot)
> # 회귀계수를 구하는 함수
> bs <- function(formula, data, indices) {
            d <- data[indices,]    # allows boot to select sample
            fit <- lm(formula, data=d)
            return(coef(fit))
            }
> # 붓스트랩 반복을 1000번 수행
> results <- boot(data=mtcars, statistic=bs,
                  R=1000, formula=mpg~wt+disp)
```

```
> results
ORDINARY NONPARAMETRIC BOOTSTRAP


Call:
boot(data = mtcars, statistic = bs, R = 1000, formula = mpg ~
    wt + disp)


Bootstrap Statistics :
       original        bias    std. error
t1* 34.96055404  1.280833e-01 2.470392706
t2* -3.35082533 -6.982358e-02 1.120203895
t3* -0.01772474  9.676393e-05 0.008284649

> plot(results, index=1)    # intercept
```

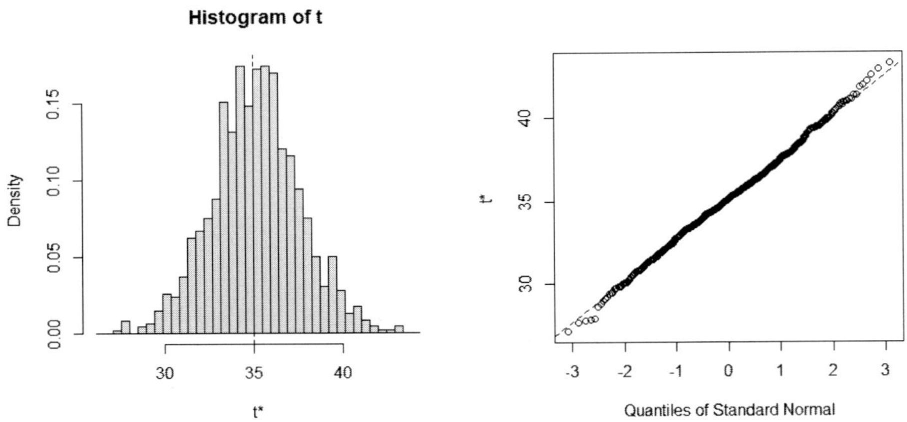


```
> plot(results, index=2)    # wt
```

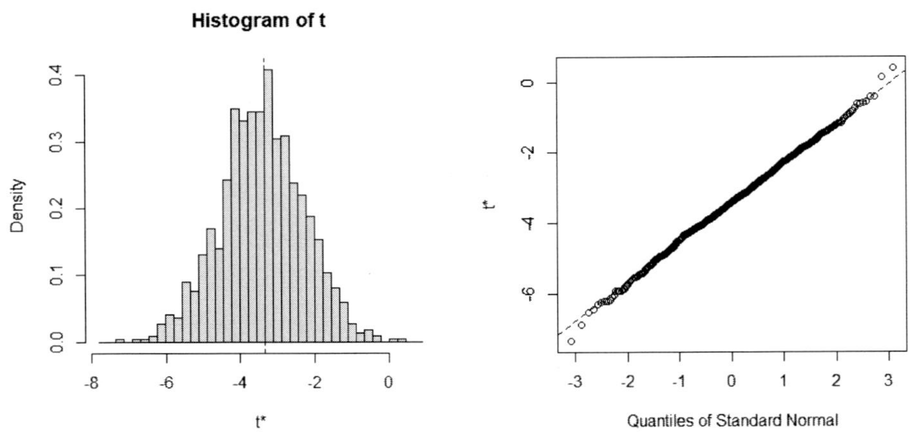

```
> plot(results, index=3)    # disp
```

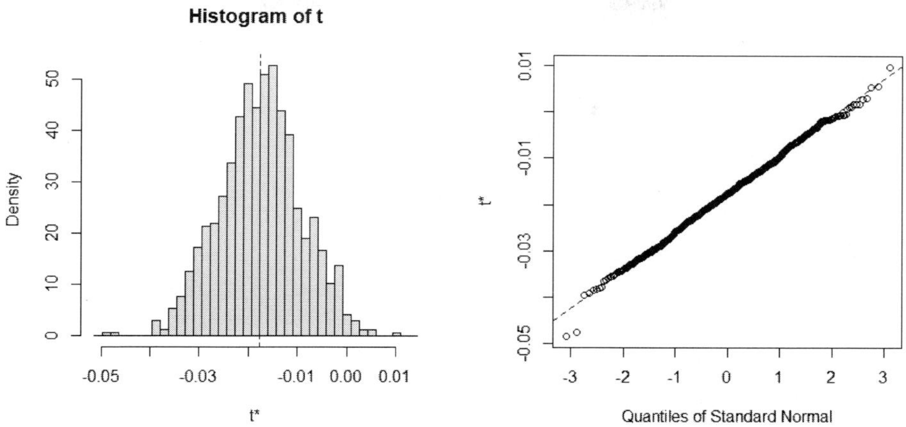


```
> # 95% 신뢰구간
> boot.ci(results, type="bca", index=1)    # intercept
BOOTSTRAP CONFIDENCE INTERVAL CALCULATIONS
Based on 1000 bootstrap replicates

CALL :
boot.ci(boot.out = results, type = "bca", index = 1)

Intervals :
Level       BCa
95%   (29.82, 39.65 )
Calculations and Intervals on Original Scale

> boot.ci(results, type="bca", index=2)    # wt
BOOTSTRAP CONFIDENCE INTERVAL CALCULATIONS
Based on 1000 bootstrap replicates

CALL :
boot.ci(boot.out = results, type = "bca", index = 2)

Intervals :
Level       BCa
95%   (-5.494, -1.029 )
Calculations and Intervals on Original Scale

> boot.ci(results, type="bca", index=3)    # disp
BOOTSTRAP CONFIDENCE INTERVAL CALCULATIONS
Based on 1000 bootstrap replicates
```

```
CALL :
boot.ci(boot.out = results, type = "bca", index = 3)

Intervals :
Level       BCa
95%   (-0.0339, -0.0016 )
Calculations and Intervals on Original Scale
```

예제 11.5 붓스트랩 신뢰구간: 여러 개의 통계량

iris 자료에서 Sepal.Length와 Sepal.Width의 중앙값 및 두 변수 간의 스피어만 상관계수에 대한 붓스트랩 신뢰구간을 구한다.

```
> library(boot)
> stats <- function(data, indices, cor.type) {
       dt<-data[indices,]
       c(
         median(dt[,1]),
         median(dt[,2]),
         cor(dt[,1], dt[,2], method=cor.type)
        )
       }
> set.seed(300)
> results <- boot(iris, stats, R=1000, cor.type='s')
> plot(results, index=1)
```

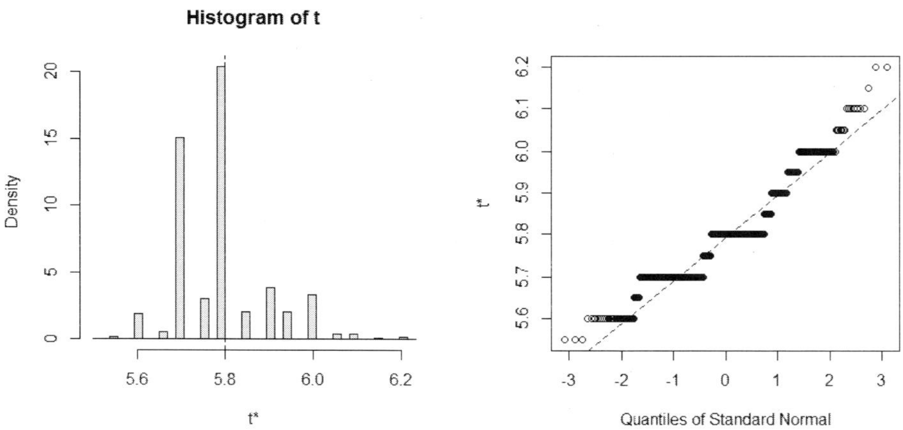


```
> plot(results, index=2)
```

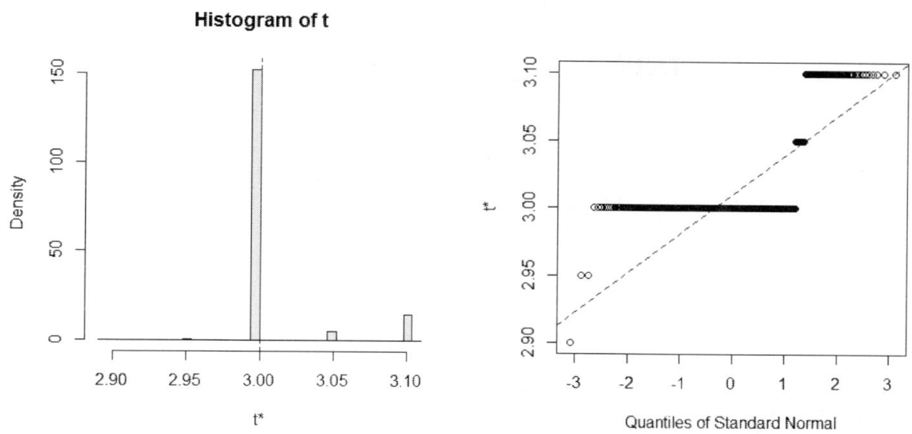


```
> plot(results, index=3)
```

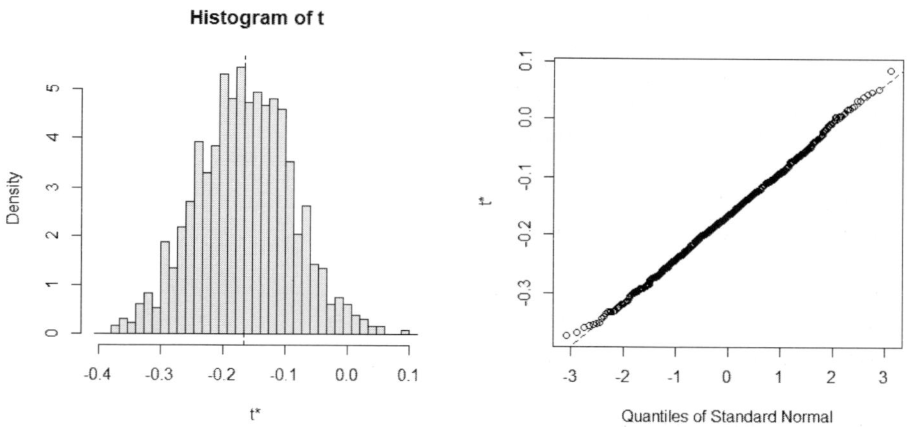


```
> boot.ci(results, index=1)
BOOTSTRAP CONFIDENCE INTERVAL CALCULATIONS
Based on 1000 bootstrap replicates

CALL :
boot.ci(boot.out = results, index = 1)

Intervals :
Level      Normal              Basic
95%   ( 5.608,  6.009 )   ( 5.600,  6.000 )

Level     Percentile            BCa
95%   ( 5.60,  6.00 )   ( 5.60,  5.95 )
Calculations and Intervals on Original Scale
Some BCa intervals may be unstable
```

```
> boot.ci(results, index=2)
BOOTSTRAP CONFIDENCE INTERVAL CALCULATIONS
Based on 1000 bootstrap replicates

CALL :
boot.ci(boot.out = results, index = 2)

Intervals :
Level      Normal              Basic
95%   ( 2.933,  3.047 )   ( 2.900,  3.000 )

Level     Percentile            BCa
95%   ( 3.0,  3.1 )   ( 2.9,  2.9 )
Calculations and Intervals on Original Scale
Warning : BCa Intervals used Extreme Quantiles
Some BCa intervals may be unstable

> boot.ci(results, index=3)
BOOTSTRAP CONFIDENCE INTERVAL CALCULATIONS
Based on 1000 bootstrap replicates

CALL :
boot.ci(boot.out = results, index = 3)

Intervals :
Level      Normal              Basic
95%   (-0.3164, -0.0191 )   (-0.3250, -0.0171 )

Level     Percentile            BCa
95%   (-0.3164, -0.0085 )   (-0.3146, -0.0069 )
Calculations and Intervals on Original Scale
```

예제 11.6 [예제 11.1]의 계속

USArrests 자료에서 살인 변수에 대한 통계량으로 표준편차를 고려한다. 적용 목적은 붓스트랩 수를 늘리면 붓스트랩 신뢰구간의 변동이 감소한다는 것을 보여주고, 서로 다른 붓스트랩 신뢰구간 간의 차이를 비교하는 것이다. [그림 11.3]에서 신뢰구간 경계(bounds)의 변동성이 붓스트랩 반복 횟수에 따라 빠르게 감소한다는 것을 알 수 있다. 또한, 백분위수 신뢰구간과 가장 정교한 BCa 신뢰구간 사이에 큰 차이가 있음을 알 수 있다. 예상과 달리 가우시안 붓스트랩 신뢰구간이 잘 작동하나, 이는 아마도 표준편차의 분포가 가우스 분포이기 때문일 것이다.

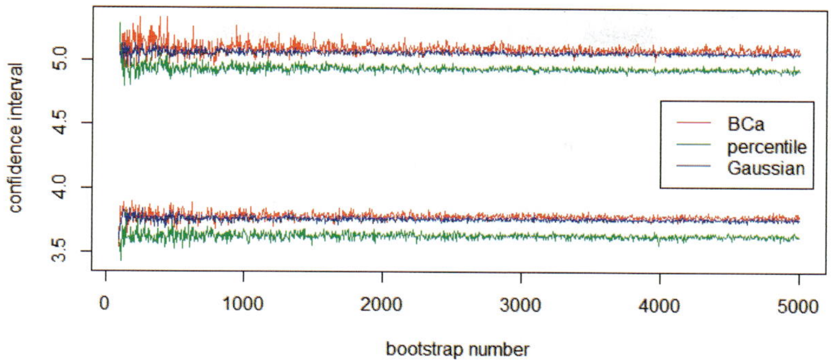

[그림 11.3] 붓스트랩 신뢰구간의 비교

R의 boot.ci{boot} 함수는 붓스트랩 신뢰구간을 제공한다. 이 함수의 일반 형식은 다음과 같다.

```
boot.ci(boot.out, conf = 0.95, type = "all", ...)
```

- boot.out: 붓스트랩 계산의 출력을 포함하는 "boot" 클래스의 객체이다.
- type: 필요한 신뢰구간의 유형을 나타내는 문자열 벡터이다. c("norm", "basic", "stud", "perc", "bca")의 부분집합이거나 5가지 유형의 간격을 모두 계산하는 단순히 "all"이어야 한다.

[R 코드] [그림 11.3]에 대한 R 코드를 제시한다.

```
> n <- 1000
> h <- 5
> normal <- matrix(0, 2, n)    # normal: 2*1000 행렬
> percent <- matrix(0, 2, n)
> bca <- matrix(0, 2, n)
> for(i in 20:n) {
    BootSd <- boot(murder, function(x,y) sd(x[y]), R=i*h)
    resCI <- boot.ci(BootSd, type = c("norm", "perc", "bca"))
    normal[,i] <- resCI$normal[c(2,3)]
    percent[,i] <- resCI$percent[c(4,5)]
    bca[,i] <- resCI$bca[c(4,5)]
    }
> bootnumber <- 20:n*h
> bound <- c(min(bca[1,20:n], normal[1,20:n], percent[1,20:n]),
            max(bca[2,20:n], normal[2,20:n], percent[2,20:n]))
> plot(bootnumber, bca[1,20:n], type="l", col="red", ylim=bound,
     xlab="bootstrap number", ylab="confidence interval")
> lines(bootnumber, bca[2,20:n], col="red")
```

```
> lines(bootnumber, percent[1,20:n], col="green")
> lines(bootnumber, percent[2,20:n], col="green")
> lines(bootnumber, normal[1,20:n], col="blue")
> lines(bootnumber, normal[2,20:n], col="blue")
> legend(4000, 4.7, c("BCa","percentile","Gaussian"),
        col=c("red","green","blue"), lty=1)
```

10장(붓스트랩 검정)에서 소개한 np.boot{nptest} 함수도 붓스트랩 신뢰구간을 제공한다. 이 패키지는 5가지의 붓스트랩 신뢰구간, 즉 정규근사, 기본(또는 reverse percentile), 백분위수(percentile), 스튜던트화(또는 bootstrap-t), BCa 신뢰구간을 제공한다.

이 함수의 일반 형식과 주요 옵션은 다음과 같다.

```
np.boot(x, statistic, ..., R = 9999, level = c(0.9, 0.95, 0.99),
        method = c("norm", "basic", "perc", "stud", "bca")[-4],
        sdfun = NULL, sdrep = 99, jackknife = NULL,
        parallel = FALSE, cl = NULL, boot.dist = TRUE)
```

- method: 신뢰구간의 방법을 지정. 디폴트로 “stud”를 제외한 결과를 제공한다.
- sdfun: 통계량의 표준편차를 계산하는 함수로, method에 “stud”가 포함된 경우에만 유용하다. =Null인 경우 내부(inner) 붓스트랩이 표준편차 추정에 사용된다.
- sdrep: 통계량의 표준편차 추정에 사용되는 내부 붓스트랩에 대한 붓스트랩 반복 수이다. method에 “stud”가 포함된 경우에만 유용하며, 값이 클수록 더 정확한 추정치를 제공한다.

이 함수의 적용 시 유의점은 다음과 같다.

- method= 옵션에서 처음 세 개의 구간(“norm”, “basic”, “perc”)은 1차 정확도를 가지지만 마지막 두 구간(“stud”, “bca”)은 모두 2차 정확도를 가진다. 따라서 스튜던트화(또는 붓스트랩-t)와 BCa 구간이 더 정확한 포함률(coverage rates)을 제공하는 경향이 있다.
- 스튜던트화 구간에 대한 표준편차 함수가 sdfun= 인수를 통해 입력되지 않는 한 스튜던트화 구간은 계산 비용이 많이 들 수 있다. 이는 내부 붓스트랩이 각 (외부) 붓스트랩 복제에 대해 통계량의 표준편차를 추정하는 데 필요하고, 내부 붓스트랩 복제의 디폴트 수를 늘리고 싶을 수 있기 때문이다.
- BCa 구간의 효율성은 표본크기 n과 (잭나이프) 통계량 추정치의 계산 복잡성에 의존한다. n이 너무 크지 않고 잭나이프(jackknife) 통계량의 계산이 너무 어렵지 않다고 가정하면 BCa 구간은, 특히 내부 붓스트랩이 요구되는 스튜던트화 구간을 비교할 때, 합리적으로 빠르게 계산될 수 있다.

[1부 참고 문헌]

(1~9장(비모수통계))

- Conover, W. J. (1971). Practical Nonparametric Statistics, Wiley, New York.
- Gibbons, J. D. and Chakraborti, S. (2003). Nonparametric Statistical Inference, 4th Ed,,Revised and Expanded, Marcel Dekker, Inc., New York.
- Hollander, M. and Wolfe, D. (1999), Nonparametric Statistical Methods, Second Edition, John Wiley and Sons, New York.

(10장(붓스트랩 검정 및 순열검정), 11장(붓스트랩 추정))

- Carpenter, J. and Bithell, J. (2000). Bootstrap confidence intervals: when, which, what? A practical guide for medical statisticians, Statistics in Medicine, 19, 1141–1164.
- Davison, A. and Hinkley, D. (1997). Bootstrap Methods and their Applications, Cambridge University Press.
- Dutang, C., Nguyen, N. and Nguyen, P. (2008). Bootstrap.
- Efron, B. and Tibshirani, R. J. (1993). An Introduction to the Bootstrap, Chapman and Hall.
- Helwig, N. E. (2021). Nonparametric Bootstrap un R.
- Helwig, N. E. (2021). Nonparametric Hypothesis Tests in R.
- Helwig, N. E. (2021). Permutation Tests.
- Hesterberg, T. (2014). What Teachers Should Know about the Bootstrap: Resampling in the Undergraduate Statistics Curriculum.

2부

연관성 측도

12장

서론

2부에서는 이차원의 분할표 자료로부터 두 범주형 변수 간의 연관성을 나타내는 측도 (measures of association)를 소개한다. 두 변수가 명목형, 순서형 및 혼합형인 경우의 연관성 측도를 소개하고, 정방형 분할표에 대한 내용을 함께 다룬다.

여기서 소개되는 여러 가지 연관성 측도들은 $-1 \sim 1$ 또는 $0 \sim 1$의 값을 가지며, 연관성의 강도에 대한 해석은 부호를 무시할 때 상관계수의 기준을 따른다. 연관성 측도에 대한 해석으로 Davis(1971)는 다음의 [표 12.1]을 제안하였다(부호는 방향성만 제공하므로 무시됨).

[표 12.1] Davis(1971)의 연관성 측도 해석

연관성 측도	연관성 정도
≥ 0.7	매우 강함
$0.50 \sim 0.69$	상당함
$0.30 \sim 0.49$	중간수준
$0.10 \sim 0.29$	낮음
$0.01 \sim 0.09$	무시할 만함

연관성 측도에 대해서는 다양한 해석이 가능하므로[14], 보다 구체적인 해석은 해당 측도에서 다루기로 한다. 특히, 연관성 측도가 특정 분석에서 효과크기로 사용되는 경우에는 해당 측도별로 그 범위가 다르며, 따라서 그 해석도 제시된 기준에 따라야 한다.

12.1 이차원 분할표 자료

분할표 분석에 사용되는 자료의 형식은 다음과 같다. $r \times c$ 이차원 분할표의 경우 다음과 같이 표기하기로 한다.

변수 1(A)	변수 2(B)				계
	B_1	B_2	$\cdots$	B_c	
A_1					$n_{1\cdot}$
A_2					$n_{2\cdot}$
·		n_{ij}			·
·		(관측 빈도)			·
·					·
A_r					$n_{r\cdot}$
계	$n_{\cdot 1}$	$n_{\cdot 2}$	$\cdots$	$n_{\cdot c}$	n

2×2 분할표의 경우에는 위의 표기와 함께 아래의 표기를 병행하여 사용하기로 한다. 여기서 $n = a + b + c + d$ 이다.

변수 1(A)	변수 2(B)		합계
	B_1	B_2	
A_1	a	b	$a+b$
A_2	c	d	$c+d$
합계	$a+c$	$b+d$	n

14) 연관성 측도(상관계수)의 해석에 대한 다른 제안으로 Hinkle 등(1979)과 Hopkins(1997)가 있다([표 16.5] 참고할 것).

12.2 분할표 분석 기초

두 범주형 변수 간의 연관성 측도의 소개에 앞서 이 절에서는 독립성 검정을 소개한다. 독립성 검정은 연관성 측도의 전 단계 분석으로, 만약 그 결과가 유의할 경우(독립성 가설이 기각됨)에는 두 변수 간의 연관성에 대한 분석을 추가로 실시하게 된다. 아울러 분할표 분석에 사용되는 R 기초함수와 시각화 분석을 다룬다.

12.2.1 독립성 검정

독립성 검정은 이차원 분할표를 구성하는 두 개의 범주형 변수가 서로 독립인지에 대한 검정을 수행한다.

$$\begin{aligned} & H_0 : \text{두 범주형 변수가 서로 독립이다.} \\ \text{vs} \quad & H_1 : \text{두 범주형 변수가 서로 독립이 아니다.} \end{aligned}$$

위의 가설에 대한 피어슨의 카이제곱 검정통계량(χ^2)과 귀무분포는 다음과 같다.

$$\chi^2 = \sum_{i=1}^{r}\sum_{j=1}^{c} \frac{(O_{ij}-E_{ij})^2}{E_{ij}} \underset{H_0}{\overset{\cdot}{\sim}} \chi^2((r-1)(c-1))$$

여기서 E_{ij}는 귀무가설하에서의 기대도수로 다음과 같이 주어진다.

$$E_{ij} = n \times \frac{n_{i\cdot}}{n} \times \frac{n_{\cdot j}}{n} = \frac{n_{i\cdot} \times n_{\cdot j}}{n}.$$

R의 chisq.test() 함수는 분할표 자료에 대해 독립성 검정을 수행한다.

```
chisq.test(x, y=NULL, correct=TRUE, simulate.p.value=FALSE, ...)
```

- x: 수치형 벡터 또는 행렬이다. x와 y가 모두 요인일 수 있다.
- y: 수치형 벡터(x가 행렬인 경우는 무시됨)이다. x가 요인인 경우, y는 동일한 길이의 요인이어야 한다.
- correct=TRUE(디폴트): 2×2 분할표의 경우, 검정통계량 계산 시 연속성 수정 여부를 지정한다.

simulate.p.value=TRUE인 경우에는 무시된다.

- simulate.p.value=FALSE(디폴트)

예제 12.1 **독립성검정**

HairEyeColor 자료에서 Hair와 Eye 변수가 서로 독립인지를 검정한다.

```
 > HairEye <- margin.table(HairEyeColor, c(1,2))
> HairEye
       Eye
Hair    Brown Blue Hazel Green
  Black    68   20    15     5
  Brown   119   84    54    29
  Red      26   17    14    14
  Blond     7   94    10    16

> chisq.test(HairEye)

	Pearson's Chi-squared test

data:  HairEye
X-squared = 138.2898, df = 9, p-value < 2.2e-16
```

(해석) p-값이 매우 작으므로 머리와 눈의 색깔 간에는 독립이라는 가설을 기각할 만한 근거가 충분하다고 말할 수 있다.

12.2.2 연속성 수정과 정확검정

다음의 독립성 가설에 대한 검정으로 Yates의 연속성 수정을 고려한 방법과 Fisher의 정확검정을 소개한다. 전자는 R의 chisq.test() 함수에서 디폴트로 사용되는 방법이며, 후자는 소표본의 경우에 주로 사용된다.

$$\begin{aligned} & H_0 : \text{두 범주형 변수가 서로 독립이다.} \\ \text{vs} \quad & H_1 : \text{두 범주형 변수가 서로 독립이 아니다.} \end{aligned}$$

(a) Yates의 연속성 수정

Yates는 다음과 같이 정의되는 연속성 수정된 카이제곱 통계량을 제안하였다(통계량의 근사귀무분포는 카이제곱 통계량과 동일함).

$$\chi_c^2 = \sum_{i=1}^{r}\sum_{j=1}^{c} \frac{(|O_{ij} - E_{ij}| - 1/2)^2}{E_i}.$$

이 통계량은 모든 차이($|O_i - E_i|$)에서 1/2을 빼주므로, 피어슨의 카이제곱 통계량보다 값이 더 작아지며, 따라서 더 큰 p-값(더 보수적인 검정 결과)이 제공된다.

2×2 분할표의 경우, Yates의 연속성 수정된 통계량은 다음과 같이 보다 단순하게 표현된다.

$$\chi_c^2 = \frac{n(|ad - bc| - n/2)^2}{(a+b)(c+d)(a+c)(b+d)}.$$

이 방법은 $n > 40$ 인 경우에 적절하며, 소표본의 경우에는 다음 절에서 소개되는 Fisher의 정확검정을 사용하는 것이 바람직하다.

(b) Fisher의 정확검정

2×2 분할표에서 표본이 매우 작거나($n < 20$), 5 미만의 셀 기대빈도가 존재할 때는 Fisher의 정확검정을 주로 사용한다(물론, 이 방법은 표본의 크기와는 관계없이 모든 경우에 적용할 수 있다).

Fisher의 정확검정의 절차를 소개하면 다음과 같다. 먼저, 2×2 분할표의 모든 주변 빈도가 고정된 것으로 가정한다(표 (A) 참고).

그룹	반응		합계
	긍정	부정	
그룹 1	a	b	$a+b$
그룹 2	c	d	$c+d$
합계	$a+c$	$b+d$	n

(A)

그룹	반응		합계
	긍정	부정	
그룹 1	a	b	$a+b$
그룹 2	c	d	$c+d$
합계	$a+c$	$b+d$	n

(B)

이때 귀무가설하에서 자료가 표 (B)와 같이 주어질 확률은 (그룹 1, 긍정)의 칸이 a로 관측될 확률과 동일하며(4개 중 하나의 값만 주어지면 나머지는 자동으로 결정됨), 이는 초기하 분포로부터 다음과 같이 주어진다.

$$p_a = \frac{\binom{a+b}{a}\binom{c+d}{c}}{\binom{n}{a+c}} = \frac{(a+b)!\,(c+d)!\,(a+c)!\,(b+d)!}{n!\;a!\;b!\;c!\;d!}.$$

따라서, 양측검정에서의 p-값은 표 (B)보다 더 대립가설을 지지하는 방향(편의상 a보다 더 큰 값이라 하자)으로 관측될 확률의 2배가 된다. 즉,

$$p\text{-값} = 2 \times (p_a + p_{a+1} + \cdots + p_{a+c})$$

이 된다.

R의 fisher.test() 함수는 피셔의 정확검정을 제공한다. 이 함수는 통상적으로 2×2 분할표에 국한되어 수행되나, R에서는 칸 도수가 크지 않은 경우에는 보다 큰 테이블($r \times c$ 분할표)에 대해서도 적용된다.

```
fisher.test(x, y = NULL, alternative = "two.sided", hybrid = FALSE, ...)
```

- x : 행렬 형태의 이차원 분할표 또는 요인 객체이다.
- y : 요인객체 x가 행렬인 경우에는 무시된다.
- alternative: “two.sided”, “greater”, “less”이며, 2×2 경우에만 사용된다.
- hybrid=FALSE(디폴트): 2×2보다 큰 경우에만 사용되며, 정확한 확률(디폴트) 또는 hybrid 근사를 사용할지의 여부를 지정한다.

예제 12.2 정확검정

```
> ## 두 벡터 자료
> Species = c(rep("Species1", 16), rep("Species2", 16))
> Color = c(rep(c("blue", "blue", "blue", "green"), 4),
            rep(c("green", "green", "green", "blue"), 4))
> fisher.test(Species, Color)

        Fisher's Exact Test for Count Data
```

```
data:  Species and Color
p-value = 0.01211
alternative hypothesis: true odds ratio is not equal to 1
95 percent confidence interval:
  1.463598 60.596055
sample estimates:
odds ratio
  8.279362
```

주목 Fisher의 정확검정은 아래 가설에 대한 결과로도 해석될 수 있다.

$$H_0 : p_1 = p_2 \text{(두 그룹에서 성공(긍정)의 비율이 동일하다)}$$
$$\text{vs}\quad H_1 : p_1 \neq p_2 \text{(두 그룹에서 성공(긍정)의 비율이 다르다)}$$

이 경우에는 아래 그림과 같이 행 마진이 주어진 경우를 가정하고(표 (C) 참고), 표 (D)와 같이 관측될 확률을 계산하게 된다. 즉, n(전체)에서 $a+c$(1열의 마진)개를 뽑는 경우 (그룹 1, 긍정)의 칸 빈도가 a로 주어질 확률을 계산하면, 위의 초기하 분포식(p_a)과 동일한 결과를 얻게 된다.

그룹	반응		합계
	긍정	부정	
그룹 1	a	b	$a+b$
그룹 2	c	d	$c+d$
합계			n

(C)

그룹	반응		합계
	긍정	부정	
그룹 1	a	b	$a+b$
그룹 2	c	d	$c+d$
합계	$a+c$	$b+d$	n

(D)

12.3 R 기초 함수

이 절에서는 분할표 자료의 조작과 시각화를 위한 R 함수를 소개한다.

12.3.1 분할표 다루기

(a) 요인 객체 생성

요인(factor)은 범주형 자료를 다룰 때 사용되며, 취할 수 있는 가능한 값을 수준(levels)으로 가진다.

- factor() 함수: 요인 객체를 생성한다.
- gl() 함수: 요인 수열(factor sequence)을 생성한다.

```
> ## factor() 함수: 요인 객체 생성
> f <- factor(c("low", "high"),levels=c("high", "middle", "low"))
> f #(유의) 마지막 줄에 "Levels:..."는 요인 객체를 벡터 객체와 외형적으로 구분해 준다.
[1] low  high
Levels: high middle low
> # (주의) 마지막 줄에 "Levels:..."는 요인 객체를 벡터 객체와 외형적으로 구분해 준다.

> # gl() 함수: 요인 수열(factor sequence)의 생성
> f.1 <- gl(2, 3, labels=c("male", "female"))
> f.1
[1] male   male   male   female female female
Levels: male female
```

- table() 함수: 요인 객체에 대해 빈도표(frequence table)를 작성한다.
- margin.table() 함수: 주변표를 작성한다.
- prop.table() 함수: 비율표를 작성한다.

```
> # table() 함수: 요인 객체에 대해 빈도표(frequence table) 작성
> table(f.1)
f.1
  male female
     3      3

> f.2 <- factor(c("white", "black", "white", "white", "black", "white"))
> (t <- table(f.1, f.2))
        f.2
f.1      black white
  male       1     2
  female     1     2

> # margin.table() 함수: 주변표 작성
> margin.table(t, 1)
f.1
  male female
     3      3

> margin.table(t, 2)
f.2
black white
    2     4

> # prop.table() 함수: 비율표 작성
> prop.table(t, 1)
```

```
        f.2
f.1          black     white
  male   0.3333333 0.6666667
  female 0.3333333 0.6666667

> prop.table(t, 2)
        f.2
f.1      black white
  male     0.5   0.5
  female   0.5   0.5

> prop.table(t)
        f.2
f.1          black     white
  male   0.1666667 0.3333333
  female 0.1666667 0.3333333
```

(b) 테이블 객체 생성

앞서 요인 객체를 table() 함수로 요약한 바 있다. table() 함수가 적용된 결과는 테이블 객체로 다루어지며, 이는 범주형 자료의 분석에 특히 유용하다.

- table() 함수: 테이블(table) 객체를 생성한다.
- ftable() 함수: 다양한 객체(요인, 리스트, 데이터프레임, 분할표 등)를 평면분할표(flat contingency table) 객체로 만든다(ftable 객체 생성).

```
> # 테이블(table) 객체 생성: table() 함수를 이용
> table(rpois(100,5))
 1  2  3  4  5  6  7  8  9 10 12
 3  7 10 21 13 20 14  6  4  1  1

> # 2차원 테이블 객체 생성
> table(rbinom(100, 10, 0.5), rbinom(100, 10, .2))    # 길이가 같아야 함
     0  1  2  3  4  5  6
  1  0  0  0  0  1  0  0
  2  1  1  2  0  0  1  0
  3  4  4  1  1  0  0  0
  4  2  6  4  5  2  0  1
  5  2  6 12  6  0  0  1
  6  0 10  5  5  1  0  0
  7  0  2  3  2  1  1  0
  8  0  2  1  2  2  0  0

> # ftable() 함수: 다양한 객체(요인, 리스트, 데이터프레임, 분할표 등)를 평면분할표(flat contingency
table) 객체로 만들어 줌(ftable 객체 생성)
```

```
> ftable(Titanic, row.vars=1:3)   # 테이블 객체(Titanic)에 ftable() 함수 적용
                  Survived  No Yes
Class Sex    Age                  
1st   Male   Child           0   5
             Adult         118  57
      Female Child           0   1
             Adult           4 140
2nd   Male   Child           0  11
             Adult         154  14
      Female Child           0  13
             Adult          13  80
3rd   Male   Child          35  13
             Adult         387  75
      Female Child          17  14
             Adult          89  76
Crew  Male   Child           0   0
             Adult         670 192
      Female Child           0   0
             Adult           3  20

> ftable(Titanic, row.vars=1:2, col.vars="Survived")
             Survived  No Yes
Class Sex                    
1st   Male            118  62
      Female            4 141
2nd   Male            154  25
      Female           13  93
3rd   Male            422  88
      Female          106  90
Crew  Male            670 192
      Female            3  20

> ftable(Titanic, row.vars=2:1, col.vars="Survived")
             Survived  No Yes
Sex    Class                 
Male   1st            118  62
       2nd            154  25
       3rd            422  88
       Crew           670 192
Female 1st              4 141
       2nd             13  93
       3rd            106  90
       Crew             3  20

> # 데이터프레임을 ftable 객체로
> x <- ftable(mtcars[c("cyl", "vs", "am", "gear")])   # 데이터프레임 객체에 ftable() 함수 적용
> x
```

```
           gear  3  4  5
cyl vs am
4   0  0         0  0  0
       1         0  0  1
    1  0         1  2  0
       1         0  6  1
6   0  0         0  0  0
       1         0  2  1
    1  0         2  2  0
       1         0  0  0
8   0  0        12  0  0
       1         0  0  2
    1  0         0  0  0
       1         0  0  0

> ftable(x, row.vars=c(2, 4))
        cyl  4     6     8
        am   0  1  0  1  0  1
vs gear
0  3         0  0  0  0 12  0
   4         0  0  0  2  0  0
   5         0  1  0  1  0  2
1  3         1  0  2  0  0  0
   4         2  6  2  0  0  0
   5         0  1  0  0  0  0

> # dnn= 옵션을 통해 출력 시 변수명(dimension name: 레이블)을 변경함
> ftable(mtcars$cyl, mtcars$vs, mtcars$am, mtcars$gear, row.vars=c(2, 4),
         dnn=c("Cylinders", "V/S", "Transmission", "Gears"))

         Cylinders     4     6     8
         Transmission  0  1  0  1  0  1
V/S Gears
0   3                  0  0  0  0 12  0
    4                  0  0  0  2  0  0
    5                  0  1  0  1  0  2
1   3                  1  0  2  0  0  0
    4                  2  6  2  0  0  0
    5                  0  1  0  0  0  0

> # ftable() 함수는 ftable(xtabs()) 형식으로 xtabs() 함수와 함께 사용하면 분할표 작성에 매우 유
용하다(다음 절 참고).
```

(c) 분할표 다루기

데이터프레임 또는 행렬(또는 배열) 자료로부터 분할표를 작성하는데 유용한 함수는 다음과 같다.

- xtabs(formula= ~., data=parent.frame(), subset, sparse=FALSE,
  na.action, exclude=c(NA, NaN), drop.unused.levels=FALSE)
- ftable(xtab())
- CrossTable{gmodels}

(예 1) 분할표 작성 예제: xtabs()와 ftable() 함수 이용

```
> str(esoph)
'data.frame':   88 obs. of  5 variables:
 $ agegp : Ord.factor w/ 6 levels "25-34"<"35-44"<..: 1 1 1 1 1 1 1 1 1 1 ...
 $ alcgp  : Ord.factor w/ 4 levels "0-39g/day"<"40-79"<..: 1 1 1 1 2 2 2 2 3 3 ...
 $ tobgp  : Ord.factor w/ 4 levels "0-9g/day"<"10-19"<..: 1 2 3 4 1 2 3 4 1 2 ...
 $ ncases   : num  0 0 0 0 0 0 0 0 0 0 ...
 $ ncontrols: num  40 10 6 5 27 7 4 7 2 1 ...

> # xtabs() 함수 적용
> xtabs(cbind(ncases, ncontrols) ~ ., data=esoph)
, , tobgp = 0-9g/day,  = ncases

       alcgp
agegp   0-39g/day 40-79 80-119 120+
  25-34         0     0      0    0
  35-44         0     0      0    2
  45-54         1     6      3    4렬 객체
  55-64         2     9      9    5
  65-74         5    17      6    3
  75+           1     2      1    2

, , tobgp = 10-19,  = ncases

       alcgp
agegp   0-39g/day 40-79 80-119 120+
  25-34         0     0      0    1
  35-44         1     3      0    0
  45-54         0     4      6    3
  55-64         3     6      8    6
  65-74         4     3      4    1
  75+           2     1      1    1

(생략)

, , tobgp = 30+,  = ncontrols

       alcgp
agegp   0-39g/day 40-79 80-119 120+
```

```
  25-34         5     7      2   2
  35-44         8     8      1   0
  45-54         4     7      4   4
  55-64         6     6      4   6
  65-74         2     0      1   1
  75+           3     1      0   0

> # ftable(xtabs()) 함수 적용: 보다 나은 출력을 제공
> ftable(xtabs(cbind(ncases, ncontrols) ~ ., data = esoph))
                           ncases ncontrols
agegp alcgp     tobgp
25-34 0-39g/day 0-9g/day        0        40
                10-19           0        10
                20-29           0         6
                30+             0         5
      40-79     0-9g/day        0        27
                10-19           0         7
                20-29           0         4
                30+             0         7
      80-119    0-9g/day        0         2
                10-19           0         1
                20-29           0         0
                30+             0         2
      120+      0-9g/day        0         1
                10-19           1         1
                20-29           0         1
                30+             0         2
35-44 0-39g/day 0-9g/day        0        60
                10-19           1        14
                20-29           0         7
                30+             0         8

(생략)

75+   0-39g/day 0-9g/day        1        18
                10-19           2         6
                20-29           0         0
                30+             1         3
      40-79     0-9g/day        2         5
                10-19           1         3
                20-29           0         3
                30+             1         1
      80-119    0-9g/day        1         1
                10-19           1         1
                20-29           0         0
                30+             0         0
      120+      0-9g/day        2         2
```

```
            10-19        1        1
            20-29        0        0
            30+          0        0

> # ftable(xtab()) 함수: 더 작은 요인에 대해 적용
> ftable(xtabs(cbind(ncases, ncontrols) ~ agegp, data=esoph))
      ncases ncontrols
agegp
25-34      1       116
35-44      9       199
45-54     46       213
55-64     76       242
65-74     55       161
75+       13        44
```

(예 2) xtabs() 함수 적용 예: 배열 형태의 자료에 대해 적용

```
> str(UCBAdmissions)
 'table' num [1:2, 1:2, 1:6] 512 313 89 19 353 207 17 8 120 205 ...
 - attr(*, "dimnames")=List of 3
  ..$ Admit : chr [1:2] "Admitted" "Rejected"
  ..$ Gender: chr [1:2] "Male" "Female"
  ..$ Dept  : chr [1:6] "A" "B" "C" "D" ...

> DF <- as.data.frame(UCBAdmissions)    # UCBAdmissions: 테이블 객체(2*2*6)
> DF
     Admit Gender Dept Freq
1  Admitted   Male    A  512
2  Rejected   Male    A  313
3  Admitted Female    A   89
4  Rejected Female    A   19
5  Admitted   Male    B  353
(생략)
23 Admitted Female    F   24
24 Rejected Female    F  317

> xtabs(Freq ~ Gender + Admit, DF)
        Admit
Gender   Admitted Rejected
  Male       1198     1493
  Female      557     1278

> summary(xtabs(Freq ~ ., DF))   # 독립성검정의 결과 제공
> # summary(UCBAdmissions) 결과와 동일
Call: xtabs(formula=Freq ~ ., data=DF)
Number of cases in table: 4526
Number of factors: 3
```

```
Test for independence of all factors:
      Chisq = 2000.3, df = 16, p-value = 0
```

(해석) 3개의 범주형 변수가 서로 독립이라는 가설(즉, 독립성 모형)을 기각할 만한 근거가 충분하다. 위의 결과에서 자유도(df)는 24(칸의 수)-8(추정할 모형의 모수 개수)=16이다.

(예 3) 분할표 작성 예제: CrossTable{gmodels} 함수 이용

```
> str(infert)
> # infert 자료는 인공유산(induced), 자연유산(spontaneous) 후의 출산아수(parity)을 대응 사례-대조(matched case-control) 연구로 조사한 자료임
'data.frame':   248 obs. of  8 variables:
 $ education     : Factor w/ 3 levels "0-5yrs","6-11yrs",..: 1 1 1 1 2 2 2 2 2 2 ...
 $ age           : num  26 42 39 34 35 36 23 32 21 28 ...
 $ parity        : num  6 1 6 4 3 4 1 2 1 2 ...
 $ induced       : num  1 1 2 2 1 2 0 0 0 0 ...
 $ case          : num  1 1 1 1 1 1 1 1 1 1 ...
 $ spontaneous   : num  2 0 0 0 1 1 0 0 1 0 ...
 $ stratum       : int  1 2 3 4 5 6 7 8 9 10 ...
 $ pooled.stratum: num  3 1 4 2 32 36 6 22 5 19 ...

> library(gmodels)
> data(infert, package="datasets")
>  CrossTable(infert$education,  infert$induced,  expected=TRUE,  dnn=c("Education", "Induced"))   # dnn= 옵션은 결과에서 차원 이름을 정해줌(dimension names)

   Cell Contents
|-------------------------|
|                       N |
|              Expected N |
| Chi-square contribution |
|           N / Row Total |
|           N / Col Total |
|         N / Table Total |
|-------------------------|

Total Observations in Table:  248

             | Induced
   Education |         0 |         1 |         2 | Row Total |
-------------|-----------|-----------|-----------|-----------|
      0-5yrs |         4 |         2 |         6 |        12 |
             |     6.919 |     3.290 |     1.790 |           |
             |     1.232 |     0.506 |     9.898 |           |
             |     0.333 |     0.167 |     0.500 |     0.048 |
```

```
             |     0.028 |     0.029 |     0.162 |           |
             |     0.016 |     0.008 |     0.024 |           |
-------------|-----------|-----------|-----------|-----------|
     6-11yrs |        78 |        27 |        15 |       120 |
             |    69.194 |    32.903 |    17.903 |           |
             |     1.121 |     1.059 |     0.471 |           |
             |     0.650 |     0.225 |     0.125 |     0.484 |
             |     0.545 |     0.397 |     0.405 |           |
             |     0.315 |     0.109 |     0.060 |           |
-------------|-----------|-----------|-----------|-----------|
     12+ yrs |        61 |        39 |        16 |       116 |
             |    66.887 |    31.806 |    17.306 |           |
             |     0.518 |     1.627 |     0.099 |           |
             |     0.526 |     0.336 |     0.138 |     0.468 |
             |     0.427 |     0.574 |     0.432 |           |
             |     0.246 |     0.157 |     0.065 |           |
-------------|-----------|-----------|-----------|-----------|
Column Total |       143 |        68 |        37 |       248 |
             |     0.577 |     0.274 |     0.149 |           |
-------------|-----------|-----------|-----------|-----------|


Statistics for All Table Factors


Pearson's Chi-squared test
------------------------------------------------------------
Chi^2 =  16.53059     d.f. =  4     p =  0.002383898


Warning message:
In chisq.test(t, correct = FALSE, ...) :
  Chi-squared approximation may be incorrect

> # 아래 명령어도 유사한 결과를 제공함
> CrossTable(infert$education, infert$induced, expected=TRUE, format="SAS")
> CrossTable(infert$education, infert$induced, expected=TRUE, format="SPSS")
```

12.3.2 분할표 자료의 시각화

다음의 함수는 분할표(범주형) 자료를 시각화하는 데 유용하다.

- barplot() 함수: 막대 그림을 보여준다.
- mosaicplot() 또는 mosaic{vcd} 함수: 분할표의 모자이크 플롯을 보여준다.
- assocplot() 함수: 이차원 분할표에서 행과 열의 독립성으로부터의 편차를 나타내는 연관성 그림이다.

- fourfoldplot() 함수: $2 \times 2 \times k$ 분할표에서 한 개 또는 여러 개 층(strata)에서 두 이진형 변수 간의 연관성을 보여주는 4-중첩 그림이다.

(a) barplpot() 함수의 적용 예

```
> Admit.by.Dept <- margin.table(UCBAdmissions, c(1,3))
> Admit.by.Dept
          Dept
Admit        A   B   C   D   E   F
  Admitted 601 370 322 269 147  46
  Rejected 332 215 596 523 437 668

> par(mfrow=c(1,2))
> barplot(Admit.by.Dept, col=c("green", "blue"))
> barplot(Admit.by.Dept, beside=T, ylim=c(0,1000), legend=T, col=c("green", "blue"),
          main="Admissions by Department")
```

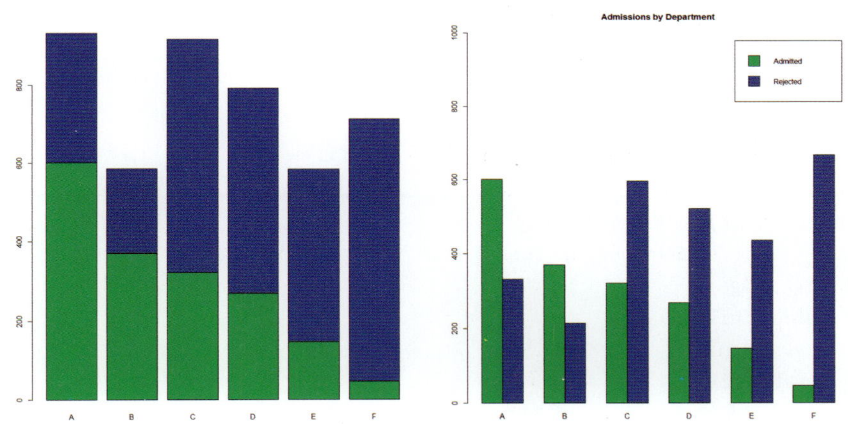

(b) mosaicplot() 함수의 적용 예

```
> data(Titanic)
> str(Titanic)     # Titanic은 테이블 객체의 자료임
 table [1:4, 1:2, 1:2, 1:2] 0 0 35 0 0 0 17 0 118 154 ...
 - attr(*, "dimnames")=List of 4
  ..$ Class   : chr [1:4] "1st" "2nd" "3rd" "Crew"
  ..$ Sex     : chr [1:2] "Male" "Female"
  ..$ Age     : chr [1:2] "Child" "Adult"
  ..$ Survived: chr [1:2] "No" "Yes"
```

```
> mosaicplot(Titanic, main="Survival on the Titanic", color=c("red", "blue"))
> # 아래 명령과 동일: colors= 는 공식에서 마지막 예측변수에 적용됨
> # mosaicplot( ~ Class+Sex+Age+Survived, data=Titanic, color=c("red", "blue"))
> # mosaic{vcd} 함수도 모자이크 플롯을 제공함
```

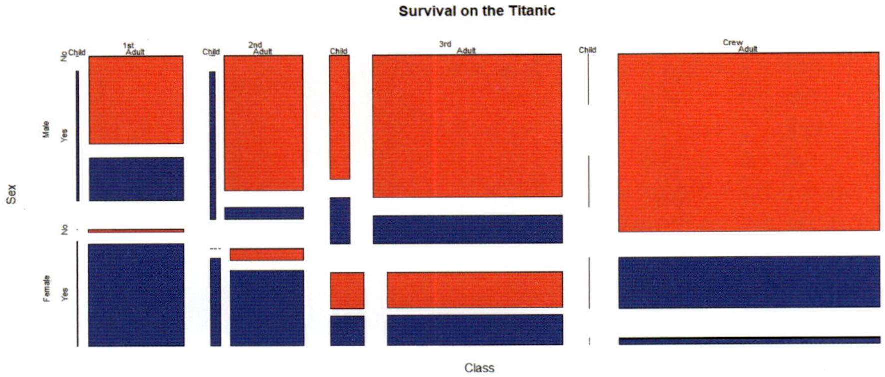

(해석) 다차원의 분할표 자료를 시각화한 것으로, 해당 칸의 면적은 관측 빈도에 비례한다. 다차원의 분할표에서 해당 칸의 빈도를 상대적으로 파악하는 데 유용하다.

위 그림의 해석을 위해 다음의 표와 비교해 보기 바란다.

```
> ftable(Titanic)    # 분할표를 작성
                   Survived  No Yes
Class Sex    Age
1st   Male   Child            0   5
             Adult          118  57
      Female Child            0   1
             Adult            4 140
2nd   Male   Child            0  11
             Adult          154  14
      Female Child            0  13
             Adult           13  80
3rd   Male   Child           35  13
             Adult          387  75
      Female Child           17  14
             Adult           89  76
Crew  Male   Child            0   0
             Adult          670 192
      Female Child            0   0
             Adult            3  20
```

(c) assocplot()과 fourfoldplot()의 적용 예

```
> (mt.1 <- margin.table(Titanic, c(1,4)))
> # 1, 4-번째 변수(Class, Survived)에 대한 주변표(marginal table)
      Survived
Class    No Yes
  1st   122 203
  2nd   167 118
  3rd   528 178
  Crew 673 212

> assocplot(mt.1)
```

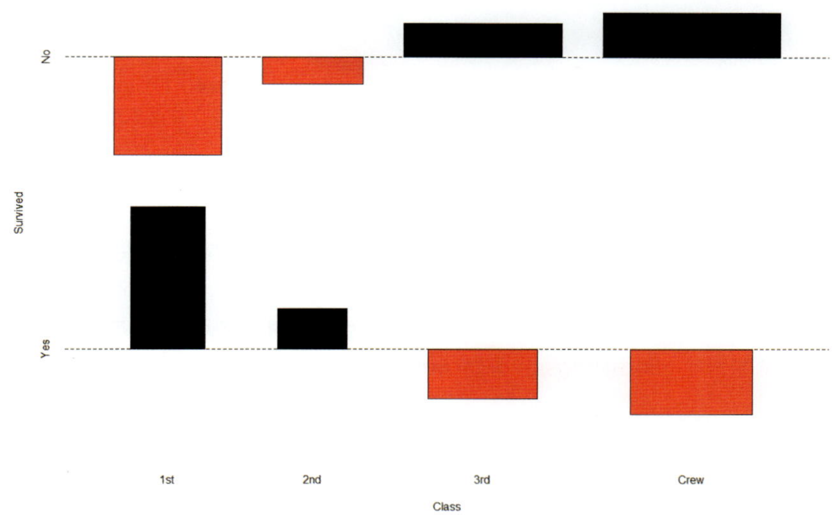

(해석) 각 칸의 관측도수가 독립성으로부터 (양 또는 음의 방향으로) 얼마나 벗어났는지를 나타내는 그림이다. 즉, 각 칸별로 $(O_i - E_i)$를 나타낸 그림으로 면적이 클수록 독립성을 벗어난 정도가 크다고 할 수 있다. 독립성이 위배될 때 어느 칸의 영향이 큰지를 파악할 수 있으며, 부호에 대해서도 추가적인 해석이 가능하다(독립으로부터 과대 또는 과소 관측 여부).

```
> (mt.2 <- margin.table(Titanic, c(2,4)))
        Survived
Sex        No  Yes
  Male   1364  367
  Female  126  344

> fourfoldplot(mt.2)    # 4-중첩 그림
```

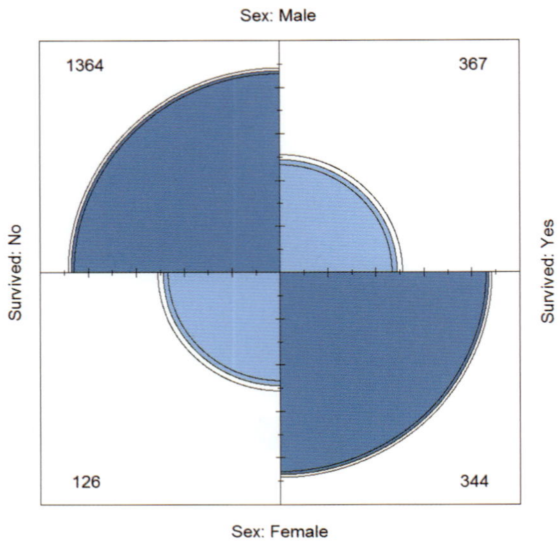

(해석) 각 코너의 값들은 원시(빈도)자료이다. 사분원의 면적은 원시자료의 오즈비($\approx$ 10.15)와 동일한 값을 가지며, 동시에 행과 열의 주변합이 같아지도록 원시자료를 표준화한 값이다. 오즈비는 1에서 벗어날수록 두 변수 간의 독립성이 위배되므로 사분원 면적의 크기가 모두 비슷할수록 두 변수가 독립에 가깝다고 말할 수 있다. 또한 원의 호(arc)는 오즈비에 대한 99% 신뢰구간을 나타내며, 오즈비가 1로부터 유의하게 벗어나지 않으면 인접한 사분원의 신뢰 링(rings)은 중첩(overlap)되게 나타난다.

이상에서 소개한 기본 함수 외에 R 패키지 {vcd}와 {vcdExtra}는 다양한 범주형 자료의 시각화 함수를 제공한다. vsd는 'visualizing categorical data'의 약어이다.

(d) 모자이크 플롯의 활용 – 변수 쌍에 대한 모자이크 플롯

pairs{vcd} 함수는 범주형 변수 쌍에 대해 모자이크 플롯을 제공한다.

```
> library(vcd)
> pairs(Titanic)   # Titanic은 테이블 객체임
> pairs(Titanic, diag_panel=pairs_diagonal_text)   # 아래에서 오른쪽 그림
```

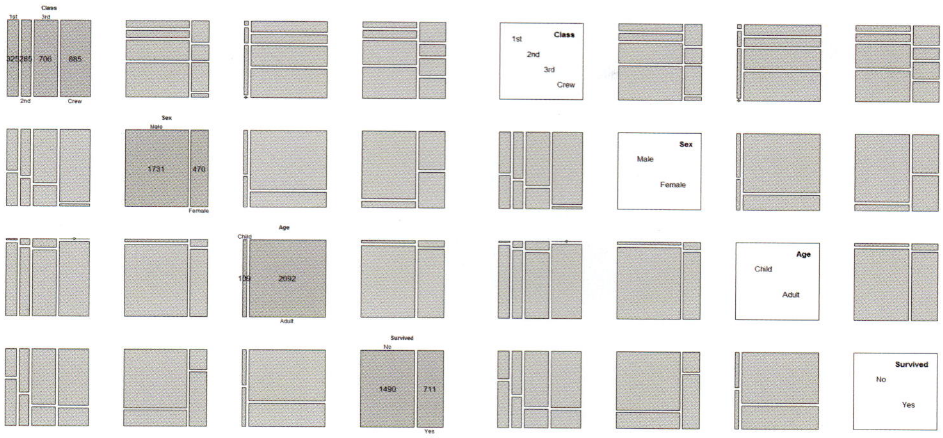

(e) 모자이크 플롯의 활용 – 동적 3차원 모자이크 플롯

mosaic3d{vcdExtra} 함수는 테이블 객체에 대해 동적 3차원 모자이크 플롯을 제공한다.

```
> library(vcdExtra)
> mosaic3d(Bartlett, box=TRUE)    # 동적 그래픽으로 상하좌우 회전이 가능함
```

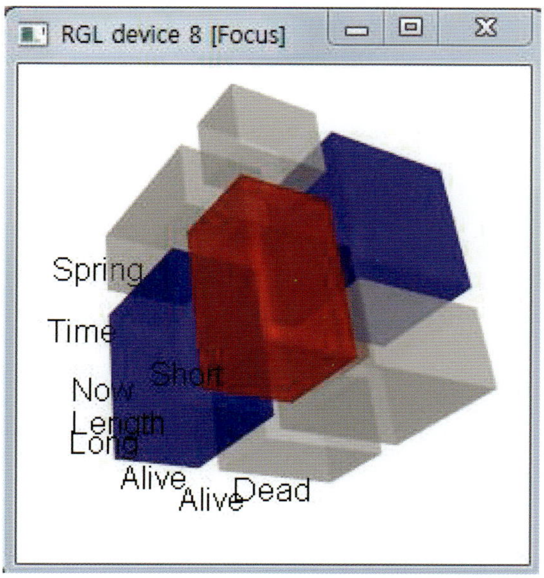

13장

명목형 변수

13.1 2×2 분할표

이 장에서는 두 범주형 변수가 명목형(nominal)인 경우의 연관성 측도를 다룬다. 이차원 분할표의 형태가 2×2인 경우와 $r\times c$인 경우로 나누어 소개한다.

2×2 분할표의 자료 형태는 다음과 같다(편의상, 해당 칸에 a,b,c,d를 함께 표기함).

변수 1(A)	변수 2(B)		합계
	B_1	B_2	
A_1	$n_{11}(a)$	$n_{12}(b)$	$n_{1\cdot}$
A_2	$n_{21}(c)$	$n_{22}(d)$	$n_{2\cdot}$
합계	$n_{\cdot1}$	$n_{\cdot2}$	n

두 명목형 변수 간의 연관성 측도를 소개한다.

13.1.1 파이계수

파이계수는 2×2 명목형 분할표에서 가장 많이 사용되는 연관성 측도이다. 파이계수(phi coefficient)는 이진형 변수에 대해 피어슨(Pearson) 상관계수를 구한 것으로, $-1\sim1$의 값을 가지며, 그 해석도 피어슨 상관계수와 유사하다. 파이계수는 다음과 같이 정의된다.

$$\phi=\frac{ad-bc}{\sqrt{(a+b)(c+d)(a+c)(b+d)}}.$$

또한, 파이계수는 카이제곱 통계량과 매우 관련이 있으며 다음의 관계가 성립한다. 이 값은 $0\sim1$의 값을 가지며, 1에 가까울수록 연관성이 크다.

$$\phi=\sqrt{\frac{\chi^2}{n}}.$$

유의 1. 위에서 정의된 파이계수의 두 가지 정의는 부호만큼의 차이만 있으며(절대 크기는 동일함), 범주의 배열 순서가 무의미한 경우에는 부호가 무시된 후자의 정의를 사용하여도 무방하다(한 개 변수만 배열 순서를 바꾸면 파이계수의 부호는 반대가 된다).
2. (단점) 파이계수는 주변빈도에 영향을 받는다는 단점이 있다.

비교 효과크기: Cohen's h

두 비율의 차이에 대한 효과크기로 사용되는 Cohen의 h(Cohen's h)는 행 또는 열의 비율을 비교하는 것이 타당한 경우 2×2 분할표에서 사용할 수 있다. 비율은 알지만, 실제 빈도는 알 수 없는 경우에도 사용할 수 있다. 0은 비율의 차이가 없음을 나타내며, $0\sim1$의 비율 차이는 $-\pi\sim\pi$의 값으로 나타난다.

13.1.2 오즈비

오즈비(odds ratio)는 일부의 2×2 분할표에 적합하다. 오즈비는 그룹 간의 이변량 응답을 설명할 때 유용하다(예를 들어, 남성과 여성 간에 질병의 유무 또는 방법 간에 성공과 실패를 나타내는 분할표). 오즈비는 행(또는 열) 기준의 오즈에 대한 비를 구한 것으로 다음과 같이 정의된다.

$$OR = \frac{a/b}{c/d} = \frac{a/c}{b/d} = \frac{ad}{bc}.$$

오즈비가 1이면 각 행(또는 열)별로 오즈가 동일하므로, 두 범주형 변수 간에 연관성이 없음을 나타낸다. 오즈비가 1로부터 떨어진 정도(degree)는 두 변수 간의 연관성을 나타낸다.

오즈비는 두 가지 중요한 특징을 가진다. 첫째, 행 또는 열에 상수 배를 하여도 그 값이 변하지 않는다. 둘째, 이진 변수의 범주가 바뀌어도 영향을 받지 않는다. 그 이유는 오즈비의 역수값은 동일한 연관성의 크기를 나타내기 때문이다. 오즈비의 단점으로는 n_{12} 또는 n_{21}이 영(0)인 경우에는 정의가 되지 않는다. 이때는 모든 칸에 1/2을 더해주어 문제를 해결한다.

13.1.3 기타 측도

기타의 측도로는 율의 측도, 분할 계수 등이 있으나 널리 사용되지는 않는다.

(a) 율의 측도(Yule's measure)

율의 Q와 Y 측도가 있다. 율의 Q는 오즈비를 $-1 \sim 1$의 척도(scale)로 변환한 측도이다(율의 Y도 유사한 측도임). Warren(2008)은 율의 Q가 '통계적 독립하에서 0이 되고, 최대는 1, 최소는 -1을 가지는 계수' 가운데 하나임을 보였다.

$$Q = \frac{OR-1}{OR+1} \left(= \frac{ad-bc}{ad+bc}\right).$$

$$Y = \frac{\sqrt{OR}-1}{\sqrt{OR}+1}.$$

여기서 $OR = ad/bc$이다.

(b) 피어슨의 분할계수(contingency coefficient) 또는 크래머 C(Cramer's C)

$$C = \sqrt{\frac{\chi^2}{\chi^2+n}}.$$

(c) 매튜스의 상관계수

최근 기계학습 분야에서 이진 분류모형의 성능을 평가하는 측도로 매튜스의 상관계수(Matthews Correlation Coefficient, 이하 MCC)를 많이 사용한다. 2×2 분할표에서 MCC는 파이계수와 동일한 측도로, 다음의 정오분류행렬(confusion matrix)로부터 아래와 같이 정의된다.

실제	예측	
	양성(P)	음성(N)
양성(P)	TP	FN
음성(N)	FP	TN

$$MCC = \frac{TP\times TN - FN\times FP}{\sqrt{(TP+FN)(FP+TN)(TP+FP)(FN+TN)}}.$$

MCC는 카이제곱 통계량과는 다음의 관계가 성립한다.

$$|MCC| = \sqrt{\frac{\chi^2}{n}}.$$

MCC는 파이계수와 마찬가지로 $k\times k$ 정오분류행렬로도 확장되며, 이는 여러 클래스의 분류 모형의 성능을 비교하는 측도로 사용된다.

■ 기계학습 분야에서 모형의 성능을 평가할 때, 매튜스의 상관계수는 통상적으로 사용되는 측도인 정확도(accuracy)나 $F1$-점수($F1$-score)의 단점을 보완해준다.

$$\text{정확도} = \frac{TP+TN}{TP+TN+FP+FN},\quad F1\text{-점수} = \frac{2TP}{2TP+FP+FN}.$$

예를 들어, 위의 두 측도는 매우 불균형이 심한 자료의 경우 성능에 대해 과대평가의 오류를 범하거나, 양성 클래스를 무엇으로 선택하느냐에 따라 영향을 받는 단점이 있다. 매튜스의 상관계수는 정오분류행렬의 4가지 범주의 균형 비율을 고려하기 때문에 위의 두 측도에 비해 더 많은 정보를 제공해 줄 뿐 아니라, 양성 클래스의 선택에도 영향을 받지 않는다.

예제 13.1

다음 표는 남편과 아내의 흡연상태를 조사한 자료이다.

아내	남편		계
	흡연	비흡연	
흡연	42	22	64
비흡연	32	81	113
계	74	103	177

카이제곱 독립성검정의 결과는 다음과 같다.

$$\chi^2=23.374,\ \text{d.f.}=1,\ \text{p-value}=1.334\text{e-}06.$$

위의 공식을 적용하여 연관성 측도를 계산하면 다음과 같다.

- 오즈비: $OR = 4.832$
- 율의 측도: $Q=0.657,\ Y=0.375$
- 피어슨의 분할계수 또는 크래머 C: $C==0.342$
- 파이계수: $\phi=0.363$
- 매튜스의 상관계수: $MCC=0.363$

위의 결과 중 MCC는 파이계수와 같지만, 다음 식을 통해 계산될 수도 있다.

$$MCC=\frac{(42+81)\times 177-(64\times 74)-(113\times 103)}{\sqrt{177^2-74^2-103^2}\sqrt{177^2-64^2-113^2}}=0.363.$$

위 식에서 분자와 분모는 각각 다음과 같이 이해될 수 있다.

- 분자: (대각빈도의 합)×(총빈도)− $\sum$(대각 주변빈도의 곱)
- 분모: {(총빈도)^2 − $\sum$(행 주변빈도)^2}×{(총빈도)^2 − $\sum$(열 주변빈도)^2}의 제곱근

위의 MCC 계산법은 $k\times k$ 분할표에서도 유사하게 적용된다.

[R 코드]

```
> smoke <- matrix(c(42,22,32,81), 2,2, byrow=T,
                  dimnames=list("wife" = c("Y", "N"),
                                "husband" = c("Y", "N")))
```

```
> smoke
    husband
wife  Y  N
   Y 42 22
   N 32 81

> chisq.test(smoke, correct=F)

	Pearson's Chi-squared test

data:  smoke
X-squared = 23.374, df = 1, p-value = 1.334e-06

> library(DescTools)
> OddsRatio(smoke)
[1] 4.832386
> YuleQ(smoke)
[1] 0.6570872
> YuleY(smoke)
[1] 0.3746617
> ContCoef(smoke)
[1] 0.3415422
> Phi(smoke)
[1] 0.3633944

> library(mltools)
> mcc(confusionM = smoke)
[1] 0.3633944
```

13.2 $r \times c$ 분할표

$r \times c$ 이차원 분할표에 대한 연관성 측도를 소개한다. 2×2에서 소개한 파이계수의 확장으로 카이제곱 통계량에 기초한 측도와 그 외의 측도를 소개한다.

13.2.1 카이제곱 통계량에 기초한 측도

앞 절(2×2 분할표)에서 소개된 피어슨의 분할계수와 파이계수는 $r \times c$ 분할표에서도 동일하게 정의된다. 이들 계수와 함께 $r \times c$ 분할표에서는 다음의 척도가 유용하다. 이 가운데 크래머

V 측도가 가장 널리 사용된다. 다음의 두 측도는 모두 $0 \sim 1$의 값을 가지며, 1은 완벽한 연관성을 나타낸다.

(a) 크래머 V(Cramer's V): $V = \sqrt{\dfrac{\chi^2}{n \times df}}, \quad df = \min(r-1, c-1).$

(b) 츄프로우 T(Tschuprow's T): $T = \sqrt{\dfrac{\chi^2}{n\sqrt{(r-1)(c-1)}}}.$

정방행렬의 경우에는 두 측도가 동일하며, 특히 $r = c = 2$ 경우에는 파이계수와도 일치한다.

크래머 V에 대한 해석으로 Rea와 Parker(1992)는 [표 13.1]과 같이 제안하였다.

[표 13.1] 크래머 V에 대한 해석

크래머 V	해석
$0.00 \le V < 0.10$	무시할 만함
$0.10 \le V < 0.20$	약한 연관성
$0.20 \le V < 0.40$	보통의 연관성
$0.40 \le V < 0.60$	비교적 강한 연관성
$0.60 \le V < 0.80$	강한 연관성
$0.80 \le V < 1.00$	매우 강한 연관성

참고 효과크기: Cohen's ω

카이제곱 검정에서 효과크기로 사용되는 코헨의 오메가(Cohen's ω)[15]는 크래머 V와 유사하지만, 상한값이 1로 제한되지는 않는다.

15) Cohen의 ω(오메가)에 대해서는 17.2절을 참고하기 바란다.

예제 13.2

다음은 남편과 아내의 흡연상태를 조사한 자료이다(1:비흡연, 2;약함, 3:중간, 4:강함).

아내(W)	남편(H)				계
	H_1	H_2	H_3	H_4	
W_1	42	18	4	0	64
W_2	12	22	8	2	44
W_3	18	6	10	6	40
W_4	2	8	12	7	29
계	74	54	34	15	177

카이제곱 독립성검정의 결과는 다음과 같다.

$$\chi^2=58.6607,\ \text{d.f.}=9,\ \text{p-value}=0.000.$$

위의 공식을 적용하여 연관성 측도를 계산하면 다음과 같다.

- 크래머 V: $V=0.332$
- 츄프로우 T: $T=0.332$
- 피어슨의 분할계수(또는 크래머 C): $C=0.499$
- 파이계수: $\phi=0.576.$
- 매튜스의 상관계수: $MCC=0.245$

여기서 MCC는 [예제 13.1]에서 소개한 방식으로 계산하면 다음과 같다.

$$MCC=\frac{(42+22+10+7)\times177-(64\times74)-(44\times54)-(40\times34)-(29\times15)}{\sqrt{177^2-64^2-44^2-40^2-29^2}\sqrt{177^2-74^2-54^2-34^2-15^2}}$$
$$=0.245.$$

[R 코드]

```
> smoke2 <- matrix(c(42,18,4,0,
                     12,22,8,2,
                     18,6,10,6,
                     2,8,12,7), 4,4, byrow=T,
           dimnames=list("wife" = c("No", "weak", "moderate", "strong"),
                         "husband" = c("No", "weak", "moderate", "strong")))
```

```
> smoke2
          husband
wife       No weak moderate strong
  No       42   18        4      0
  weak     12   22        8      2
  moderate 18    6       10      6
  strong    2    8       12      7

> chisq.test(smoke2,correct=F)

	Pearson's Chi-squared test

data:  smoke2
X-squared = 58.661, df = 9, p-value = 2.427e-09

> library(DescTools)
> CramerV(smoke2)
[1] 0.3323735
> TschuprowT(smoke2)
[1] 0.3323735
> ContCoef(smoke2)
[1] 0.4989191
> Phi(smoke2)
[1] 0.5756878
> library(mltools)
> mcc(confusionM=smoke2)
[1] 0.2446333
```

13.2.2 람다계수

두 명목형 변수 간의 연관 강도를 나타내는 측도로, Goodman과 Kruskal의 람다계수(lambda coefficient)는 한 변수를 독립변수로 다른 변수를 종속변수로 간주하여 독립변수가 종속변수를 예측하는 데 얼마나 기여하는지를 나타낸다. 보다 구체적으로, 독립변수가 종속변수를 예측하는 데 있어 예측 오류를 얼마나 감소시키는지의 비율을 나타낸다. 이 값은 0 ~ 1의 값을 가지며, 0이면 예측에 전혀 도움을 주지 못함을 뜻하며, 이때 두 변수 간에는 연관성이 전혀 없다고 말할 수 있다.

람다계수는 대칭 람다계수와 비대칭 람다계수가 있다. 비대칭(asymmetric) 람다계수는 어느 한 변수가 독립변수이고 다른 변수가 종속변수인 경우에 해당하며, 대칭(symmetric) 람다계수는 이를 구분하지 않을 때에 해당하며 두 비대칭 람다계수의 평균으로 구해진다.

비대칭 람다계수는 다음과 같이 정의된다.

$$\lambda = \frac{\epsilon_1 - \epsilon_2}{\epsilon_1}.$$

여기서 ϵ_1과 ϵ_2는 다음과 같다.

ϵ_1 = 종속변수의 비-최빈(non-modal) 주변빈도.

ϵ_2 = 독립변수의 범주별 비-최빈(non-modal) 빈도의 합.

예를 들어, 행을 독립변수, 열을 종속변수라고 할 때, 비대칭 람다계수($\lambda_{C|R}$)는 다음의 식을 통해 계산된다.

$$\lambda_{C\,|\,R} = \frac{(n - \max_j n_{.j}) - (n - \sum_{i=1}^{r} \max_j n_{ij})}{n - \max_j n_{.j}}$$

$$= \frac{\sum_{i=1}^{r} \max_j n_{ij} - \max_j n_{.j}}{n - \max_j n_{.j}}.$$

[예제 13.2]의 자료로부터 람다계수를 구하면 다음과 같다.

아내(W)	남편(H)				계
	H_1	H_2	H_3	H_4	
W_1	42	18	4	0	64
W_2	12	22	8	2	44
W_3	18	6	10	6	40
W_4	2	8	12	7	29
계	74	54	34	15	177

$$\lambda_{H|W} = \frac{(42+22+18+12)-74}{177-74} = \frac{20}{103} \approx 0.194,$$

$$\lambda_{W|H} = \frac{(42+22+12+7)-64}{177-64} = \frac{19}{113} \approx 0.168,$$

$$\lambda = \frac{0.194+0.168}{2} = 0.181.$$

[R 코드]

```
> library(DescTools)
> Lambda(smoke2, direction="row")
[1] 0.1681416
> Lambda(smoke2, direction="col")
[1] 0.1941748
> Lambda(smoke2)
[1] 0.1805556
```

13.2.3 그 외의 측도

람다계수와 유사한 명목형 변수에 대한 연관성 측도로는 Goodman과 Kruskal의 타우(τ)와 Theil의 불확실성 계수(uncertainty coefficient)가 있다. 이 가운데 불확실성 계수는 정보 엔트로피(information entropy)의 개념에 기초한 것으로, 한 변수가 주어질 때 다른 변수 정보를 얼마나 설명하는지의 비율을 나타내는 값으로, 엔트로피 계수로도 불린다. 불확실성 계수는 통계적 분류알고리즘의 평가 측도로 유용하며, 다른 클래스 간의 비율이나 재정렬에 영향을 받지 않는다는 장점이 있어, 더 간단한 정확도 측도인 정밀도(precision)나 재현율(recall)보다 이점을 가진다[16].

16) 정밀도와 재현율 측도에 대해서는 「R 데이터마이닝(나종화)」을 참고하기 바란다.

14장

순서형 변수

이 장에서는 두 범주형 변수 가운데 하나 또는 그 이상이 순서적(ordinal)인 경우의 연관성 측도를 다룬다.

14.1 순서형 분할표

이 절에서는 이차원 분할표에서 두 변수가 모두 순서적인 경우의 연관성 측도를 다룬다. 한 변수가 커질 때, 다른 변수의 값도 커지는 자료 쌍을 부합인 쌍(concordant pairs), 작아지는 쌍을 비부합인 쌍(discordant pairs)이라 하고, P, Q 등을 다음과 같이 정의하자.

P = 부합인 쌍의 수

Q = 비부합인 쌍의 수

T_R = 행이 동점인 쌍의 수

T_C = 열이 동점인 쌍의 수

여기서 $P+Q=\binom{n}{2}=\frac{n(n-1)}{2}$ 이다.

다음 소개되는 여러 가지 연관성 측도는 모두 $-1\sim 1$의 값을 가지며, $1(-1)$에 가까울수록 강한 양(음)의 연관성을 가지며, 0은 연관성이 없음을 뜻한다.

14.1.1 감마계수

Goodman과 Kruskal이 제안한 감마계수(gamma coefficient)는 동점인 자료를 고려치 않으며 다음과 같이 정의된다.

$$\gamma=\frac{P-Q}{P+Q}.$$

감마계수는 $r=c=2$인 경우 율의 Q와 같다.

14.1.2 캔달의 타우 $b(\tau_b)$와 타우 $c(\tau_c)$

캔달의 타우(Kendall's tau)는 동점을 고려한 측도(τ_b)와 고려치 않은 측도(τ_c)가 있다. τ_b는 분할표가 정방형(square)인 경우, τ_c는 비정방형(non−square)인 경우에 보다 적합하다. 예를 들어, 한 변수가 5점 척도이고, 다른 한 변수가 10점 척도인 경우 τ_c 측도가 더 유용하다.

$$\tau_b=\frac{P-Q}{\sqrt{(P+Q+T_R)(P+Q+T_C)}} \text{ (정방형 분할표)},$$

$$\tau_c=\frac{2q(P-Q)}{n^2(q-1)},\ q=\min(r,c) \text{ (비정방형 분할표)}.$$

14.1.3 소머스의 d

앞서 소개한 두 측도(감마계수와 캔달의 타우)는 두 변수에 대해 독립변수와 종속변수의 구분 없이 대칭적으로 다루었다. 반면, 소머스의 d(Somers' d)는 두 변수를 독립변수와 종속변수로 구분하여 비대칭적으로 다룬 측도이다. 예를 들어, $d_{C|R}$는 행 변수가 독립변수로 주어질 때, 행 변수가 동점이 아닌 자료 쌍 가운데 (부합인 쌍의 수 - 비부합인 쌍의 수)가 차지하는 비율을 나타낸다.

$$d_{C|R} = \frac{P-Q}{P+Q+T_C}.$$

마찬가지로, 열 변수가 독립변수인 경우에는

$$d_{R|C} = \frac{P-Q}{P+Q+T_R}$$

이고, 두 변수를 대칭적으로 다룰 경우에는 다음과 같이 주어진다.

$$d = \frac{P-Q}{[(P+Q+T_R)+(P+Q+T_C)]/2}.$$

예제 14.1

다음은 남편과 아내의 흡연상태를 조사한 자료이다(1: 비흡연, 2; 약함, 3: 중간, 4: 강함).

아내(W)	남편(H)			
	H_1	H_2	H_3	H_4
W_1	42	18	4	0
W_2	12	22	8	2
W_3	18	6	10	6
W_4	2	8	12	7

위의 자료로부터 P, Q, T_R, T_C를 구하면 다음과 같다.

$$P = 42\times(22+8+\cdots+7)+18\times(8+2+\cdots+7)+\cdots+6\times(12+7)+10\times7 = 6404.$$
$$Q = 2\times(6+10+\cdots+0)+8\times(10+6+\cdots+0)+\cdots+22\times(4+0)+8\times0 = 1916.$$
$$T_R = 42\times(18+4+0)+18\times(4+0)+\cdots+8\times(12+7)+12\times7 = 2458.$$
$$T_C = 42\times(12+18+2)+12\times(18+2)+\cdots+2\times(6+7)+6\times7 = 3108.$$

이 결과를 이용하여 연관성 척도를 계산하면 다음과 같다.

- 감마계수: $\gamma = 0.5394$
- 캔달의 타우: $\tau_b = 0.404$, $\tau_c = 0.382$
- 소머스의 d: $d_{R \mid C} = 0.416$, $d_{C \mid R} = 0.393$, $d = 0.404$

[R 코드]

```
> library(DescTools)
> GoodmanKruskalGamma(smoke2)     # 감마계수
[1] 0.5394231
> KendallTauB(smoke2)     # 켄달의 타우
[1] 0.4043884
> StuartTauC(smoke2)
[1] 0.3820103
> ConDisPairs(smoke2)     # 부합 및 비부합인 쌍의 수
$pi.c
     [,1] [,2] [,3] [,4]
[1,]   81   45   15    0
[2,]   49   77   73   64
[3,]   27   73  101  106
[4,]    0   72  118  140

$pi.d
     [,1] [,2] [,3] [,4]
[1,]    0   32   68   98
[2,]   22   24   34   56
[3,]   54   16   12   22
[4,]   76   30    8    0

$C
[1] 6404

$D
[1] 1916

> library(ryouready)
> ord.somers.d(smoke2)     # 소머스의 d
Somers' d:
       Columns dependent: 0.393
       Rows dependent: 0.416
       Symmetric: 0.404
```

14.2 혼합형 분할표

이 절에서는 한 변수는 명목형이고 다른 변수는 순서형인 혼합형 분할표 자료에 대한 연관성 측도를 소개한다.

14.2.1 에타계수/에타제곱

명목형과 연속형 변수에 대한 연관성 측도인 에타계수를 먼저 소개한 뒤, 이를 명목형과 순서형의 경우로 확장하기로 한다. 이때 명목형과 연속형의 두 변수 간에는 선형적인 연관성을 정의할 수 없으므로(명목형은 순서적인(크기의) 의미가 없으므로) 여기에서 연관성이란 비선형적(nonlinear) 또는 곡선적인(curvlinear) 연관성을 의미한다.

(ⅰ) 명목형 vs 연속형(ANOVA 형)

에타계수(eta coefficient) 또는 에타상관비(eta correlation ratio)는 명목형인 독립변수(예: 성별, 직업, 민족)와 구간 또는 비례 척도인 연속형의 종속변수(예: 소득, 체중, 점수) 간의 연관 정도를 나타내는 측도로 다음과 같이 정의된다.

$$\eta = \sqrt{\frac{SSB}{SST}}.$$

여기서 SST와 SSB는 다음과 같이 정의된다.

$$SST = \text{총 제곱합(total sum of squares)},$$
$$SSB = \text{그룹-간 제곱합(between sum of squares)}.$$

비선형적인 연관성 정도를 나타내는 에타계수는 $0 \sim 1$의 값을 가지며, 연관성의 방향(긍정적 또는 부정적)을 결정하지는 못한다는 점에 유의하기 바란다. 에타계수에 대한 해석은 부호가 무시된 피어슨 상관계수와 유사하다([표 14.1] 참고).

[표 14.1] 에타계수에 대한 해석

에타계수	해석
0.00	연관성이 없음
0.01 – 0.19	무시할 만함
0.20 – 0.39	약한 연관성
0.40 – 0.69	중간 정도의 연관성
0.70 – 1.00	강한 연관성

참고 에타제곱 η^2

1. (결정계수 R^2) 에타계수(η)는 ANOVA에서 계산된 제곱합에 기초한 연관성 측도이나, ANOVA 밖의 맥락에서도 유용한 측도이다. 에타제곱(eta squared; η^2)은 '그룹-간' 분산의 비율을 나타내며, 종속변수에 대한 독립변수의 설명력으로도 해석될 수 있다. 즉, 비선형의 제곱상관계수로 SAS에서는 분산분석표와 함께 'R-square' 값으로 제공된다.
2. (효과크기) 에타제곱은 일원배치 ANOVA에서 효과크기로도 사용되며, 다른 효과크기인 $f(=\sqrt{SSB/SSW})$와는 다음의 관계를 가진다.

$$\eta^2 = \frac{f^2}{1+f^2} \Leftrightarrow f = \sqrt{\frac{\eta^2}{1-\eta^2}}.$$

예제 14.2

일원배치 분산분석의 결과가 다음과 같이 주어졌다고 하자.

요인	제곱합	자유도	평균제곱	F	p-값
처리(그룹 간)	25.242	2	12.621	5.134	0.037
오차(그룹 내)	19.667	8	2.458		
총	44.909	10			

이때 $\eta^2 = 25.242/44.909 = 0.562$이고, $\eta = 0.750$이다.

참고

에타제곱(η^2)은 ANOVA의 F-통계량을 이용하여 다음과 같이 정의될 수도 있다.

$$\eta^2 = \frac{\phi_B \cdot F}{\phi_B \cdot F + \phi_E}$$

여기서 $F = MSB/MSE = (SSB/\phi_B)/(SSE/\phi_E)$ 이다. 일원배치 ANOVA에서는 에타제곱(η^2)이 되고, 다원배치 ANOVA에서는 부분 에타제곱(η_p^2)이 된다. 이 공식을 위의 예제에 적용하면 다음과 같다.

$$\eta^2 = \frac{2 \times 5.134}{2 \times 5.134 + 8} = 0.562.$$

```
> library(effectsize)
> F_to_eta2(f=5.134,  df=2, df_error=8)
Eta2 (partial) |       90% CI
-----------------------------
0.56           | [0.04, 0.77]
```

(ii) 명목형 vs 순서형(혼합형 분할표)

에타계수는 앞서 다룬 (명목형 vs 연속형)뿐 아니라 (명목형 vs 순서형) 간의 연관성 측도로도 사용된다. 이때는 순서형의 자료를 연속형으로(ANOVA 형의 자료로) 변형하여 에타계수를 구하면 된다. 이때 순서형을 연속형으로 변환 시에 등간격의 변환은 결과에 영향을 미치지 않는다. 즉, 1〈2〈3 변환은 1〈3〈5 또는 10〈20〈30 등의 변환과 동일한 크기의 에타계수를 제공한다.

예제 14.3 혼합형 분할표 자료

다음의 자료는 3가지 약품에 따른 효과를 측정한 자료이다. 약품(A, B, C)은 명목형이며, 효과 정도(낮음〈중간〈높음)는 순서형으로 정리되었다. 약품과 효과 정도 간의 연관 정도를 알아보고자 한다.

치료법	효과 정도			계
	낮음	중간	높음	
A	12	6	8	26
B	10	8	16	34
C	8	10	14	32

혼합형 자료로부터 에타계수를 구하기 위해 위의 자료를 ANOVA-형 자료로 대치한다. 여기서는 (낮음〈중간〈높음)을 (1〈3〈5)로 간주한다. 예를 들어, 치료법 A의 효과 정도를 1이 12개, 2가 6개, 3이 8개인 연속형 자료로 생각하고 일원배치 분산분석을 수행하면 된다. R을 이용하면 다음과 같다.

```
> y <- c(rep(1,12), rep(3,6), rep(5,8),
         rep(1,10), rep(3,8), rep(5,16),
```

```
        rep(1,8), rep(3,10), rep(5,14))
> x <- c(rep("A", 26),rep("B", 34),rep("C", 32))
> summary(aov(y ~ x))
            Df Sum Sq Mean Sq F value Pr(>F)
x            2   8.41   4.207   1.436  0.243
Residuals   89 260.80   2.930
```

(해석) 일원배치 분산분석의 결과를 이용하여 에타계수(η)를 구하면 다음과 같다. $\eta^2 = SS_B/SST = 8.41/260.80 = 0.032$이므로, $\eta = \sqrt{0.032} = 0.179$이다. 따라서 두 변수 간의 연관 정도는 0.179로 무시할 만한 수준이다. 또한 치료법은 효과 정도 분산의 3% 정도의 매우 낮은 설명력을 가진다.

14.2.2 프리만의 ϵ^2과 θ

프리만의 ϵ^2과 θ는 명목형과 순서형 변수 간의 연관성 측도이다. 즉, 명목형 변수가 순서형 변수에 얼마나 영향력이 강한지(또는 효과가 큰지)를 나타내는 측도이다. 두 측도는 모두 $0 \sim 1$의 값을 가지며, 0이면 연관성(차이 또는 영향력)이 없고 1은 완전한 연관성(종속성)을 의미한다.

(i) 프리만의 ϵ^2

프리만의 ϵ^2(Freeman's epsilon squared)은 ANOVA 결과로부터 다음 식을 통해 구해진다. 여기서 ϕ_B는 SSB의 자유도이다.

$$\epsilon^2 = \frac{SSB - \phi_B \cdot MSE}{SST}.$$

프리만의 ϵ^2은 회귀분석에서의 '수정된 결정계수(adjusted R^2)'와 동등한 의미로 해석될 수 있는 ANOVA-버전의 측도로 생각할 수 있다.

참고 **효과크기 ω^2**

프리만의 ϵ^2은 Carroll and Nordholm(1975)의 ω^2(omega squared)과 매우 유사하지만, ω^2보다는 (항상) 약간 큰 값을 가진다. ω^2는 Cohen의 f와 함께 ANONA와 ANCOVA 모형에서 효과크기로 주로 사용된다.

(ii) 프리만의 θ

프리만의 θ(Freeman's theta) 역시 명목형과 순서형 변수 간의 연관 정도를 나타내는 측도로, 그 해석은 ϵ^2과 동일하다.

참고

(효과크기) 프리만의 ϵ^2과 θ는 표본크기 자체의 영향을 받지 않으며, 각각 Kruskal-Wallis 검정과 Cochran-Armitage 검정에서의 효과크기로 자주 사용된다.

R의 {rcompanion}의 freemanTheta()과 epsilonsquared() 함수를 이용한다.

예제 14.4

```
> library(rcompanion)
> Counts = c(1, 2, 5, 2, 0, 10, 5, 5, 0, 0, 0, 0, 2, 2, 1, 0, 0, 0, 2, 3)
> Matrix = matrix(Counts, byrow=TRUE, ncol=5,
                  dimnames = list(Marital.status = c("Single", "Married",
                                                     "Widowed", "Divorced"),
                                  Social.adjustment = c("5","4","3","2","1")))
> Matrix
              Social.adjustment
Marital.status  5 4 3 2 1
      Single    1 2 5 2 0
      Married  10 5 5 0 0
      Widowed   0 0 2 2 1
      Divorced  0 0 0 2 3

> freemanTheta(Matrix)
Freeman.theta
        0.749

> epsilonSquared(Matrix)
epsilon.squared
          0.602
```

14.3* 사분 및 다분 상관계수

분할표 자료에서 두 변수가 모두 순서형이거나 혼합형(명목형+순서형)인 경우 모두에 적용할 수 있는 상관계수를 소개한다. 다만 이들 변수 중 순서형 변수는(하나 이상임) 정규분포를 따르는 연속형 분포의 이산 요약임을 가정한다. 즉, 순서형 변수 Height가 (매우 짧음, 짧음, 보통, 김, 매우 김)으로 측정된 경우 이러한 범주가 연속적이고 정규분포를 따르는 실제 높이의 측정값을 나타낸다고 가정할 수 있다.

사분(四分) 상관계수(tetrachoric correlation)는 이분적(dichotomy)으로(2×2 분할표로) 표현된 두 변수 간의 상관계수이며, 다분(多分) 상관계수(polychoric correlation)는 사분 상관계수를 $r \times c$ 분할표로 일반화한 측도이다.

유의 사분 상관계수는 파이계수와 유사할 수 있으나, 파이계수는 정규분포와 선형적(직선적)인 관계를 요구하지 않는다는 차이가 있다).

(예) (사분 상관계수) 자존감(높음, 낮음)과 성적(상, 하) 변수의 이차원 분할표 자료

R 패키지 {psych}를 이용하여 사분 및 다분 상관계수를 구할 수 있다.

- tetrachoric()
- polychoric()　　# polychor{polycor} 함수도 이용 가능

예제 14.5 사분 상관계수

```
> tetrachoric(matrix(c(44268,193,14,0),2,2))
For i = 1 j = 1  A cell entry of 0 was replaced with correct =  0.5.  Check your data!
Call: tetrachoric(x = matrix(c(44268, 193, 14, 0), 2, 2))
tetrachoric correlation
[1] 0.23

 with tau of
[1] 2.6 3.4
```

참고

(사분 상관계수) 이차원 분할표 자료에서 사분 상관계수는 다음과 같이 정의된다.

$$\text{사분 상관계수: } r_t = \cos\left(\frac{180^\circ \sqrt{ad}}{\sqrt{ad}+\sqrt{bc}}\right).$$

14.4* 이연 및 다연 상관계수

여기서는 순서형(또는 이진형) 변수와 연속형 변수 간의 상관계수로 이연 상관계수와 다연 상관계수를 소개한다. 이때 순서형 변수는 잠재 연속변수를 나타내는 것으로 가정한다.

(a) 이연(二連) 상관계수(biserial correlation) 또는 양분(兩分) 상관계수는 이진형의 변수와 연속형 변수 간의 상관계수이다. 여기서 이진형 변수는 연속 이분변수를 가정한다(예: 합격과 불합격). 연속 이분변수는 범주 구분이 인위적인 경우를 말한다. (예) 합격여부(X: 합격, 불합격)와 태도점수(Y)의 자료

(b) 점이연(點二連) 상관계수(point-biserial correlation)는 이연 상관계수와 유사하나 이진형 변수가 비연속(비인위적 또는 자연적인)인 이분변수인 경우에 해당한다(예: 남/여 또는 기혼/미혼). (예) 성별(X: 남, 여)과 적성점수(Y)의 자료

(c) 다연(多連) 상관계수(polyserial correlation)는 순서형 변수와 연속인 변수 간의 상관계수이다. 이때 순서형 변수는 비연속(비인위적 또는 자연적인)인 다분변수를 가정한다(예: 학력). (예) 학력(X)과 적성점수(Y)의 자료

R 패키지 {psych}를 이용하여 이연 및 다연 상관계수를 구할 수 있다.

- biserial()
- polyserial()　　# polyserial{polycor} 함수도 이용 가능

(d) 순위-이연 상관계수(rank-biserial correlation)는 이진의 명목형과 순서형 자료 간의 상관계수이다. 동점순위는 없다고 가정한다. 소머스 d(순서형 vs 순서형)의 특별한 경우로 볼 수 있다.

R 패키지 {effectsize}의 rank_biserial() 함수를 이용하여 순위-이연 상관계수를 구할 수 있다.

- rank_biserial{effectsize}

예제 14.6 이연 상관계수

```
> x <- c(1,1,0,0,1)
> y <- c(60,70,40,50,80)
> library(psych)
> biserial(y,x)

          [,1]
[1,] 0.9822199
```

(해석) 위의 결과는 아래 [참고 2]의 공식을 이용하면 다음과 같이 계산된다.

```
> y1 <- (60+70+80)/3; y0 <- (40+50)/2
> s <- sd(y)
> p <- 3/5; q <- 1-p
> u <- dnorm(qnorm(0.6))
> ((y1-y0)/s)*(p*q/u)
[1] 0.9822199
```

예제 14.7 순위-이연 상관계수

rank_biserial{effectsize} 함수를 이용하여 순위-이연 상관계수를 계산한다.

```
> # 이표본 검정: 독립 표본
> library(effectsize)
> A <- c(48, 50, 82, 86, 85, 89)
> B <- c(14, 34, 40, 80)
> rank_biserial(A, B)
r (rank biserial) |       95% CI
--------------------------------
0.83              | [0.41, 0.96]
```

(해석) 위의 결과는 아래 [참고 2]의 공식을 이용하면 아래와 같이 계산된다.

```
> y1 <- (4+5+7+8+9+10)/6
> y0 <- (1+2+3+6)/4
> (rb <- 2*(y1-y0)/10)
[1] 0.8333333
```

참고 1

(효과크기) 순위-이연 상관계수는 차이(differences)에 대한 비모수적 검정, 즉 일표본과 이표본의 비모수적 검정(부호순위검정, 맨-휘트니 검정)에서 효과크기로 사용된다.

```
> # 이표본 검정: 대응 표본
> x <- c(1.83, 0.50, 1.62, 2.48, 1.68, 1.88, 1.55, 3.06, 1.30)
> y <- c(0.878, 0.647, 0.598, 2.05, 1.06, 1.29, 1.06, 3.14, 1.29)
> rank_biserial(x, y, paired = TRUE)
r (rank biserial) |       95% CI
--------------------------------
0.78              | [0.30, 0.94]

> # 일표본 검정
> x <- c(1.15, 0.88, 0.90, 0.74, 1.21)
> rank_biserial(x, mu = 1)
r (rank biserial) |        95% CI
---------------------------------
-0.07             | [-0.78, 0.72]

- Deviation from a difference of 1.
```

참고 2 공식: 이연, 점이연, 순위-이연 상관계수

(i) 이연 상관계수: $r_b = \dfrac{Y_1 - Y_0}{S_Y} \cdot \dfrac{pq}{u}$.

- Y_1: $(X=1)$인 응답자의 Y값 평균
- Y_0: $(X=0)$인 응답자의 Y값 평균
- S_Y: 전체 Y값의 표준편차
- p: $(X=1)$인 응답자의 비율
- q: $(X=0)$인 응답자의 비율
- u: 표준정규분포에서 양쪽 면적을 p와 q로 양분시키는 z값에서의 밀도함수 값

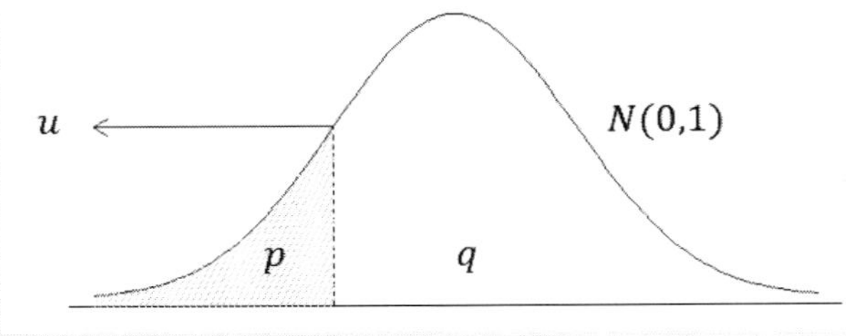

(ii) 점이연 상관계수: $r_{pb} = \dfrac{Y_1 - Y_0}{S_Y} \cdot \sqrt{pq}$.

- Y_1, Y_0, S_Y, p, q의 정의는 이연 상관계수와 동일

(iii) 순위–이연 상관계수: $r_{rb} = \dfrac{2(Y_1 - Y_0)}{n}$.

- n: 자료의 수
- Y_1: $(X=1)$인 자료의 Y값(순위) 평균
- Y_0: $(X=0)$인 자료의 Y값(순위) 평균

15장

정방형 분할표

이 장에서는 행과 열의 수가 동일한 $r\times r$ 정방형 이차원 분할표에 대한 여러 가지 측도를 소개한다.

15.1 일치도 측도 - 카파계수

코헨의 카파(Cohen's kappa)는 범주형 변수에 대한 두 평가자 간의 일치도에 대한 측도(measure of agreement)이다. 카파는 두 평가자 간의 실제 관측된 일치비율(p_o)과 우연히 일치할 것으로 예상되는 비율(p_e)을 비교한다.

$$\kappa = \frac{p_o - p_e}{1 - p_e}.$$

여기서 p_e는 카이제곱 검정에서 독립성 가정하에서의 기대빈도(기대일치)로 계산된다.

카파에 대한 해석으로 Landis와 Koch(1977)는 [표 15.1]의 가이드라인을 제시하였다.

[표 15.1] 카파(κ)에 대한 해석

코헨의 카파(κ)	일치의 강도
< 0	우연보다 일치도가 나쁨
0 – 0.2	약간 일치함
0.21 – 0.4	다소 일치
0.41 – 0.6	적당함
0.61 – 0.8	높은 일치
0.81 – 1	매우 높은 일치

카파계수는 기계학습에서 분류모형의 성능을 나타내는 측도로 사용된다. 카파계수는 정확도나 $F1$−측도 등과는 달리 다범주 및 불균형 자료의 경우에도 성능이 뛰어난 것으로 알려져 있다.

참고

1. (가중카파) 카파계수는 명목형 자료에 적용되는 반면, 가중카파(weighted kappa)는 순서형 자료에 적용된다. 범주가 순서적인 의미를 가지므로 차이가 큰 경우 불일치의 가중을 더 크게 두는 방법을 사용한다.
2. (확장) 카파계수의 확장으로 여러 명(3명 이상)의 평가자 간의 일치도는 Fleiss의 카파(Fleiss's kappa) 측도를 사용한다.
3. 평가자 간의 일치도에 대한 여러 가지 측도는 평가자 간의 신뢰성(reliability) 혹은 일관성(consistency)에 대한 측도로 표현되기도 한다.

비교 1 카파와 급내상관계수(ICC)

두 평가자 간의 일치도를 평가하는 측도는 비교되는 변수의 유형에 따라 다르다. 명목형 자료의 경우에는 카파가 사용되나, 연속형 자료(구간 또는 비례 척도)의 경우에는 급내상관계수(Intraclass Correlation Coefficient, 이하 ICC)가 사용된다. 자료는 각 평가자에 대한 열과 평가되는 주제에 대한 행으로 구성된다. ICC에 대한 해석은 카파와 동일하다.

비교 2 크론바 알파 - 내부 일관성의 측도

연구자들은 정확하게 측정할 수 없는 기저 잠재변수를 측정하기 위해 종종 리커트형 질문세트를 사용한다. 일련의 질문을 척도(scale)라고 하고 개별 질문을 항목(item)이라고 한다. 항목에 대한 점수는 더하거나 평균을 취해 척도에 대한 전체 점수를 제공하게 된다. 항목이 모두 동일한 기저 변수를 측정하는 것이 중요하다. 크론바의 알파(Cronbach's alpha)는 내부 일관성의 측도(measure of internal consistency)로, 항목이 그룹으로 얼마나 밀접하게 관련되어 있는지를 나타낸다. 질문이 동일한 문제와 관련된 경우 참가자들은 각 질문에 대해 유사한 점수를 제공할 것으로 기대한다. 이 측도는 결측값에 대해 로버스트하지 않다. 크론바 알파는 $0 \sim 1$의 값을 가지며, 일반적으로 사용되는 해석을 제시하면 다음의 [표 15.2]와 같다.

[표 15.2] 크론바 알파(α)에 대한 해석

크론바 알파	내부 일관성
$\alpha \geq 0.9$	매우 높음(항목이 매우 유사하여 일부는 필요치 않을 수 있음)
$0.8 \leq \alpha < 0.9$	우수함
$0.7 \leq \alpha < 0.8$	채택 가능
$\alpha < 0.7$	낮음

예제 15.1

다음은 10명의 리더에 대한 2명의 평가자에 의한 평가 결과이다.

평가자 1의 평가	평가자 2의 평가			계
	권위적임	민주적임	자유방임적임	
권위적임	3	0	1	4
민주적임	0	2	0	2
자유방임적임	2	0	2	4
계	5	2	3	10

두 평가자의 일치도를 나타내는 카파는 다음과 같이 계산된다.

$$\kappa = \frac{\sum_{i=1}^{r} n_{ii}/n - \sum_{i=1}^{r} n_{i\cdot}n_{\cdot i}/n^2}{1 - \sum_{i=1}^{r} n_{i\cdot}n_{\cdot i}/n^2} = \frac{n\sum_{i=1}^{r} n_{ii} - \sum_{i=1}^{r} n_{i\cdot}n_{\cdot i}}{n^2 - \sum_{i=1}^{r} n_{i\cdot}n_{\cdot i}}$$

$$= \frac{10 \cdot 7 - 36}{100 - 36} = \frac{34}{64} = 0.531.$$

[R 코드]

```
> reader <- matrix(c(3,0,1,0,2,0,2,0,2),3, byrow=TRUE)
> library(psych)
> cohen.kappa(as.table(reader))
Call: cohen.kappa1(x = x, w = w, n.obs = n.obs, alpha = alpha, levels = levels)

Cohen Kappa and Weighted Kappa correlation coefficients and confidence boundaries
```

```
                  lower estimate upper
unweighted kappa  0.066      0.53  1.00
weighted kappa   -0.469      0.25  0.97

 Number of subjects = 10
```

참고 조정된 랜드지수: ARI

조정된 랜드지수(Adjusted Rand Index, 이하 ARI)는 두 자료 군집 간의 유사도를 측정한 것으로, 통계학의 군집분석에서 주로 사용된다. n개 개체에 대한 분류 결과가 다음과 같이 $r \times c$ 이차원 분할표로 정리되었다고 하자.

$X \setminus Y$	Y_1	Y_2	$\cdots$	Y_s	합계
X_1	n_{11}	n_{12}		n_{1s}	a_1
X_2	n_{21}	n_{22}		n_{2s}	a_2
$\cdots$			$\cdots$		
X_r	n_{r1}	n_{r2}		n_{rs}	a_r
합계	b_1	b_2	$\cdots$	b_s	n

이때 ARI는 다음과 같이 정의된다.

$$ARI = \frac{\overbrace{\Sigma_{ij}\binom{n_{ij}}{2}}^{Index} - \overbrace{\left[\Sigma_i\binom{a_i}{2}\Sigma_j\binom{b_j}{2}\right]/\binom{n}{2}}^{\text{기댓값}}}{\underbrace{\frac{1}{2}\left[\Sigma_i\binom{a_i}{2}+\Sigma_j\binom{b_j}{2}\right]}_{\text{최댓값}} - \underbrace{\left[\Sigma_i\binom{a_i}{2}\Sigma_j\binom{b_j}{2}\right]/\binom{n}{2}}_{\text{기댓값}}}.$$

위 식에서 Index는 랜드지수(Rand Index, 이하 RI)로 2×2 분할표의 경우 정확도와 동일하다 ($0 \sim 1$의 값을 가짐). ARI는 RI의 단점을 보완한 측도이다. 즉, RI는 무작위 군집의 경우 기댓값이 너무 큰 단점을 가지며, 이를 보완하기 위해 RI에 기댓값을 뺀 후(분자) 이를 표준화한(분모) 측도가 바로 ARI이다. ARI는 무작위 군집의 경우 영(0) 근방의 값을 가지며, 경우에 따라 음수가 될 수도 있다.

R의 adjustedRandIndex{mclust} 또는 ARI{MixGHD} 함수는 ARI를 제공한다. 이 함수의 일반 형식은 다음과 같다.

adjustedRandIndex(x, y) 또는 ARI(x, y)

- x, y: 클래스의 수준으로 수치형 또는 문자형 벡터

(예)

```
> set.seed(100); (a <- sample(1:3, 9, replace = TRUE))
[1] 2 3 2 3 1 2 2 3 2
> set.seed(200); (b <- sample(c("A", "B", "C"), 9, replace = TRUE))
[1] "B" "B" "C" "C" "A" "B" "B" "B" "C"
> adjustedRandIndex(a, b); table(a,b)
[1] 0.0367893
   b
a   A B C
  1 1 0 0
  2 0 3 2
  3 0 2 1
```

(해석) 위의 결과(표)로부터 ARI를 계산하면 다음과 같다.

$$ARI = \frac{(3+1+1)-(10+3)(10+3)/36}{[(10+3)+(10+3)]/2-(10+3)(10+3)/36} \approx 0.037.$$

15.2 대응쌍 자료

대응쌍(matched pairs) 자료는 동일한 대상에 대해 2회 반복(예: 2차에 걸친 찬, 반의 선호도 조사) 또는 2가지(예: 우안과 좌안 시력의 등급 조사)를 조사한 자료이다. 조사 대상이 동일하므로 짝지어진 자료는 서로 독립이 아니며 연관되어있다. 이 자료는 각 실현치(조사 결과)가 두 개 범주의 이진형(dichotomous)이면 2×2 분할표로, 여러 개 범주의 다분형(polytomous)이면 $r\times r$ 분할표로 요약된다. 이때 행과 열의 범주는 그 내용이 동일하게 구성된다.

15.2.1 2×2 분할표 - 주변동질성 검정

2×2 분할표에서 McNemar 검정은 연관된 두 확률이 동일한지, 즉 동일한 개체 n명에 대한 사전-사후(before-after) 확률이 동일한지에 대한 검정을 다룬다. 자료의 형태는 다음과 같이 주어진다.

1차 조사	2차 조사		계
	양성	음성	
양성	n_{11}	n_{12}	$n_{1\cdot}$
음성	n_{21}	n_{22}	$n_{2\cdot}$
계	$n_{\cdot 1}$	$n_{\cdot 2}$	n

주목 2×2 분할표에서 주변동질성은 $\pi_{1\cdot}=\pi_{\cdot 1}$이고, 이는 $\pi_{1\cdot}=\pi_{\cdot 1} \Leftrightarrow \pi_{11}+\pi_{12}=\pi_{11}+\pi_{21} \Leftrightarrow$ $\pi_{12}=\pi_{21}$이므로 대칭성(symmetricity)과 동치이다.

McNemar 검정은 연관된 두 확률(또는 주변 확률)이 동일한지에 대한 다음의 가설을 검정한다.

$$H_0 : \pi_{1\cdot} = \pi_{\cdot 1}$$

위의 가설은 대칭성을 의미하므로 귀무가설하에서의 기대빈도는 다음과 같이 추정한다.

$$\hat{E}_{12} = \hat{E}_{21} = \frac{n_{12}+n_{21}}{2}.$$

이를 통해 다음과 같이 카이제곱 검정을 수행할 수 있다. 즉, 대표본의 경우 검정통계량과 귀무분포는 다음과 같다(여기서, $O_{ij}=n_{ij}$ 임).

$$\begin{aligned}\chi^2 &= \sum_{i=1}^{2}\sum_{j=1}^{2}\frac{(O_{ij}-\hat{E}_{ij})^2}{E_{ij}} \\ &= \frac{(n_{12}-n_{21})^2}{n_{12}+n_{21}} \\ &\underset{H_0}{\overset{\cdot}{\sim}} \chi^2(1) \text{ for large } n_{12} \ \& \ n_{21}.\end{aligned}$$

연속성 수정을 고려한 χ^2 검정통계량은 다음과 같다.

$$\chi^2 = \frac{(|n_{12} - n_{21}| - 1)^2}{n_{12} + n_{21}}.$$

■ McNemar 검정통계량은 z−통계량(스코어 통계량)의 형태로도 표현할 수 있다(이때 z^2은 앞서 정의한 χ^2과 동일하다).

$$z = \frac{n_{12} - n_{21}}{\sqrt{n_{12} + n_{21}}} = \frac{p_{12} - p_{21}}{\sqrt{(p_{12} + p_{21})/n}} = \frac{p_{1\cdot} - p_{\cdot 1}}{\sqrt{(p_{12} + p_{21})/n}}.$$

이를 이용하면 양측검정뿐 아니라 단측검정도 수행할 수 있다. 위 식의 마지막 표현에서 이 검정은 연관된 두 비율에 대한 검정으로도 이해될 수 있음을 알 수 있다.

■ **(정확한 검정)** 소표본의 경우, 비−대각인 칸의 합($n^* = n_{12} + n_{21}$)이 주어질 때 가설 H_0 : $\pi_{1\cdot} = \pi_{\cdot 1}$에 대한 정확한 검정은 다음과 같다. 귀무가설하에서 N_{12}는 $B(n^*, 1/2)$을 따르고, $E_{H_0}(N_{12}) = n^*/2$이다. 이때 양측검정에서의 p−값은 $2 \times P_{H_0}(N_{12} \geq n_{12})$으로 주어진다.

■ **(대표본 검정)** 대표본의 경우, 위의 N_{12}는 근사적으로 $N(n^*/2,\ n^*/4)$를 따르므로

$$z = \frac{n_{12} - n^*/2}{\sqrt{n^*/4}} = \frac{n_{12} - n_{21}}{\sqrt{n_{12} + n_{21}}}$$

이고, 이의 제곱은 McNemar 통계량과 일치한다.

예제 15.2 **McNemar 검정**

대통령의 국정 수행에 대한 지지도를 2차에 걸쳐 설문 조사한 결과이다(Agresti, 1990). 조사는 성인 1600명을 대상으로 1개월 간격으로 실시하였다.

1차 조사	2차 조사		계
	찬성	반대	
찬성	794	150	944
반대	86	570	656
계	880	720	1600

mcnemar.test() 함수를 이용하여 맥네마 검정을 실시한다.

```
> Performance <- matrix(c(794, 86, 150, 570),
                        nrow=2,
                        dimnames=list("1st Survey"=c("Approve", "Disapprove"),
                                      "2nd Survey"=c("Approve", "Disapprove")))
> Performance
            2nd Survey
1st Survey   Approve Disapprove
  Approve        794        150
  Disapprove      86        570

> mcnemar.test(Performance)

	McNemar's Chi-squared test with continuity correction

data:  Performance
McNemar's chi-squared = 16.818, df = 1, p-value = 4.115e-05
```

참고 McNemar 검정의 확장

1. $r \times r$ 분할표로의 확장 – Stuart–Maxwell 검정

Stuart–Maxwell 검정은 주변동질성에 대한 McNemar 검정을 $r \times r(r \geq 3)$ 분할표로 확장한 것이다. 즉, McNemar 검정은 Stuart–Maxwell 검정의 특별한 경우로 생각할 수 있다. 이 검정은 스코어 통계량에 기초하는 반면, Bhapkar(1966)는 Wald 통계량에 기초한 유사한 검정을 제안하였다. 검정력은 Bhapkar가 우수하나, Stuart–Maxwell은 제1종 오류를 더 잘 통제한다.

2. k차원 대응쌍 분할표로의 확장 – 코크란의 Q 검정

코크란(Cochran)의 Q 검정은 3개 이상의 이진 대응쌍 비교를 수행한다(예를 들어, 3개 시점에 걸친 우울증 여부 진단). 이 검정은 McNemar 검정의 일반화로 3개 이상의 시점에 걸친 모든 변화(증가 또는 감소)에 대한 옴니버스 검정으로 먼저 사용될 수 있다. 코크란의 Q 검정이 유의한 경우, 후속 조치로 McNemar 검정이 사용될 수 있다. 또한, 코크란의 Q 검정은 (비모수적 방법인) 프리드만 검정에서 자료가 이진형인 경우에 해당하는 검정으로 볼 수도 있다(이때 처리의 수가 2인 경우에는 맥네마 검정과 동일함).

15.2.2 $r \times r$ 분할표 – 대칭성 검정

$r \times r$ 정방형 분할표에서 대칭성을 만족하는지에 대한 검정을 소개한다. 이때 귀무가설은

$$H_0 : \pi_{ij} = \pi_{ji}, \quad i = 1, \cdots, r \,;\, j = 1, \cdots, r$$

이다. 위의 가설이 만족되면 주변동질성도 만족되나, 그 역은 성립하지 않을 수도 있다(cf. 2×2분할표에서는 두 가설이 동치임).

이 가설에 대한 검정통계량은 McNemar 검정통계량과 매우 유사하다. 즉, 검정통계량과 귀무분포는 다음과 같이 주어진다(여기서, $O_{ij}=n_{ij}$임).

$$\chi^2=\sum_{i,j}\frac{(O_{ij}-\hat{E}_{ij})^2}{\hat{E}_{ij}},\quad \hat{E}_{ij}=\frac{n_{ij}+n_{ji}}{2}$$
$$=\sum_{i<j}\frac{(n_{ij}-n_{ji})^2}{(n_{ij}+n_{ji})}$$
$$\underset{H_0}{\dot{\sim}}\ \chi^2(df)\ \text{for large } n_{ij}$$

여기서 자유도는 $df=\binom{r}{2}=\frac{r(r-1)}{2}$로 대각선의 위쪽 칸의 수와 동일하다.

예제 15.3 대칭성 검정

다음 자료는 1943~6년 영국 왕립 병기 공장에 고용된 여성 7,477명을 대상으로 좌안과 우안의 시력을 측정한 자료이다.

우안	좌안				계
	최상급	2등급	3등급	최하급	
최상급	1520	266	124	66	1976
2등급	234	1512	432	78	2256
3등급	117	362	1772	205	2456
최하급	36	82	179	492	789
계	1907	2222	2507	841	7477

대칭성 검정을 위한 검정통계량은

$$\chi^2=\sum_{i<j}\frac{(n_{ij}-n_{ji})^2}{(n_{ij}+n_{ji})}=19.1$$

이고, p-값$= P(\chi^2(6) > 19.1) = 0.004$이다.

[R 코드]

```
> eye <- matrix(c(1520, 266, 124, 66,
                  234, 1512, 432, 78,
                  117, 362, 1772, 205,
                  36, 82, 179, 492), 4, byrow = 2)
> mcnemar.test(eye)

	McNemar's Chi-squared test

data:  see
McNemar's chi-squared = 19.107, df = 6, p-value = 0.003987
```

참고 McNemar–Bowker 검정

$r \times r$ 분할표에서 대칭성 검정은 (2×2 분할표의 대칭성에 대한) McNemar 검정의 확장으로, McNemar–Bowker 검정(또는 Bowker 검정)으로 알려져 있다. R에서 두 검정은 동일한 함수 mcnemar.test()를 이용한다.

16장

연관성 측도 요약과 R 패키지

16.1 연관성 측도 요약

여러 가지 연관성 측도들에 대한 요약은 [표 16.1]과 같다. 변수의 유형에 따라 대표적인 측도를 중심으로 간략히 제시하였다.

[표 16.1] 연관성 측도 요약

<table>
<tr><th rowspan="2">척도(변수 1)</th><th colspan="4">척도(변수 2)</th></tr>
<tr><th>명목(이진형)</th><th>명목(다분형)</th><th>순서형</th><th>구간 또는 비례</th></tr>
<tr><td>명목(이진형)</td><td>파이계수</td><td>크래머 V</td><td rowspan="2">파이계수*
크래머 V^*
에타계수</td><td rowspan="2">에타계수</td></tr>
<tr><td>명목(다분형)</td><td>·</td><td>크래머 V</td></tr>
<tr><td>순서형</td><td colspan="2">·</td><td>캔달의
타우(b/c)</td><td>캔달의
타우(b/c)**</td></tr>
<tr><td>구간 또는 비례</td><td colspan="2">·</td><td>·</td><td>피어슨 상관계수</td></tr>
</table>

* : 순서형을 명목형으로 간주함.
** : 구간 또는 비례 척도를 순서형으로 간주함.

여러 가지 상관계수에 대한 요약은 [표 16.2]와 같다.

[표 16.2] 상관계수 요약

변수 1	변수 2		
	양적	순서형	명목형
양적	피어슨	이연	점이연
순서형	·	스피어만/ 사분	순위-이연
명목형	·	·	파이계수/ 분할계수/ 크래머 V

16.2 R 패키지 소개

연관성 분석에 사용되는 R의 주요 패키지를 소개한다([표 16.3] 참고).

[표 16.3] 주요 연관성 측도와 R 패키지

변수 유형		연관성 측도	R 패키지	함수	기타
명목형 (명목형 vs 명목형)	2×2	파이계수	{psych} {DescTools}	phi() Phi()	※assocstats{vcd} : 3가지 명목형 측도 제공
		율의 측도	{psych} {DescTools}	Yule(), YuleBonett() YuleQ(), YuleY()	
		분할계수	{DescTools}	ContCoef()	
		오즈비	{DescTools} {epitools}	OddsRatio() oddsratio()	
		MCC	{mltools} {mccr}	mcc() mccr()	
		(ES)코헨의 h	{rcompanion} {epitools}	cohenH() cohenH()	
	$r \times c$	크래머 V	{DescTools} {rcompanion} {vcd}	CramerV() cramerV() assocstats()	※Assocs{Desc Tools}: 17가지 측도 제공(명목형, 순서형) • 감마계수: GKgamma{vcdEx tra}, GKgamma{Mass}
		츄프로우 T	{DescTools}	TschuprowT()	
		람다계수	{DescTools}	Lambda()	
		Goodman-Krus kal의 타우	{DescTools}	GoodmanKruskalTau()	
		불확실성계수	{DescTools}	Uncertcoef()	
		(ES)코헨의 ω	{rcompanion} {epitools}	cohenW() cohenW()	

변수 유형	연관성 측도	R 패키지	함수	기타
순서형 (순서형 vs 순서형)	감마계수	{DescTools}	GoodmanKruskalGamma()	
	캔달의 타우 b/c	{DescTools}	KendallTauB() StuartTauC()	
	소머스 d	{DescTools} {ryouready}	SomersDelta() ord.somers.d()	
혼합형 (명목형 vs 순서형)	에타, (ES)에타제곱	{lsr} {effectsize}	etaSquared() eta_squared()	• {effectsize}: 다양한 효과크기 제공
	프리만의 계수 (ϵ^2, θ)	{rcompanion}	freemanTheta() epsilonsquared()	
순서형 또는 혼합형	사분/다분 상관계수	{psych} {polycor}	tetrachoric(), polychoric() polychor()	
	이연/다연 상관계수	{psych} {polycor}	biserial(), polyserial() polyserial()	
정방형 분할표	카파계수	{psych} {irr}	cohen.kappa(), wkappa() kappa2(), kappam.fleiss()	• 카파계수: Kappa{vcd}, Kappa.test{fmsb}
	McNemar 검정	{stats}	mcnemar.test()	• 2×2 분할표
	대칭성 검정	{rcompanion}	nominalSymmetryTest()	
ES: 효과크기(effect size)				

[표 16.3]에 제시된 함수로, 여러 가지 연관성 측도를 한꺼번에 제공해 주는 두 개 함수를 소개한다.

- assocstats{vcd}: 3가지 측도(파이계수, 분할계수, 크래머 V)를 동시에 제공한다.
- Assocs{DescTools}: 주요 연관성 측도(17개)를 동시에 제공한다(신뢰구간 포함).

예제 16.1

앞서 소개된 흡연 자료(smoke)에 대해 assocstats{vcd} 함수를 적용한다. smoke 자료는 명목형의 분할표 자료이다.

```
> library(vcd)
> assocstats(smoke)
                    X^2 df   P(> X^2)
Likelihood Ratio 23.552  1 1.2155e-06
```

```
Pearson           23.374  1 1.3338e-06

Phi-Coefficient   : 0.363
Contingency Coeff.: 0.342
Cramer's V        : 0.363
```

예제 16.2

앞서 소개된 흡연 자료(smoke2)에 대해 Assocs{DescTools} 함수를 적용한다. smoke2 자료는 순서형의 분할표 자료이다.

```
> library(DescTools)
> Assocs(smoke2)
                          estimate  lwr.ci  upr.ci
Phi Coeff.                  0.5757       -       -
Contingency Coeff.          0.4989       -       -
Cramer V                    0.3324  0.2196  0.3967
Goodman Kruskal Gamma       0.5394  0.4102  0.6686
Kendall Tau-b               0.4044  0.2977  0.5110
Stuart Tau-c                0.3820  0.2792  0.4848
Somers D C|R                0.3927  0.2873  0.4981
Somers D R|C                0.4164  0.3046  0.5282
Pearson Correlation         0.4862  0.3649  0.5913
Spearman Correlation        0.4677  0.3440  0.5755
Lambda C|R                  0.1942  0.0758  0.3125
Lambda R|C                  0.1681  0.0426  0.2937
Lambda sym                  0.1806  0.0694  0.2917
Uncertainty Coeff. C|R      0.1456  0.0888  0.2024
Uncertainty Coeff. R|C      0.1355  0.0816  0.1894
Uncertainty Coeff. sym      0.1404  0.0851  0.1956
Mutual Information          0.2632       -       -
```

3부

효과크기와 검정력분석

17장

효과크기

3부에서는 통계적 유의성을 나타내는 p−값(표본의 크기에 의존함)과는 별도로 실제적 유의성을 나타내는 측도인 효과크기(표본의 크기에 무관함)와 이에 기초하는 검정력분석을 다룬다. 검정력분석은 실험 설계에서 중요하게 취급되는 표본의 크기를 정하는 문제에 특히 효과적이다

17.1 서론

17.1.1 통계적 유의성과 실제적 유의성

전통적인 통계적 가설검정은 p−값(유의확률)에 근거하여 결론을 내리게 되며, 이러한 과정을 통계적 유의성 검정이라고 한다. 그러나 통계적 유의성 검정에 대해서는 많은 비판이 있어 왔다. 통계적 유의성 검정은 표본의 크기에 많은 영향을 받을 뿐 아니라, '통계적 유의성'이 '실제적 유의성'과는 괴리가 있다는 점을 들 수 있다. 만약 통계적 유의성이 높다 할지라도 효과크기가 작

다면 흥미로운 결과라 할 수 없기 때문이다. 역으로, 통계적으로 유의하지 않은 상황($p > 0.05$)에서도 유의미한 효과크기를 가질 수도 있으므로, 두 가지 결과를 함께 제시하는 것이 보다 바람직하다. 여기서 실제적 유의성은 효과의 크기가 연구자가 기대하는 만큼의 크기나 양의 정도를 말하는 것으로, 실제적 유의성의 기준으로는 효과크기가 널리 사용된다.

주목 2016년 미국통계학회는 '통계적 유의성과 p–값에 대한 성명서'를 발표하였다[17]. 이 성명에서 흔히 통계적 가설검정의 결과로 제시되는 p–값에 대한 6가지((1)~(6))의 잘못된 이해와 오용을 지적하고 있다. 이를 요약하면, p–값이 데이터가 지정된 통계 모형과 얼마나 맞지 않은 지를 나타낼 수는 있으나, p–값이 연구가설이 참인 확률 또는 데이터가 무작위로 생성되었을 확률을 측정한 것은 아니며, p–값만으로는 모형이나 가설에 대한 좋은 증거를 제공하지는 못한다((1),(2),(6)). 특히, **p–값(또는 통계적 유의성)은 효과의 크기나 결과의 중요성을 나타내는 것이 아니며,** 과학적 결론과 비즈니스 또는 정책 결정은 p–값이 특정 임계값을 통과하는지에만 기초해서는 안 되며, 적절한 추론을 위해서는 연구 전반에 대한 보고와 투명성이 요구된다((5),(4),(3)).

17.1.2 효과크기

통계에서 효과크기(effect size, 이하 ES)는 모집단에서 두 변수 간 관계의 강도를 측정한 숫자, 또는 이에 대한 표본 기반의 추정치이다. 효과크기는 표본 자료에서 계산된 통계량의 값, 가상 통계 모집단의 모수 값, 또는 통계량 또는 모수가 효과크기 값으로 이어지는 방식을 운영(조작)하는 방정식으로 표현될 수 있다. 효과크기의 예로는 두 변수 간의 상관계수, 회귀에서의 회귀계수, 평균 차이, 또는 특정 이벤트(예: 심장 마비)가 발생할 위험 등이 있다. 효과크기는 통계적 가설검정을 보완하고, 검정력분석, 표본 수 계획 및 메타분석에서 중요한 역할을 한다.

(a) 모집단 및 표본 효과크기

통계학의 많은 다른 개념과 마찬가지로, 모집단 효과크기(population ES)와 주어진 자료에 대한 표본 효과크기(sample ES)를 구분한다. 그 예는 다음과 같다.

- 상관계수: ρ vs r
- 회귀계수: β vs $\hat{\beta}$
- 평균 차이: $(\mu_1 - \mu_2)$ vs $(\bar{x}_1 - \bar{x}_2)$

17) Wasserstein, R. L. and Lazar, N. A. (2016). The ASA Statement on p–Values: Context, Process, and Purpose, The American Statistician, 70(2), 129–133.

표기 (효과크기) 이 책에서, 혼선이 없는 범위에서 모집단 효과크기와 표본 효과크기를 구분하지 않고 동일한 기호를 사용하기로 한다(예: $d, \omega, \eta^2, \cdots$).

(b) 표준화 및 비표준화 효과크기

표준화 효과크기(standardized ES)는 측정 단위에 무관한 측도이다. 그 예로 상관계수, 표준화 회귀계수, Cohen의 d를 들 수 있다. 비표준화 효과크기(unstandardized ES)는 측정 단위에 의존한다. 그 예로 공분산, (비표준화) 회귀계수, 평균 차이가 있다.

효과크기는 상대적 또는 절대적 크기로 측정될 수 있다. 많은 유형의 측정을 절대적 또는 상대적으로 표현할 수 있으며 서로 다른 정보를 전달하기 때문에 함께 사용할 수 있다. 심리학 연구 커뮤니티의 저명한 위원회에서는 다음과 같은 권고를 한 바 있다.

"1차 결과에 대한 효과크기를 항상 제시한다. 만약 측정 단위가 실제 수준에서 의미 있는 경우라면(예: 하루에 피운 담배 수), 일반적으로 표준화된 측정(예: r, Cohen's d 또는 오즈비)보다 비표준화된 측정(예: 회귀계수 또는 평균 차이)을 선호한다."

반면, 표준화된 효과크기는 다음의 경우에 사용된다. 변수의 측도가 내재적인 의미가 없거나(예: 임의 척도의 테스트 점수), 일부 또는 전체 연구가 서로 다른 척도를 사용하거나, 또는 모집단의 변동성과 관련된 효과크기를 전달하고자 할 때이다. 메타분석에서 표준화된 효과크기는 여러 연구에 대해 계산된 다음, 전체 요약으로 결합할 수 있는 공통 측정값으로 사용된다.

(c) 효과크기와 검정통계량

표본 효과크기(sample ES)는 검정통계량과 (구분되지만) 관련이 있다. 효과크기는 관련성의 강도를 측정하는 반면, 검정통계량은 귀무가설(H_0)에 반하는 증거를 제시한다. 검정통계량과는 달리 효과크기 측도는 유의수준(α) 또는 귀무가설과 직접 관련이 없다. 더 구체적인 내용은 17.3.2절에서 소개한다.

(d) 효과크기와 유의확률

Cohen(1988)은 효과크기를 '연구된 결과가 모집단에 실제적으로 존재할 가능성의 정도 혹은 귀무가설의 오류가 일어날 가능성의 정도(즉, 귀무가설이 거짓인 정도)'라고 표현하였다. 효과크기는 연구 결과의 해석을 용이하게 하고, 연구의 타당성을 보다 높일 수 있으며, 실제적 적용성에 대한 가치도 높일 수 있다. 효과크기를 연구 결과에 함께 보고하는 것이 바람직한 이유는 유의성을 검정하는 것이 연구의 효과를 측정하는 유일한 지표는 아니기 때문이다(역으로, 통계적 유의성이 검출되지 않은 연구 결과도 때로는 그 자체로 훌륭한 의미를 지닐 수 있다는 점과 추후 연구에 기여할 수 있다는 점에서 발표될 수 있어야 할 것이다). 효과크기는 사회과학 및 의학 연구(치료효과의 크기가 중요한 경우)에서 특히 두드러진다.

효과크기는 유의확률(p−값)에 비해 몇 가지 장점이 있다.

① p−값은 유의한 차이가 있는지 또는 유의한 연관성이 있는지만 알려 주는 반면, 효과크기는 두 그룹 간의 차이가 얼마나 큰지 또는 두 그룹 간의 연관성이 얼마나 강한지를 더 잘 파악하는 데 도움이 된다.

② p−값과 달리 효과크기는 다른 설정에서 수행된 여러 연구의 결과를 정량적으로 비교하는 데 사용할 수 있다. 이러한 이유로 효과크기는 메타분석에 자주 사용된다.

③ p−값은 큰 표본크기의 영향을 받을 수 있다. 표본크기가 클수록 가설검정의 통계적 검정력이 커져서 작은 효과도 탐지할 수 있게 된다. 이로 인해 실질적인 의미가 없을 수 있는 작은 효과크기에도 불구하고 p−값이 낮아질 수 있다.

17.2 주요 검정별 효과크기

효과크기(Effect Size, 이하 ES)는 연구에 사용되는 주요 통계기법(t−검정, 분산분석, 상관분석, 회귀분석 등)에 따라 다양하게 정의된다. 예를 들어, 두 모집단을 비교하는 경우 (표준화된) 효과크기는 다음과 같이 정의된다.

$$d = \frac{|\mu_1 - \mu_2|}{\sigma}. \text{ (모집단 버전)}$$

위의 효과크기는 다음과 같은 특징을 가진다. 첫째, 측정 단위에 의존하지 않으며, 둘째, 표본크기에 의존하지 않는다는 것이다.

Cohen(1988)은 여러 가지 통계분석 방법들에 대해 효과크기를 계산하는 공식을 제안하였고, 작고 큰 정도를 나름대로 정의하였다([표 17.1]). 평균 차이의 비교에 대한 효과크기 d의 경우 그 의미는 다음과 같다. 예를 들어, 실험군이 대조군에 비해 어떤 특성치의 증가에 있어 d 만큼의 효과를 가진다고 하자. 만약 $d = 1$이면 실험군의 평균 μ_1은 귀무가설 분포의 상위 16%에 해당한다. 즉, 실험군의 중간에 해당하는 환자가 대조군의 84%보다 크다는 것을 의미한다. Cohen이 정의한 효과크기는 다음과 같다.

(i) $d = 0.2$(small: 작은 효과크기)는 실험군의 평균 수준이 대조군 분포의 상위 42% 정도에 해당하며(0.42=1−pnorm(0.2)), (ii) $d = 0.5$(medium: 중간 효과크기)는 실험군의 평균 수준이 대조군 분포의 상위 31% 정도에 해당하고, (iii) $d = 0.8$(large: 큰 효과크기)는 실험군의 평균 수준이 대조군 분포의 상위 21% 정도에 해당한다. 이 예제에서 효과크기는 표준정규분포에서 z−점수(z−score)와 유사하다. 즉, 효과크기가 1.96이면 상위 2.5%(대조군의 97.5%)에 해당한다([그림 17.1]).

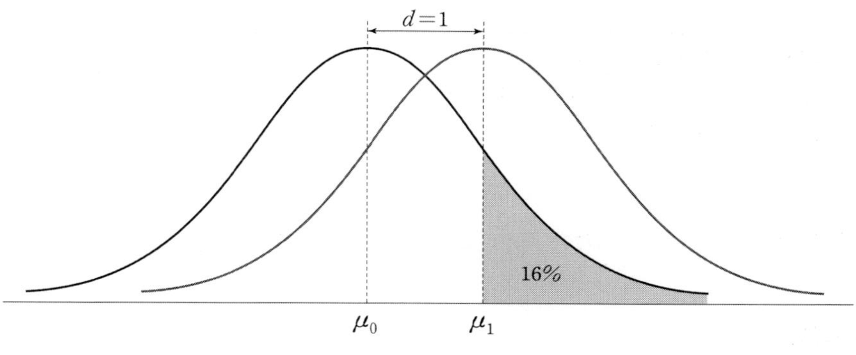

d	상위 확률(%)
0.2	42%
0.5	31%
0.8	21%
1.0	16%

[그림 17.1] 정규분포에서 효과크기에 따른 확률

[표 17.1] 여러 가지 검정에서의 효과크기와 효과크기 수준에 대한 정의, Cohen(1977, 1988)

검정	효과크기	효과크기 수준		
		소(작음)	중(중간)	대(큼)
두 집단 평균에 대한 t-검정	$d=\frac{\lvert\mu_1-\mu_2\rvert}{\sigma}$	0.20	0.50	0.80
두 비율의 차이에 대한 검정	$h=\lvert 2\sin^{-1}\sqrt{p_1}-2\sin^{-1}\sqrt{p_2}\rvert$	0.20	0.50	0.80
k개 평균에 대한 F-검정*	$f=\sqrt{\frac{\sum_{i=1}^{k}p_i(\mu_i-\mu)^2}{\sigma^2}}$ ($p_i=n_i/N$, σ^2=그룹-내 오차 분산)	0.10	0.25	0.40
상관계수 검정 ($\rho\neq 0$)	ρ	0.10	0.30	0.50
다중선형회귀의 F-검정 ($R^2\neq 0$)	$f^2=\frac{R^2}{1-R^2}$	0.02	0.15	0.35
카이제곱(χ^2) 검정**	$\omega=\sqrt{\sum_{i=1}^{m}\frac{(p_{0i}-p_{1i})^2}{p_{0i}}}$ (p_{0i}, p_{1i}: H_0와 H_1하에서의 확률)	0.1	0.3	0.5

* F-검정에서 모집단 효과크기(f)는 $\sigma_{means}/\sigma_{error}$ =(그룹-간 표준편차)/(그룹-내 표준편차)와 동일하다. 표본 효과크기(f)는 $\sqrt{SSB/SSW}$이다.
** 카이제곱 검정에서 표본 효과크기(ω)는 파이계수(또는 크래머 V)가 사용된다.

[표 17.1]에서 제시된 효과크기에 대한 보다 구체적인 설명은 다음과 같다.

(1) t-검정

t-검정에서 효과크기는 다음의 식으로 측정(정의)된다.

$$d=\frac{\lvert\mu_1-\mu_2\rvert}{\sigma}.$$

- μ_1: 그룹 1의 평균
- μ_2: 그룹 2의 평균
- σ^2: 공통 오차분산

Sawilowsky(2003)는 Cohen의 d에 대한 보다 세밀한 기준을 [표 17.2]와 같이 제시하였다.

[표 17.2] Cohen의 d에 대한 기준과 해석

효과크기	효과크기 수준	
	Sawilowsky(2003)	Cohen
0.01	매우 작음(very small)	·
0.20	작음(small)	작음
0.50	중간(medium)	중간
0.80	큼(large)	큼
1.20	매우 큼(very large)	·
2.0	엄청나게 큼(huge)	·

(2) 비율 검정

두 독립 비율의 검정에서 효과크기로 Cohen의 h는 다음과 같이 정의된다.

$$h = \left| \, 2\sin^{-1}\sqrt{p_1} - 2\sin^{-1}\sqrt{p_2} \, \right|.$$

- p_1: 그룹 1의 비율
- p_2: 그룹 2의 비율

(3) 일원배치 ANOVA

일원배치 분산분석에서 효과크기는 다음의 식으로 측정된다.

$$f = \sqrt{\frac{\sum_{i=1}^{k} p_i (\mu_i - \mu)^2}{\sigma^2}}.$$

- $p_i = n_i / N$
- n_i: 그룹 i에서 관측값의 수
- N: 전체 관측값의 수
- μ_i: 그룹 i의 평균
- μ: 전체 평균
- σ^2: 그룹-내(within group) 오차분산

일원배치 ANOVA에서 균형 자료의 경우, $p_i = 1/k$ 이고 $f = \sqrt{\dfrac{\sum_{i=1}^{k}(\mu_i - \mu)^2/k}{\sigma^2}}$ 이다. 이는 (그룹-간 표준편차)와 (그룹-내 표준편차)의 비와 동일하다. 즉, ANOVA에서 효과크기 f는 $\sigma_{means}/\sigma_{error}$으로 해석될 수 있다. 효과크기 f의 표본 버전은 $f = \sqrt{SSB/SSW}$이다. 이때 SSB는 $SSB = \sum_{i=1}^{k}(\overline{x}_i - \overline{x})^2/(k-1)$이다(모집단 버전과의 차이에 유의: k 와 $(k-1)$).

일원배치뿐만 아니라 더 일반적인 ANOVA 모형에 대한 효과크기(η^2, η_k^2, ω^2, ϵ^2)는 다음 절에서 자세히 소개하기로 한다. 이 가운데 η^2은 SSB/SST로 정의되며 f와 함께 일원배치 ANOVA에서 효과크기로 사용된다. η^2과 $f(=\sqrt{SSB/SSW})$의 관계는 다음과 같다.

$$\eta^2 = \frac{f^2}{1+f^2} \quad \Leftrightarrow \quad f = \sqrt{\frac{\eta^2}{1-\eta^2}}.$$

효과크기에 대한 해석으로 Cohen은 [표 17.3]의 기준을 제시하였다.

[표 17.3] Cohen의 f(또는 η^2)에 대한 기준과 해석

효과크기		효과크기의 정도
η^2	f	
0.01	0.10	작음
0.06	0.25	중간
0.14	0.40	큼

(4) 상관계수

상관계수가 영(0)인지에 대한 검정에서 상관계수(ρ) 자체를 효과크기로 사용한다. 상관계수는 그 자체로 단위에 의존하지 않는 측도이다.

두 상관계수의 차이(difference)에 대한 효과크기로 Cohen의 q는 다음과 같이 정의된다.

$$q = \frac{1}{2}\log\left(\frac{1+\rho_1}{1-\rho_1}\right) - \frac{1}{2}\log\left(\frac{1+\rho_2}{1-\rho_2}\right).$$

(5) 선형모형

선형모형(예: 다중선형회귀)에서 효과크기는 아래의 Cohen의 f^2 측도를 이용한다.

$$f^2 = \frac{R^2}{1-R^2}.$$

- R^2: 모집단 제곱 다중상관

또한, A가 주어질 때 B의 기여도에 대한 효과크기는 다음과 같이 주어진다.

$$f^2_{B|A} = \frac{R^2_{AB} - R^2_A}{1-R^2_{AB}}.$$

- R^2_A: 변수 집합 A에 의해 모집단에서 설명되는 분산
- R^2_{AB}: 변수 집합 A와 B에 의해 모집단에서 설명되는 분산

첫 번째 공식은 예측변수 집합이 결과에 미치는 영향을 평가할 때 적합하며, 두 번째 공식은 한 세트의 예측변수(모형 A: p개의 예측변수)에 두 번째 예측변수 집합(또는 공변량)이 추가될 때(모형 AB: $p+q$개의 예측변수)의 영향(유의성)을 평가할 때 적합하다(즉, 내포(nested) 모형에서 모형 간 영향력 비교에 유용함).

선형모형에서 효과크기로 f^2(또는 $f^2_{B|A}$)외에 결정계수(R^2)와 수정된 결정계수(R^2_a)가 사용될 수 있다.

(6) 카이제곱 검정

카이제곱 검정에서 효과크기로 Cohen의 ω(omega)는 다음과 같이 정의된다.

$$\omega = \sqrt{\sum_{i=1}^{m} \frac{(p_{0i} - p_{1i})^2}{p_{0i}}}.$$

- p_{0i}: 귀무가설(H_0)하에서 i–번째 칸의 칸 확률
- p_{1i}: 대립가설(H_1)하에서 i–번째 칸의 칸 확률

카이제곱 검정에서 표본 효과크기로 파이계수(2×2)와 크래머 $V(r\times c)$가 사용된다.

2×2 분할표의 경우, 효과크기 ω의 표본 버전은 $\sqrt{\chi^2/n}$ (파이계수)와 동일하다. 그 이유는 카이제곱 통계량은

$$\begin{aligned}\chi^2 &= \sum_{all}\frac{(O_i-E_i)^2}{E_i}\\ &= \sum_{all}\frac{(np_{1i}-np_{0i})^2}{np_{0i}}\\ &= \sum_{all}\frac{n(p_{1i}-p_{0i})^2}{np_{0i}}\end{aligned}$$

이고, 따라서 $\omega = \sqrt{\chi^2/n}$ 이다.

그 외 분할표 분석에 사용되는 효과크기에는 오즈비, 상대위험, 위험차이 등이 있다.

① 오즈비(odds ratio)는 두 개의 이진(binary) 범주형 변수 간의 연관 정도에 관심이 있을 때 적절하다. 오즈비는 두 그룹에서의 오즈의 비로 '(오즈 1)/(오즈 2)=$(p_1/(1-p_1))/(p_2/(1-p_2))$'로 정의된다.

② 상대위험(relative risk) 또는 위험도비(risk ratio)는 두 그룹에서 위험(확률)의 비로 '(위험 1)/(위험 2)=p_1/p_2'으로 정의된다.

> **주목** 오즈비와 상대위험은 모두 유용하지만 통계적 용도가 다르다. 의학 연구에서 오즈비는 일반적으로 사례-대조 연구(case-control study)에 사용되며(사례-대조 연구에서는 대조군의 크기에 의존적이므로 상대위험을 구할 수 없음), 상대위험은 코호트 연구(cohort study) 및 무작위 배정 임상시험(randomized controlled trials, RCT)에 사용된다.

③ 위험차이(risk difference)는 단순히 두 그룹 간의 위험(확률)의 차이로 'p_1-p_2'로 정의되며, 절대위험감소(absolute risk reduction)라고도 한다.

이상에서 여러 가지 효과크기를 소개하였다. 이들 효과크기는 분석의 목적에 따라 선택적으로 사용될 수 있다. 또한 효과크기는 다양한 변형이 있으며, 이들은 계산 과정을 통해 서로 변환이 가능하므로 메타분석 등에서는 여러 가지 방법으로 측정된 효과크기를 종합하여 하나의 수치로 나타낼 수 있다. 보다 복잡한 분석 모형(예를 들어, 비모수검정 또는 반복측정자료분석 등)에 대한 효과크기에 대해서는 관련 연구를 참고하기 바란다.

17.3 효과크기의 추정과 검정통계량

앞 절에서는 모집단 버전의 효과크기를 소개하였다. 검정력분석에서 표본 수 계산을 위해서는 모집단 효과크기에 대한 추정이 필요하다. 효과크기의 추정 방법으로는 1) 기존의 연구 결과를 이용, 2) 시험 연구(pilot study)를 수행, 3) Cohen의 제안(큼, 중간, 작음)을 이용하는 방법이 있다.

17.3.1 차이 기반의 효과크기 추정

대표적인 차이(difference) 기반의 효과크기인 Cohen의 d는 다음과 같이 정의된다.

- Cohen의 d(표준화된 차이): $d = \dfrac{|\mu_1 - \mu_2|}{\sigma}$.

관측 자료(시험 연구로부터 얻은)로부터 Cohen의 d에 대한 추정에 대해, 일표본 t−검정, 이표본 t−검정, 대응비교의 순으로 소개한다.

(i) 일표본 t−검정의 경우: 표본(또는 추정된) 효과크기는 다음과 같다.

$$\hat{d} = \frac{|\bar{x} - \mu_0|}{s}.$$

여기서 μ_0는 귀무가설의 평균이고, $\bar{x}$와 s는 각각 자료의 평균과 표준편차이다.

(ii) 독립 이표본 t−검정의 경우: 표본(또는 추정된) 효과크기는 다음과 같다.

$$\hat{d} = \frac{|\bar{x}_1 - \bar{x}_2|}{s_p}.$$

여기서 $\bar{x}_1$, $\bar{x}_2$는 각 자료의 평균이고, s_p는 합동(pooled) 표준편차로 Cohen(1969)과 Hedges(1981)는 각각 다음을 제안하였다.

- Cohen의 제안 : $s_p = \sqrt{\frac{(n_1-1)s_1^2 + (n_2-1)s_2^2}{n_1+n_2}}$.
- Hedges의 제안 : $s_p = \sqrt{\frac{(n_1-1)s_1^2 + (n_2-1)s_2^2}{n_1+n_2-2}}$.

(이 경우 $\hat{d}$은 Hedges의 g로 알려져 있다.)

Cohen과 Hedges의 $\hat{d}$은 $n > 20$인 경우에는 큰 차이가 없으며, 해석의 기준도 동일하다. 단, 소표본의 경우 Hedges의 방법이 Cohen보다 편의가 수정된 방법이다(Hedges의 g^* 도 이와 유사함).

(iii) Glass의 Δ: 만약 그룹 1이 사례군(case)이고, 그룹 2가 대조군(control)인 경우, Glass(1976)는 그룹 2의 표준편차만을 이용하여 효과크기의 추정량을 다음과 같이 제안하였다.

$$\Delta = \frac{|\bar{x}_1 - \bar{x}_2|}{s_2}.$$

그룹 2는 대조군으로 간주될 수 있으며, Glass는 여러 처리를 대조군과 비교할 경우 대조군에서 계산한 표준편차만 사용하는 것이 더 좋으며, 이 경우 동일한 평균과 다른 분산 하에서 효과크기가 다르지 않을 것이라고 주장하였다. 다만, 동일한 모집단 분산의 가정이 옳은 경우에는 σ에 대해 합동 추정량을 사용하는 것이 더 정확하다.

(iv) 대응 t-검정의 경우: 대응 t-검정에서의 효과크기를 일표본의 경우와 같이 표현하면 다음과 같다.

$$d_z = \frac{|\mu_z|}{\sigma_z}.$$

여기서 μ_z와 σ_z는 각각 차이(difference)의 평균과 표준편차이다.

만약, 각 집단의 분산과 함께 상관계수의 정보를 안다면,

$$\sigma_z = \sigma_1^2 + \sigma_2^2 - 2\rho\sigma_1\sigma_2$$

를 이용할 수 있다.

(v) 다음으로, 대응 t-검정에서의 효과크기는 독립인 이표본의 경우와 같이(두 집단의 표준편차가 동일하다고 가정할 때) 다음과 같이 표현된다.

$$d' = \frac{|\mu_1 - \mu_2|}{\sigma}.$$

이 식은 평균 간의 차이를 표준편차로 표준화한 것이다(이때 σ는 합동(pooled) 표준편차로 추정할 수 있음). 위 식을 이용할 경우, Cohen은 상관계수의 정보를 이용하여 다음과 같이 수정된 효과크기(d)를 사용할 것을 제안하였다.

$$d = \frac{d'}{\sqrt{1-\rho}}.$$

대응비교의 경우, R과 G*Power 패키지에서 상관계수는 가장 보수적인 영(0)을 사용하여 표본 수를 계산한다. 상관계수가 클수록 효과크기가 커지므로 검정력은 높아지고, 이에 따라 요구되는 표본 수는 더 작아진다.

17.3.2 효과크기와 검정통계량의 관계

효과크기는 표본의 크기와는 무관하나, 대응되는 검정통계량과는 표본의 크기만큼의 차이가 있다. 예를 들어, 앞 절의 결과 (i)과 (ii)로부터 (표본) 효과크기는 각각

$$\hat{d} = \frac{|\bar{x} - \mu_0|}{s} = \frac{1}{\sqrt{n}}|t|, \quad t = \frac{\bar{x} - \mu_0}{s/\sqrt{n}} \iff |t| = \sqrt{n}\,\hat{d}$$

과

$$\hat{d} = \frac{|\bar{x}_1 - \bar{x}_2|}{s} = \sqrt{\frac{1}{n_1} + \frac{1}{n_2}}|t|, \quad t = \frac{|\bar{x}_1 - \bar{x}_2|}{s\sqrt{\frac{1}{n_1} + \frac{1}{n_2}}} \iff |t| = \sqrt{\frac{1}{n_1} + \frac{1}{n_2}}\,\hat{d}$$

이다. 따라서, 동일한 유의수준과 검정력을 요구하는 검정에서, 큰 효과크기($\hat{d}\uparrow$)는 작은 표본($n's\downarrow$)을, 작은 표본은 큰 효과크기를 요구함을 알 수 있다. 이 사실로부터 원하는 수준(주어진 α, β, 효과크기)의 검정을 수행하는 데 필요한 표본의 수를 결정할 수 있다.

17.3.3 상관 기반의 효과크기 추정

대표적인 상관(correlation) 기반의 효과크기는 다음과 같다.

- 상관계수(ρ)
- 회귀분석: R^2과 R_a^2(수정된-R^2)
- ANOVA: η^2과 ω^2(R^2과 R_a^2의 ANOVA 버전임)
- Cohen의 f^2

이 가운데 ANOVA에서의 η^2과 ω^2, Cohen의 f^2을 차례로 설명한다.

(i) (ANOVA: η^2) 먼저, ANOVA에서 η^2은 다음과 같이 정의된다.

$$\eta^2 = \frac{SSB}{SST}.$$

이 값은 그룹 소속(group membership)의 정보가 설명하는 Y 변동의 양(즉, 설명력)을 나타낸다.

또한, k-번째 인자에 대한 부분-η^2(partial η^2)은

$$\eta_k^2 = \frac{SSB_k}{SST}$$

로 정의되며, 이 값은 나머지 인자가 통제된 뒤, k-번째 인자에 의해 설명될 수 있는 Y 변동의 비율을 나타낸다.

(ii) (ANOVA: ω^2) η^2은 R^2과 같이 과적합의 문제를 가진다. 즉, 그룹이 추가되면 η^2은 커지게 된다. 일원배치 ANOVA의 경우 η^2을 조정(adjust)한 ω^2을 사용할 수 있다.

$$\omega^2 = \frac{SSB - (\phi_B/\phi_W)SSW}{SST + \phi_W SSW}.$$

여기서 SSB와 SSW는 각각 그룹-간과 그룹-내 제곱합이다. ω^2은 모집단 η^2에 덜 편향된 추정량이다.

(iii) (Cohen의 f^2) Cohen의 f^2은 아래와 같이 정의되는 측도이다.

$$f^2 = \frac{a^2}{1 - a^2}.$$

여기서 a^2은 R^2-형의 측도로 회귀분석과 ANOVA 모형에서 다음과 같이 정의된다.

- **회귀분석** : $f^2 = \frac{R^2}{1 - R^2}$.
- ANOVA : $f^2 = \frac{\eta^2}{1 - \eta^2}$.

즉, f^2은 R^2(또는 η^2)에 대한 증가함수인 측도이다.

(iv) (Cohen의 $f^2_{B|A}$) 다중선형회귀에서 주어진 p개의 예측변수 모형(모형 A)에 q개의 예측변수가 추가된 모형(모형 AB)을 생각하자. 추가되는 q개 예측변수의 효과를 검정하는 문제에서 Cohen은 다음의 효과크기를 제안하였다.

$$f_{B|A}^2 = \frac{R_{AB}^2 - R_A^2}{1 - R_{AB}^2}.$$

여기서 R_A^2 과 R_{AB}^2 은 각각 p와 $(p+q)$개의 예측변수 모형에서의 다중상관계수(multiple R^2)이다.

17.4 효과크기 요약과 R 패키지 소개

17.4.1 효과크기 요약과 해석

지금까지 소개된 주요 검정별 효과크기를 정리하면 [표 17.4]와 같다.

[표 17.4] 주요 검정별 효과크기

검정	효과크기
독립 t-검정	Cohen's d, Hedges'g와 g^*, Glass's Δ
대응 t-검정	Cohen's d
ANOVA/ANCOVA	Cohen's f, η^2, ω^2, ϵ^2
이변량 상관	상관계수(피어슨, 스피어만)
다중선형회귀	R^2, R_a^2, Cohen's $f^2(f_{B\|A}^2)$
카이제곱 검정	ω, 파이계수(2×2), Cramer's $V(r\times c)$

[표 17.5]는 양적 연구에서 사용되는 주요 효과크기와 이에 대한 해석을 정리한 것이다. 17.2절에서 Cohen(1988)이 제시한 기준과 함께 사용하기를 바란다.

[표 17.5] 양적 연구에서 효과크기에 대한 해석

효과크기			
통계량	값	해석	참고
Cramer's V (명목형 자료)	0.10 0.30 0.50	작은 효과크기 중간 효과크기 큰 효과크기	Cohen(1988)
	0.00~0.10 미만 0.10~0.20 미만 0.20~0.40 미만 0.40~0.60 미만 0.60~0.80 미만 0.80~1.00 미만	무시할 만한 연관성 약한 연관성 보통의 연관성 비교적 강한 연관성 강한 연관성 매우 강한 연관성	Rea & Parker (1992)
Cohen's d (독립 t-검정)	0.20 0.50 0.80	작은 효과크기 중간 효과크기 큰 효과크기	Cohen(1988)
Cohen's f (ANOVA/ ANCOVA)	0.10 0.25 0.40	작은 효과크기 중간 효과크기 큰 효과크기	
ω^2(omega squared) (ANOVA/ ANCOVA)	0.01 0.06 0.15	작은 효과크기 중간 효과크기 큰 효과크기	Keppel(1991)
	0.010 0.059 0.138	작은 효과크기 중간 효과크기 큰 효과크기	Kirk(1996)
R^2 (다중선형회귀)	0.0196 0.1300 0.2600	작은 효과크기 중간 효과크기 큰 효과크기	Cohen(1988)
상관계수	0.70~ 0.50~0.69 0.30~0.49 0.10~0.29 0.01~0.09	매우 강한 연관성 상당한 연관성 보통의 연관성 낮은 연관성 무시할 만한 연관성	Davis(1971)
	0.90~1.00 0.70~0.90 0.50~0.70 0.30~0.50 0.00~0.30	매우 높은 상관 높은 상관 보통의 상관 낮은 상관 아주 작은 상관	Hinkle, Wiersma & Jurs(1979)*
	0.90~1.00 0.70~0.90 0.50~0.70 0.30~0.50 0.10~0.30 0.00~0.10	거의 완벽함 매우 큼 큼 보통 작음 매우 작음	Hopkins(1997)
	* Davis(1971)와 Hopkins(1997)에 비해 기준이 엄격함.		

자료: Kotrlik & Williams(2003)

17.4.2 R 패키지 소개

이 절에서는 효과크기를 구하는 R 패키지 {pwr}과 {effectsize}를 소개한다. {pwr} 패키지는 검정력분석(19장)에서도 중요하게 다루어지나, 여기서는 효과크기와 관련된 함수만 소개한다. {effectsize} 패키지는 효과크기와 관련된 포괄적인 내용을 다루지만, 이 절에서는 효과크기의 해석을 위한 함수만 소개하고, 더 구체적인 활용은 다음 장에서 다루기로 한다.

(a) {pwr} 패키지 이용

R의 {pwr} 패키지는 효과크기를 구하는 기본적인 함수를 제공한다. [표 17.6]은 이를 정리한 것이다.

[표 17.6] {pwr} 패키지의 효과크기 관련 기본 함수

R 함수	설명	기본형
cohen.ES()	검정별 전통적인 효과크기 제공	cohen.ES(test= , size=)
ES.h()	두 비율에 대한 효과크기 계산	ES.h(p1, p2)*
ES.w1()	χ^2 적합도 검정에 대한 효과크기 계산	ES.w1(P0, P1) • P0, P1: k개 확률의 첫 번째와 두 번째 집합
ES.w2()	χ^2 연관성검정의 대립가설에 해당하는 이차원 분할표에 대한 효과크기 계산	ES.w2(P) • P: 이차원($r \times c$) 확률 분할표 행렬
plot()	pwr.*.test() 함수의 결과객체에 적용 시 검정력 함수 그림을 제공함	

* 역사인(arcsine) 변환에 의한 차이 값을 제공함.

예제 17.1 cohen.ES() 함수

cohen.ES() 함수는 여러 검정에 대한 전통적인 효과크기(small, medium, large)를 제공한다. 이 함수의 일반 형식은 다음과 같다.

```
cohen.ES(test = c("p", "t", "r", "anov", "chisq", "f2"),
         size = c("small", "medium", "large"))
```

- test= 통계적 검정을 지정.
- size= 전통적인 효과크기를 지정("small", "medium", "large").

```
> cohen.ES(test = "r", size = "medium")

     Conventional effect size from Cohen (1982)
```

```
        test = r
        size = medium
 effect.size = 0.3
```

예제 17.2 ES.*()와 plot() 함수

다음 사용된 ES.*() 함수의 용법은 도움말을 참고하기를 바란다.

```
> ES.h(0.5,0.4)
[1] 0.2013579

> P0<-rep(1/4,4)
> P1<-c(0.375,rep((1-0.375)/3,3))
> ES.w1(P0,P1)
[1] 0.2886751

> P0<-rep(1/4,4)
> P1<-c(0.375,rep((1-0.375)/3,3))
> ES.w1(P0,P1)
[1] 0.2886751

> prob<-matrix(c(0.225,0.125,0.125,0.125,0.16,0.16,0.04,0.04),
               nrow=2,byrow=TRUE)
> prob
      [,1]  [,2]  [,3]  [,4]
[1,] 0.225 0.125 0.125 0.125
[2,] 0.160 0.160 0.040 0.040

> ES.w2(prob)
[1] 0.2558646

> plot(pwr.chisq.test(w=ES.w2(prob), df=(2-1)*(4-1), N=200))
```

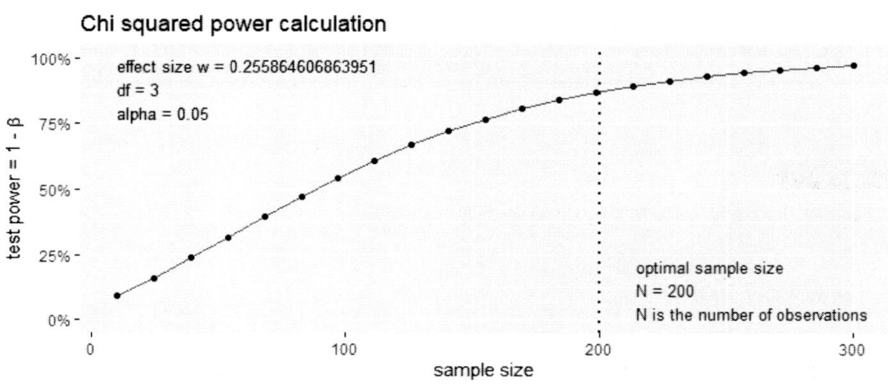

(해석) 이차원 분할표에 대한 카이제곱 검정에서 (효과크기, 자유도, 표본크기)가 주어질 때, 검정력을 제공한다. 더 자세한 내용은 검정력분석(19장)에서 다룬다.

(b) {effectsize} 패키지

{effectsize} 패키지의 interpret_*() 함수는 각 모형별로 다양한 효과크기에 대한 해석을 제공한다([표 17.7] 참고). 예를 들어, 다음의 함수는 여러 가지 표준화된 차이(t-검정에서의 효과크기)에 대한 해석을 제공한다.

```
interpret_cohens_d(d, rules = "cohen1988", ...)
interpret_hedges_g(g, rules = "cohen1988")
interpret_glass_delta(delta, rules = "cohen1988")
```

- d, g, delta: 효과크기(값 또는 벡터).
- rules= "cohen1988" (default), "gignac2016", "sawilowsky2009", "lovakov2021".

[표 17.7] 효과크기 해석을 위한 R 함수

	R 함수	기본형(디폴트)
표준화된 차이	interpret_cohens_d() interpret_hedges_g() interpret_glass_delta()	interpret_d(x, rules = "cohen1988")
상관계수	interpret_r()	interpret_r(r, rules = "funder2019")
오즈비	interpret_oddsratio()	interpret_oddsratio(x, rules = "chen2010", log=FALSE)
결정계수	interpret_r2()	interpret_r2(x, rules = "cohen1988")
ANOVA	interpret_omega_squared() interpret_eta_squared() interpret_epsilon_squared()	interpret_omega_squared(x, rules = "field2013")
p-값	interpret_p()	interpret_p(p, rules = "default")
기타	다수의 CFA/SEM 모형 및 베이지안 관련 효과크기 지수	

예제 17.3

효과크기 해석을 위한 R 함수의 사용 예를 살펴보자.

(a) 표준화된 차이

```
> library(effectsize)
```

```
> interpret_cohens_d(.02)
[1] "very small"
(Rules: cohen1988)
> interpret_cohens_d(c(.5, .02))
[1] "medium"     "very small"
(Rules: cohen1988)
> interpret_cohens_d(.3, rules = "lovakov2021")
[1] "small"
(Rules: lovakov2021)
```

(b) 상관계수

```
> interpret_r(.015)
[1] "tiny"
(Rules: funder2019)

> interpret_r(c(.5, -.02))
[1] "very large" "tiny"
(Rules: funder2019)

> interpret_r(.3, rules = "lovakov2021")
[1] "medium"
(Rules: lovakov2021)
```

(c) 오즈비

```
> interpret_oddsratio(1)
[1] "very small"
(Rules: chen2010)

> interpret_oddsratio(c(5, 2))
[1] "medium" "small"
(Rules: chen2010)
```

(d) 결정계수

```
> interpret_r2(.02)
[1] "weak"
(Rules: cohen1988)

> interpret_r2(c(.5, .02))
[1] "substantial" "weak"
(Rules: cohen1988)
```

(e) ANOVA 효과크기

```
> interpret_eta_squared(0.15, rules = "cohen1992")
[1] "medium"
(Rules: cohen1992)
> interpret_omega_squared(0.15, rules = "field2013")
[1] "large"
(Rules: field2013)
> interpret_epsilon_squared(0.15, rules = "cohen1992")
[1] "medium"
(Rules: cohen1992)
```

18장

R을 이용한 효과크기

이 장에서는 R의 {effectsize} 패키지에서 제공하는 효과크기 관련 함수를 소개한다. 이 패키지는 다양한 모형에 대해 효과크기 지수와 표준화된 모수를 제공하며, 효과크기의 계산은 물론 Cohen의 d, r, 오즈(odds) 등과 같은 지수 간의 변환 및 효과크기의 해석을 위한 유용한 함수를 제공한다.

18.1 단순 가설검정에 대한 효과크기

일반적인 가설검정(R에서 일반적으로 *.test() 함수로 검정이 수행됨)에 대한 효과크기를 구하는 R 함수를 소개한다. 대부분의 경우, 효과크기는 effectsize() 함수를 통해 검정 객체로부터 자동으로 추출될 수 있다.

[표 18.1]은 t-검정과 ANOVA 검정에서 효과크기를 구하는 R 함수를 정리한 것이다.

[표 18.1] t-검정과 ANOVA에 대한 효과크기 R 함수

	관련 함수	효과크기
이표본 t-검정	t.test()	cohens_d() hedges_g() glass_delta()
일표본 t-검정 /대응비교	t.test()	cohens_d() hedges_g()
베이지안 t-검정	ttestBF{BayesFactor}	effectsize()
ANOVA*	oneway.test()	eta_squared()

* ANOVA-형의 효과크기에 대해서는 다음 절에서 자세히 다룸.

예제 18.1 독립 이표본 t-검정

```
> t.test(mpg ~ am, data = mtcars, var.equal = TRUE)
> cohens_d(mpg ~ am, data = mtcars)
Cohen's d |          95% CI
--------------------------
-1.48     | [-2.27, -0.67]

- Estimated using pooled SD.

> # Hedges' g는 소표본에 대해 편의 수정(bias correction)을 제공함(N<20)
> hedges_g(mpg ~ am, data = mtcars)
Hedges' g |          95% CI
--------------------------
-1.44     | [-2.21, -0.65]

- Estimated using pooled SD.

> t.test(mpg ~ am, data = mtcars, var.equal = FALSE)
> cohens_d(mpg ~ am, data = mtcars, pooled_sd = FALSE)
Cohen's d |          95% CI
--------------------------
-1.41     | [-2.26, -0.53]

- Estimated using un-pooled SD.

> hedges_g(mpg ~ am, data = mtcars, pooled_sd = FALSE)
Hedges' g |          95% CI
--------------------------
-1.35     | [-2.17, -0.51]
```

```
- Estimated using un-pooled SD.

> # Glass' Δ(delta): 두 번째 표본(주로 '통제' 그룹임)으로부터 구한 표준편차를 사용함에 유의
> glass_delta(mpg ~ am, data = mtcars)
Glass' delta |         95% CI
-----------------------------
-1.17        | [-1.93, -0.39]
```

예제 18.2 일표본 t–검정 / 대응비교

```
> t.test(extra ~ group, data = sleep, paired = TRUE)
> cohens_d(extra ~ group, data = sleep, paired = TRUE)
Cohen's d |         95% CI
--------------------------
-1.28     | [-2.23, -0.44]

> hedges_g(extra ~ group, data = sleep, paired = TRUE)
Hedges' g |         95% CI
--------------------------
-1.17     | [-2.04, -0.40]
```

예제 18.3* 베이지안 t–검정

```
> library(BayesFactor)
> (BFt <- ttestBF(mtcars$mpg[mtcars$am == 0], mtcars$mpg[mtcars$am == 1]))
Bayes factor analysis
--------------
[1] Alt., r=0.707 : 86.58973 ±0%

Against denominator:
  Null, mu1-mu2 = 0
---
Bayes factor type: BFindepSample, JZS

> effectsize(BFt, test = NULL)
Summary of Posterior Distribution

Parameter | Median |         95% CI
-----------------------------------
Cohens_d  |  -1.31 | [-2.12, -0.51]
```

예제 18.4 일원배치 ANOVA

```
> onew <- oneway.test(mpg ~ gear, data = mtcars, var.equal = TRUE)
> eta_squared(onew)

Eta2 |       90% CI
-------------------
0.43 | [0.18, 0.59]
```

[표 18.2]는 분할표와 비율 검정에서 효과크기를 구하는 R 함수를 정리한 것이다.

[표 18.2] 분할표와 비율 검정에 대한 효과크기 R 함수

	관련 함수	효과크기
연관성 측도/ 적합도 검정	chisq.test()	cramers_v() phi() 또는 cohens_w()
두 비율 비교(2×2)	chisq.test()	oddsratio() riskratio() cohens_h()
대응쌍 분할표	mcnemar.test()	cohens_g()
베이지안 검정	contingencyTableBF {BayesFactor}	effectsize()

예제 18.5 연관성 측도 / 적합도 검정

```
> Music <- matrix(
    c(
      150, 130, 35, 55,
      100, 50, 10, 40,
      165, 65, 2, 25
    ),
    byrow = TRUE, nrow = 3,
    dimnames = list(
      Study = c("Psych", "Econ", "Law"),
      Music = c("Pop", "Rock", "Jazz", "Classic")
    )
  )
> Music
       Music
Study   Pop Rock Jazz Classic
  Psych 150  130   35      55
  Econ  100   50   10      40
  Law   165   65    2      25
```

```
> chisq.test(Music)
> cramers_v(Music)
Cramer's V |       95% CI
-------------------------
0.18       | [0.12, 0.22]

> phi(Music)
Phi  |       95% CI
-------------------
0.25 | [0.17, 0.31]
```

예제 18.6 연관성 측도 / 적합도 검정

```
> O <- c(89, 37, 30, 28, 2)     # 관측 빈도
> E <- c(40, 20, 20, 15, 6)     # 기대 빈도
> chisq.test(O, p = E, rescale.p = TRUE)
> cramers_v(O, p = E, rescale.p = TRUE)
Cramer's V |       95% CI
-------------------------
0.13       | [0.02, 0.18]

> phi(O, p = E, rescale.p = TRUE)
Phi  |       95% CI
-------------------
0.25 | [0.04, 0.37]
```

예제 18.7 두 비율 비교

```
> RCT <- matrix(
    c(
      71, 30,
      50, 100
    ),
    nrow = 2, byrow = TRUE,
    dimnames = list(
      Diagnosis = c("Sick", "Recovered"),
      Group = c("Treatment", "Control")
    )
  )
> RCT
           Group
Diagnosis   Treatment Control
  Sick             71      30
```

```
  Recovered        50     100

> oddsratio(RCT)
Odds ratio |       95% CI
-------------------------
4.73       | [2.74, 8.17]

> riskratio(RCT)
Risk ratio |       95% CI
-------------------------
2.54       | [1.87, 3.45]

> cohens_h(RCT)
Cohen's h |       95% CI
------------------------
0.74      | [0.50, 0.99]
```

예제 18.8 대응쌍 분할표

```
> Performance <- matrix(
    c(
      794, 86,
      150, 570
    ),
    nrow = 2, byrow = TRUE,
    dimnames = list(
      "1st Survey" = c("Approve", "Disapprove"),
      "2nd Survey" = c("Approve", "Disapprove")
    )
  )

> Performance
            2nd Survey
1st Survey    Approve Disapprove
  Approve         794         86
  Disapprove      150        570

> mcnemar.test(Performance)
> cohens_g(Performance)
Cohen's g |       95% CI
------------------------
0.14      | [0.07, 0.19]
```

(해석) 대응쌍(종속적) 분할표에 대해, Cohen의 g는 대칭성을 나타내며 0(완벽한 대칭)~0.5(완전 비대칭)의 값을 가진다.

예제 18.9* 베이지안 검정

```
> (BFX <- contingencyTableBF(Music, sampleType = "jointMulti"))
Bayes factor analysis
--------------
[1] Non-indep. (a=1) : 10053377 ±0%

Against denominator:
  Null, independence, a = 1
---
Bayes factor type: BFcontingencyTable, joint multinomial

> effectsize(BFX, type = "cramers_v", test = NULL)
Summary of Posterior Distribution

Parameter | Median |       95% CI
--------------------------------
Cramers_v |   0.18 | [0.14, 0.22]

> effectsize(BFX, type = "phi", test = NULL)
Summary of Posterior Distribution

Parameter | Median |       95% CI
--------------------------------
phi       |   0.26 | [0.20, 0.31]
```

[표 18.3]은 순위 기반 검정에 대한 효과크기를 구하는 R 함수를 정리한 것이다.

[표 18.3] 순위 기반 검정에 대한 효과크기 R 함수

	관련 함수	효과크기
이표본(순위합검정)	wilcox.test()	rank-biserial()
일표본(부호순위검정)/대응비교	wilcox.test()	rank-biserial()
순위 일원배치 ANOVA	kruskal.test()	rank_epsilon_squared()
순위 반복측정 일원배치 ANOVA	friedman.test()	kendalls_w()

* 순위 기반 검정의 효과크기에 대한 설명은 14.4절(rank-biserial correlation 등) 및 5.2절(Kendall's W)을 참고할 것.

예제 18.10 순위 기반 검정에 대한 효과크기

(a) 이표본 검정

```
> A <- c(48, 48, 77, 86, 85, 85)
> B <- c(14, 34, 34, 77)
> wilcox.test(A, B)    # 윌콕슨의 순위합검정
> rank_biserial(A, B)
r (rank biserial) |       95% CI
---------------------------------
0.79              | [0.30, 0.95]
```

(b) 일표본 검정 / 대응비교

```
> x <- c(1.15, 0.88, 0.90, 0.74, 1.21)
> wilcox.test(x, mu = 1)    # 부호순위검정
> rank_biserial(x, mu = 1)
r (rank biserial) |       95% CI
---------------------------------
-0.07             | [-0.78, 0.72]

- Deviation from a difference of 1.

> x <- c(1.83, 0.50, 1.62, 2.48, 1.68, 1.88, 1.55, 3.06, 1.30)
> y <- c(0.878, 0.647, 0.598, 2.05, 1.06, 1.29, 1.06, 3.14, 1.29)
> wilcox.test(x, y, paired = TRUE)    # 부호순위검정
> rank_biserial(x, y, paired = TRUE)
r (rank biserial) |       95% CI
---------------------------------
0.78              | [0.30, 0.94]
```

(c) 일원배치 ANOVA

```
> group_data <- list(
        g1 = c(2.9, 3.0, 2.5, 2.6, 3.2),
        g2 = c(3.8, 2.7, 4.0, 2.4),
        g3 = c(2.8, 3.4, 3.7, 2.2, 2.0)
        )

> kruskal.test(group_data)
> rank_epsilon_squared(group_data)
Epsilon2 (rank) |       95% CI
-------------------------------
0.06            | [0.01, 0.74]
```

(d) 블록인자를 포함한 처리효과 검정

```
> wb <- aggregate(warpbreaks$breaks,
                  by = list(
                     w = warpbreaks$wool,
                     t = warpbreaks$tension
                     ),
                  FUN = mean
                  )
> friedman.test(x ~ w | t, data=wb)
> kendalls_w(x ~ w | t, data = wb)
Kendall's W |       95% CI
--------------------------
0.11        | [0.11, 1.00]
```

(해석) 귀무가설은 '블록의 효과를 제외하고 관측값의 위치모수가 각 그룹별로 동일하다'이다. 반복측정 일원배치 ANOVA에서 Kendall의 W[18]는 여러 블록 간의 그룹(실험 조건) 효과에 대한 일치도를 나타내는 측도, 또는 보다 빈번히 평가자(block) 간의 평가 점수(그룹 순위)의 신뢰도 측도로 사용된다. $0 \sim 1$의 값을 가지며 값이 클수록 그룹 간의 차이가 더 크거나 평가자 간의 일치도가 더 높다.

18.2 ANOVA에 대한 효과크기

ANOVA 모형에 대한 효과크기를 구하는 R 함수를 소개한다. [표 18.4]는 ANOVA-형 효과크기와 R 함수를 요약한 것이다.

[표 18.4] ANOVA-형 효과크기와 R 함수

ANOVA-형 효과크기	R 함수
$\eta^2 = \frac{SS_{effect}}{SS}$	eta_squared()
$\eta_p^2 = \frac{SS_{effect}}{SS_{effect} + SS_{error}}$	eta_squared()
ω^2	omega_squared()
ϵ^2(조정된 η^2이라고도 함)	epsilon_squared()
η_G^2(일반화 η^2)	eta_squared(, generalized=)

18) Kendall의 W(일치계수)는 Friedman 검정에 대한 효과크기로 5장을 참고할 것.

ANOVA-형 효과크기	R 함수
Cohen's $f_p = \sqrt{\frac{\eta_p^2}{1-\eta_p^2}} = \sqrt{\frac{SS_{effect}}{SS_{error}}}$	cohens_f()
제곱합(SS)을 구하기 어려운 경우	'검정통계량 → 효과크기' 함수 이용(18.3절): F_to_eta2()

† 효과크기 ω^2과 ϵ^2은 모집단 η^2의 불편추정량임.

ANOVA-형 검정의 맥락에서 ANOVA-형의 효과크기를 보고하는 것이 일반적이다. 표준화된 모수와는 달리, 이러한 효과크기는 모형의 각 항으로 설명되는 분산의 양을 나타내며 각 항은 하나 이상의 모수(효과크기)로 제시될 수 있다.

예제 18.11 ANOVA 모형

mtcars 자료에 대해 ANOVA 모형을 적합하고, 모형에 대한 여러 가지 효과크기($\eta^2, \omega^2, \epsilon^2, Cohen's\ f$)를 구한다.

```
> library(effectsize)
> mtcars$am_f <- factor(mtcars$am)
> mtcars$cyl_f <- factor(mtcars$cyl)
> model <- aov(mpg ~ am_f * cyl_f, data = mtcars)
> eta_squared(model)    # F_to_eta2() 함수로도 가능: 18.3절 참고
> # eta_squared(model, partial=TRUE)와 동일
# Effect Size for ANOVA

Parameter   | Eta2 (partial) |       90% CI
--------------------------------------------
am_f        |           0.63 | [0.42, 0.75]
cyl_f       |           0.66 | [0.45, 0.77]
am_f:cyl_f  |           0.10 | [0.00, 0.27]

> omega_squared(model)
# Effect Size for ANOVA

Parameter   | Omega2 (partial) |       90% CI
----------------------------------------------
am_f        |             0.57 | [0.35, 0.71]
cyl_f       |             0.60 | [0.37, 0.72]
am_f:cyl_f  |             0.02 | [0.00, 0.13]

> epsilon_squared(model)
# Effect Size for ANOVA
```

```
Parameter   | Epsilon2 (partial) |       90% CI
-----------------------------------------------
am_f        |               0.61 | [0.40, 0.74]
cyl_f       |               0.63 | [0.41, 0.75]
am_f:cyl_f  |               0.03 | [0.00, 0.06]

> cohens_f(model)
# Effect Size for ANOVA

Parameter   | Cohen's f (partial) |       90% CI
------------------------------------------------
am_f        |                1.30 | [0.86, 1.73]
cyl_f       |                1.38 | [0.90, 1.81]
am_f:cyl_f  |                0.33 | [0.00, 0.61]
```

효과크기에 대한 해석을 위해서는 앞 절에서 소개한 interpret_eta_squared() 등의 함수를 이용할 수 있다.

예제 18.12 ANOVA 모형

mtcars 자료에 대해 ANOVA를 실시하되, aov(모형식) 대신 anova(lm(모형식)) 함수를 이용한다. 이 경우에는 모형식 표현에서 예측변수의 순서가 결과에 영향을 미칠 수 있으므로 주의하기 바란다.

```
> data(mtcars)
> mtcars$am_f <- factor(mtcars$am)
> mtcars$cyl_f <- factor(mtcars$cyl)
> m <- lm(mpg ~ cyl_f, data=mtcars)
> parameters::model_parameters(m)
Parameter   | Coefficient |   SE |          95% CI | t(29) |      p
-------------------------------------------------------------------
(Intercept) |       26.66 | 0.97 | [ 24.68, 28.65] | 27.44 | < .001
cyl_f [6]   |       -6.92 | 1.56 | [-10.11, -3.73] | -4.44 | < .001
cyl_f [8]   |      -11.56 | 1.30 | [-14.22, -8.91] | -8.90 | < .001

> parameters::model_parameters(anova(m))
Parameter | Sum_Squares | df | Mean_Square |     F |      p
-----------------------------------------------------------
cyl_f     |      824.78 |  2 |      412.39 | 39.70 | < .001
Residuals |      301.26 | 29 |       10.39 |       |

> library(effectsize)
> eta_squared(m, partial = FALSE)
# Effect Size for ANOVA

Parameter | Eta2 |       90% CI
```

```
--------------------------------
cyl_f     | 0.73 | [0.57, 0.82]
```

(해석) $\eta^2 = SS_{effect}/SS$ 이다. 즉, 종속변수의 변동 가운데 처리(cyl_f)에 의해 설명되는 비율이 73%이다. 제1종 제곱합(Type Ⅰ SS)에 기초한다.

```
> m <- lm(mpg ~ am_f + cyl_f, data=mtcars)
> eta_squared(m, partial = FALSE)
# Effect Size for ANOVA

Parameter | Eta2 |       90% CI
--------------------------------
am_f      | 0.36 | [0.13, 0.55]
cyl_f     | 0.41 | [0.15, 0.57]

> eta_squared(m)    # partial=TRUE(디폴트) 적용
# Effect Size for ANOVA

Parameter | Eta2 (partial) |       90% CI
------------------------------------------
am_f      |           0.61 | [0.40, 0.73]
cyl_f     |           0.63 | [0.43, 0.75]
```

(해석) 위의 두 가지 결과는 모두 제1종 제곱합(Type Ⅰ SS)에 기인한다. 제1종 제곱합은 순차(sequantial) 제곱합으로 lm() 함수의 모형식 표현에서 예측변수의 지정 순서에 따라 결과가 달라진다.

```
> eta_squared(car::Anova(m, type = 2), partial = FALSE)
# Effect Size for ANOVA

Parameter | Eta2 |       90% CI
--------------------------------
am_f      | 0.05 | [0.00, 0.22]
cyl_f     | 0.60 | [0.39, 0.72]

> eta_squared(car::Anova(m, type = 3))     # partial=TRUE(디폴트)
# Effect Size for ANOVA

Parameter | Eta2 (partial) |       90% CI
------------------------------------------
am_f      |           0.12 | [0.00, 0.32]
cyl_f     |           0.63 | [0.43, 0.75]
```

(해석) 모형식 표현에서 지정 변수의 순서에 무관한 제2종 또는 제3종 제곱합(이들 제곱합은 lm() 함수의 모형식의 순서에 무관함)에 기초한 효과크기를 구하기 위해서는 car::Anova() 함수에서 type= 옵션을

이용한다. 교호작용이 없는 모형에서는 두 결과(type=2와 3)가 동일하다. 위의 출력에서 두 결과가 다른 이유는 partial= 옵션의 차이에 기인한 것이다. 예를 들어, am_f의 효과크기 0.05와 0.12는 car::Anova()의 수행 결과로부터 다음과 같이 계산된 것이다.

```
> car::Anova(m, type = 2)    # type=3의 결과와 동일함
Anova Table (Type II tests)

Response: mpg
          Sum Sq Df F value    Pr(>F)
am_f       36.77  1  3.8922 0.05846 .
cyl_f     456.40  2 24.1577 8.01e-07 ***
Residuals 264.50 28
---
Signif. codes:  0 '***' 0.001 '**' 0.01 '*' 0.05 '.' 0.1 ' ' 1

> 36.8/(36.8+264.5)     # partial=TRUE: 부분 에타제곱
[1] 0.1221374
> 36.8/(36.8+264.5+456.4)     # partial=FALSE: 에타제곱
[1] 0.04856803
```

(해석) partial=TRUE(η_p^2)는 partial=FALSE(η^2)보다 항상 더 큰 값을 제공한다. 부분(partial) 에타제곱(η_p^2)은 항의 제곱합과 오차항의 제곱합만 사용하기 때문에 단순히 '신호 vs 잡음'의 비로 볼 수 있다(일원배치 고정효과 모형에서는 $\eta^2 = \eta_p^2$ 임).

```
> # 교호작용 효과를 포함하는 모형
> m_interaction1 <- lm(mpg ~ am_f * cyl_f, data = mtcars)
> eta_squared(car::Anova(m_interaction1, type = 3))    # partial=TRUE(디폴트) 적용
# Effect Size for ANOVA

Parameter   | Eta2 (partial) |       90% CI
-------------------------------------------
am_f        |           0.20 | [0.02, 0.41]
cyl_f       |           0.41 | [0.15, 0.58]
am_f:cyl_f  |           0.10 | [0.00, 0.27]

> eta_squared(car::Anova(m_interaction1, type = 3), partial=FALSE)
# Effect Size for ANOVA

Parameter   | Eta2 |       90% CI
---------------------------------
am_f        | 0.12 | [0.00, 0.33]
cyl_f       | 0.34 | [0.09, 0.53]
am_f:cyl_f  | 0.05 | [0.00, 0.20]
```

(해석) 제3종 제곱합(Type Ⅲ SS)은 나머지 인자(주인자와 교호인자)들이 모두 포함된 모형에서 해당 인자(주인자 또는 교호인자)가 추가될 때 발생하는 제곱합의 증가량이다. 인자가 모형에 추가되는 순서와는 무관하다[19]. partial=TRUE와 partial=FALSE인 경우의 효과크기는 다음과 같이 계산된 결과이다.

```
> car::Anova(m_interaction1, type = 3)
Anova Table (Type III tests)

Response: mpg
             Sum Sq Df  F value    Pr(>F)
(Intercept) 1573.23  1 171.1040 6.057e-13 ***
am_f          58.43  1   6.3549 0.0181761 *
cyl_f        167.71  2   9.1200 0.0009978 ***
am_f:cyl_f    25.44  2   1.3832 0.2686140
Residuals    239.06 26
---
Signif. codes:  0 '***' 0.001 '**' 0.01 '*' 0.05 '.' 0.1 ' ' 1

> 58.43/(58.43+239.06)     # partial=TRUE: 부분 에타제곱
[1] 0.19641
> 58.43/(58.43+167.71+25.44+239.06)     # partial=FALSE: 에타제곱
[1] 0.1190894
```

예제 18.13 [예제 18.12]의 계속

교호작용을 포함하는 ANOVA의 경우, 제곱합에 대한 해석이 부자연스러울 수 있다. 제3종(Type Ⅲ) 제곱합은 공변량이 중심화되고(mean-centered), 요인의 경우에는 더미변수에 대해 직교대비로 코딩된 경우에만 합리적이고 유익한 결과를 제공한다. 직교대비는 'contr.sum', 'contr.poly' 또는 'contr.helmert'에 의해 생성된다(디폴트인 'contr.treatment'에서는 아님). 이 과정은 아래와 같이 lm() 함수에서 contrast= 옵션을 지정하거나, 보다 편리한 방법으로 afex::aov_car() 함수를 이용하는 것이다.

```
> ## [방법 1] lm() 함수에서 contrast= 옵션을 지정
> m_interaction2 <- lm(
      mpg ~ am_f * cyl_f,
      data = mtcars,
      contrasts = list(
        am_f = "contr.sum",
        cyl_f = "contr.sum"
        )
      )
```

19) 반면, 제2종 제곱합은 모든 주인자만 포함된 모형에서 다른 인자(주인자 또는 교호인자)가 추가될 때 발생하는 제곱합의 증가량이다. 교호인자가 없는 모형에서는 제3종 제곱합과 같다.

(해석) 더미변수에 대한 직교대비 코딩은 lm() 객체(m_interaction2)에 대해 model.matrix()함수를 적용하여 확인할 수 있다(m_interaction1에 적용한 결과와 비교해 볼 것).

```
> eta_squared(car::Anova(m_interaction2, type = 3))
# Effect Size for ANOVA

Parameter   | Eta2 (partial) |       90% CI
-------------------------------------------
am_f        |           0.11 | [0.00, 0.32]
cyl_f       |           0.63 | [0.42, 0.75]
am_f:cyl_f  |           0.10 | [0.00, 0.27]

> ## [방법 2] afex::aov_car() 함수를 이용
> library(afex)
> mtcars$id <- c(1:length(mtcars[,1]))
> m_afex <- aov_car(mpg ~ am_f * cyl_f + Error(id), data = mtcars)
Contrasts set to contr.sum for the following variables: am_f, cyl_f
```

(해석) 모형식에서 Error(id)는 개체(id)별로 다른 오차를 허용함을 말한다. 이는 개체별로 다른 절편을 허용하는 것(즉, 개체를 임의효과로 지정하는 것)과 동일하다. lme-4형의 모형식 표현 (1 | id)와 동일하다.

```
> eta_squared(m_afex)
# Effect Size for ANOVA (Type III)

Parameter   | Eta2 (partial) |       90% CI
-------------------------------------------
am_f        |           0.11 | [0.00, 0.32]
cyl_f       |           0.63 | [0.42, 0.75]
am_f:cyl_f  |           0.10 | [0.00, 0.27]
```

(해석) [방법 1]의 결과(효과크기)와 동일함을 알 수 있다.

```
> omega_squared(m_afex)
# Effect Size for ANOVA (Type III)

Parameter   | Omega2 (partial) |       90% CI
---------------------------------------------
am_f        |             0.07 | [0.00, 0.26]
cyl_f       |             0.57 | [0.33, 0.71]
am_f:cyl_f  |             0.02 | [0.00, 0.05]

> epsilon_squared(m_afex)
# Effect Size for ANOVA (Type III)

Parameter   | Epsilon2 (partial) |       90% CI
```

```
-----------------------------------------------
am_f         |                 0.08 | [0.00, 0.27]
cyl_f        |                 0.60 | [0.38, 0.73]
am_f:cyl_f   |                 0.03 | [0.00, 0.14]

> eta_squared(m_afex, generalized = "am_f")
# Effect Size for ANOVA (Type III)

Parameter   | Eta2 (generalized) |       90% CI
-----------------------------------------------
am_f        |                0.10 | [0.00, 0.31]
cyl_f       |                0.58 | [0.35, 0.71]
am_f:cyl_f  |                0.09 | [0.00, 0.26]

- Observed variabels: am_f> cohens_f(m_afex)
# Effect Size for ANOVA (Type III)

Parameter   | Cohen's f (partial) |       90% CI
-----------------------------------------------
am_f        |                0.35 | [0.00, 0.68]
cyl_f       |                1.31 | [0.84, 1.73]
am_f:cyl_f  |                0.33 | [0.00, 0.61]
```

(해석) 에타제곱 외의 여러 가지 ANOVA 모형의 효과크기를 제시하였다.

마지막으로, {sjstats} 패키지의 anova_stats() 함수를 소개한다. 이 함수는 ANOVA의 모든 항에 대해 여러 가지 효과크기 측도($\eta_p^2, \omega_p^2, \epsilon^2, Cohen's\ f$)를 한꺼번에 제공해 준다. 이 함수는 aov 또는 anova 객체를 입력으로 하며, 일반 형식과 사용 예는 다음과 같다.

```
anova_stats(model, digits = 3)
```

- model: 적합된 aov 또는 anova 객체이다.
- digits: 출력 결과의 자릿수를 지정한다.

예제 18.14 {sjstats} 패키지의 활용

```
> library(sjstats)
> data(efc)
> fit <- aov(
        c12hour ~ as.factor(e42dep) + as.factor(c172code) + c160age,
        data = efc
```

```
)

> anova_stats(fit)
```

```
term                   | df |      sumsq |     meansq | statistic | p.value | etasq | partial.et
-----------------------------------------------------------------------------------------------
as.factor(e42dep)      |   3 | 5.778e+05 | 1.926e+05 |   108.786 |  < .001 | 0.266 |          0.
as.factor(c172code)    |   2 | 11722.048 |  5861.024 |     3.311 |   0.037 | 0.005 |          0.
c160age                |   1 | 1.052e+05 | 1.052e+05 |    59.408 |  < .001 | 0.048 |          0.
Residuals              | 834 | 1.476e+06 |  1770.307 |           |         |       |

                       | omegasq | partial.omegasq | epsilonsq | cohens.f | power
                       ---------------------------------------------------------
                       |   0.263 |           0.278 |     0.264 |    0.626 | 1.000
                       |   0.004 |           0.005 |     0.004 |    0.089 | 0.630
                       |   0.048 |           0.065 |     0.048 |    0.267 | 1.000
                       |         |                 |           |          |
```

```
> anova_stats(car::Anova(fit, type = 2))
```

```
term                   |     sumsq |    meansq |  df | statistic | p.value | etasq | partial.et
-----------------------------------------------------------------------------------------------
as.factor(e42dep)      | 4.265e+05 | 1.422e+05 |   3 |    80.299 |  < .001 | 0.212 |          0.
as.factor(c172code)    |  7352.049 |  3676.025 |   2 |     2.076 |   0.126 | 0.004 |          0.
c160age                | 1.052e+05 | 1.052e+05 |   1 |    59.408 |  < .001 | 0.052 |          0.
Residuals              | 1.476e+06 |  1770.307 | 834 |           |         |       |

                       | omegasq | partial.omegasq | epsilonsq | cohens.f | power
                       ---------------------------------------------------------
                       |   0.209 |           0.221 |     0.209 |    0.537 | 1.000
                       |   0.002 |           0.003 |     0.002 |    0.071 | 0.429
                       |   0.051 |           0.065 |     0.051 |    0.267 | 1.000
                       |         |                 |           |          |
```

18.3 검정통계량으로부터의 효과크기

실제 많은 응용문제에서 표준화된 효과크기를 얻는 간단한 방법은 없다. 그러나 검정통계량을 사용하여 대부분의 효과크기의 근사치를 얻을 수 있다. 이러한 변환은 검정통계량이 효과크기와 표본크기의 함수라는 사실에 기초한다. 따라서 표본크기(또는 보다 빈번히 자유도)에 대한 정보는 검정통계량으로부터 효과크기를 구하는 데 사용된다.

[표 18.5]는 검정통계량으로부터 효과크기를 구하는 R 함수로, {effectsize} 패키지에서 제공한다. 이들 함수는 효과크기를 계산하는 데 필요한 데이터를 쉽게 사용할 수 없거나 계산이 간단하지 않은 경우(예: 선형혼합모형, 대비분석 등)에 유용하다.

[표 18.5] 검정통계량으로부터 효과크기를 구하는 R 함수

	From	To	R 함수
검정통계량(t, z, F)을 Cohen의 d 또는 부분 상관계수 r로 변환	t, z, F 통계량	d	t_to_d() z_to_d() F_to_d()
	t, z, F 통계량	r	t_to_r() z_to_r() F_to_r()
설명되는 (부분) 분산비율* 로 변환	F 또는 t-통계량	η_p^2 ω_p^2 ϵ_p^2	F_to_eta2(), t_to_eta2() F_to_epsilon2() F_to_omega2()
χ^2 통계량을 파이계수(크래머 V)로 변환	χ^2 통계량	ϕ ω V	chisq_to_phi() chisq_to_cohens_w() chisq_to_cramers_v()
	파이계수	χ^2	phi_to_chisq()
회귀계수/ 대비	회귀계수(기울기)	r	t_to_r()
	대비(contrast) 분석	r(점이연상관)	t_to_r()
다중비교	개체-간 대비	d	t_to_d()**
	개체-내 대비	d	t_to_d()**

* 이들 측도는 (신호)^2/(신호^2+잡음^2)의 형태로 η_p^2이 대표적임. 여기서 잡음(noise)은 다른 모든 신호(signals)가 부분적으로 제거된 고정 또는 랜덤효과임.

** 근사값이 제공됨. emmeans::eff_size() 함수를 통해 정확한 d를 계산할 수 있음.

예제 18.15

여러 가지 검정을 수행하고, 검정통계량으로부터 효과크기를 산출한다.

(a) t-검정

```
> res <- t.test(1:10, y = c(7:20), var.equal = TRUE)
> ls(res)
 [1] "alternative" "conf.int"    "data.name"   "estimate"    "method"
 [6] "null.value"  "p.value"     "parameter"   "statistic"   "stderr"

> res$statistic
       t
-5.147293
```

```
> res$parameter
df
22

> t_to_d(t = res$statistic, res$parameter)
d     |          95% CI
----------------------
-2.19 | [-3.23, -1.12]

> t_to_r(t = res$statistic, res$parameter)
r     |          95% CI
----------------------
-0.74 | [-0.85, -0.49]

> res <- with(sleep, t.test(extra[group == 1], extra[group == 2], paired = TRUE))
> t_to_d(t = res$statistic, res$parameter, paired = TRUE)
d     |          95% CI
----------------------
-1.35 | [-2.23, -0.44]

> t_to_r(t = res$statistic, res$parameter)
r     |          95% CI
----------------------
-0.80 | [-0.91, -0.40]
```

(b) 선형회귀

```
> model <- lm(rating ~ complaints + critical, data = attitude)
> library(parameters)
> (param_tab <- parameters(model))
Parameter   | Coefficient |    SE |         95% CI | t(27) |      p
-------------------------------------------------------------------
(Intercept) |       14.25 | 11.17 | [-8.67, 37.18] |  1.28 | 0.213
complaints  |        0.75 |  0.10 | [ 0.55,  0.96] |  7.46 | < .001
critical    |    1.91e-03 |  0.14 | [-0.28,  0.28] |  0.01 | 0.989

> (rs <- t_to_r(param_tab$t[2:3], param_tab$df_error[2:3]))
r        |         95% CI
------------------------
0.82     | [ 0.67, 0.89]
2.70e-03 | [-0.35, 0.36]

(c) ANOVA
> mtcars$am_f <- factor(mtcars$am)
> mtcars$cyl_f <- factor(mtcars$cyl)
> model <- aov(mpg ~ am_f * cyl_f, data = mtcars)
```

```
> summary(model)
            Df Sum Sq Mean Sq F value   Pr(>F)    
am_f         1  405.2   405.2  44.064 4.85e-07 ***
cyl_f        2  456.4   228.2  24.819 9.35e-07 ***
am_f:cyl_f   2   25.4    12.7   1.383    0.269    
Residuals   26  239.1     9.2                     
---
Signif. codes:  0 '***' 0.001 '**' 0.01 '*' 0.05 '.' 0.1 ' ' 1

> F_to_eta2(f=c(44.064, 24.819, 1.383), df=c(1,2,2), df_error=c(26,26,26))
Eta2 (partial) |       90% CI
-----------------------------
0.63           | [0.42, 0.75]
0.66           | [0.45, 0.77]
0.10           | [0.00, 0.19]
```

검정통계량으로부터 효과크기를 구하는 과정은 효과크기의 계산에 필요한 자료를 이용할 수 없거나 계산이 간단하지 않은 경우에 유용하다(예를 들어, 선형혼합모형, 다중비교(또는 대비분석) 등). 아래의 [예제 18.16]은 다중비교에서의 효과크기를 다룬다.

예제 18.16* **다중비교**

warpbreaks 자료를 이용하여 다중비교에서 효과크기를 계산하는 두 가지 방법을 제시한다.

```
> str(warpbreaks)
'data.frame':   54 obs. of  3 variables:
 $ breaks : num  26 30 54 25 70 52 51 26 67 18 ...
 $ wool   : Factor w/ 2 levels "A","B": 1 1 1 1 1 1 1 1 1 1 ...
 $ tension: Factor w/ 3 levels "L","M","H": 1 1 1 1 1 1 1 1 1 2 ...
```

[방법 1] 다중비교 수행 후 효과크기 계산

```
> wb.aov <- aov(breaks ~ tension, data = warpbreaks)
> library(multcomp)
> wb.mc <- glht(wb.aov, linfct = mcp(tension = "Tukey"))
> summary(wb.mc)

	 Simultaneous Tests for General Linear Hypotheses

Multiple Comparisons of Means: Tukey Contrasts


Fit: aov(formula = breaks ~ tension, data = warpbreaks)
```

```
Linear Hypotheses:
           Estimate Std. Error t value Pr(>|t|)
M - L == 0  -10.000      3.960  -2.525  0.03844 *
H - L == 0  -14.722      3.960  -3.718  0.00143 **
H - M == 0   -4.722      3.960  -1.192  0.46309
---
Signif. codes:  0 '***' 0.001 '**' 0.01 '*' 0.05 '.' 0.1 ' ' 1
(Adjusted p values reported -- single-step method)

> library(effectsize)
> t_to_d(t = c(2.525, 3.718, 1.192), df_error = 51)
d    |         95% CI
--------------------
0.71 | [ 0.14, 1.27]
1.04 | [ 0.45, 1.62]
0.33 | [-0.22, 0.88]
```

[방법 2] 선형모형 적합 후 주변평균 이용

emmeans{emmeans} 함수를 이용하여 주변평균을 추정한 뒤, 이를 이용하여 효과크기를 계산한다.

```
> warp.lm <- lm(breaks ~ tension, data = warpbreaks)
> library(emmeans)
> # 주변평균 추정(최소제곱평균)
> em_tension <- emmeans(warp.lm, ~tension)
> # emmeans(warp.lm, "wool", by = "tension")와 동일
> em_tension
 tension emmean  SE df lower.CL upper.CL
 L         36.4 2.8 51     30.8     42.0
 M         26.4 2.8 51     20.8     32.0
 H         21.7 2.8 51     16.0     27.3

Confidence level used: 0.95

> # (1) 다중비교 수행 후 효과크기 추정: (방법 1)과 동일함
> library(effectsize)
> pairs(em_tension)
 contrast estimate   SE df t.ratio p.value
 L - M       10.00 3.96 51 2.525   0.0385
 L - H       14.72 3.96 51 3.718   0.0014
 M - H        4.72 3.96 51 1.192   0.4631

P value adjustment: tukey method for comparing a family of 3 estimates

> t_to_d(t = c(2.525, 3.718, 1.192), df_error = 51)
d    |         95% CI
--------------------
```

```
0.71 | [ 0.14, 1.27]
1.04 | [ 0.45, 1.62]
0.33 | [-0.22, 0.88]
```

(해석) 이 결과는 Cohen's d의 참값에 대한 근사이다.

Cohen의 d를 직접 추정하는 방법은 다음과 같다.

```
> # (2) 주변평균을 이용하여 직접 추정하는 방법: 보다 정확한 방법임
> library(emmeans)
> eff_size(em_tension, sigma = sigma(warp.lm), edf = df.residual(warp.lm))
 contrast effect.size    SE df lower.CL upper.CL
 L - M          0.842 0.344 51    0.152     1.53
 L - H          1.239 0.355 51    0.526     1.95
 M - H          0.397 0.336 51   -0.276     1.07

sigma used for effect sizes: 11.88
Confidence level used: 0.95
```

예제 18.17* **요인실험계획**

aov_car{afex} 함수를 이용하여 요인실험계획에서 ANOVA를 수행한다. aov_car() 함수는 개체-내 요인에 대한 오차층(error strata)을 지정하는 aov() 함수와 사용법이 유사하다. 이 함수는 다행스럽게 효과크기를 제공해 주지만, 다른 경우는 쉽지 않을 수 있으며, 검정통계량에 기초한 추정치를 사용하면 좋은 근사치를 얻을 수 있다.

참고 **{afex} 패키지 소개**

R의 {afex} 패키지는 ANOVA와 혼합모형을 사용하여 요인실험에 대한 분석을 수행하는 편리한 함수를 제공한다. aov_ez(), aov_car() 및 aov_4() 함수는 긴 형식의 자료(즉, 행 당 하나의 관측)에 대해 between-subjects, within-subjects(또는 반복측정) 또는 mixed(또는 분할구) ANOVA를 지정할 수 있다. 실험계획의 개인 및 셀 당 다중 관찰은 자동으로 집계된다. {afex}는 제3종(Type Ⅲ) 제곱합을 기본값으로 사용한다(상업용 통계 소프트웨어를 모방).

분석 자료인 md_12.1{afex}는 2×3 요인실험의 결과로 긴 형식(long type)의 자료이다. 10명의 피험자에 대해 실험의 각 조합(6가지)별로 하나씩(실제로는 여러 번 측정한 점수의 평균) 점수가 측정되었다. 60개의 관측값과 4개의 변수를 가진다. 실제 이 자료는 시각 시스템을 연구하는 지각 심리학자가 간섭하는 시각 자극(noise)이 글자를 인식하는 능력을 저하시키는 정도를 결정하는지를 연구하기 위해 반응시간(단위: ms)을 측정한 자료이다. 개체-내 요인으로는 글자 화면에 포함된 잡음(noise: absent, present)과 화면 중앙에서 벗어난 각도(angle: 0°, 4°, 8°)를 고려하였다.

```
> library(afex)
> data(md_12.1)
> str(md_12.1)
'data.frame':	60 obs. of  4 variables:
 $ id   : Factor w/ 10 levels "1","2","3","4",..: 1 2 3 4 5 6 7 8 9 10 ...
 $ noise: Factor w/ 2 levels "absent","present": 1 1 1 1 1 1 1 1 1 1 ...
 $ angle: Factor w/ 3 levels "0","4","8": 1 1 1 1 1 1 1 1 1 1 ...
 $ rt   : int  420 420 480 420 540 360 480 480 540 480 ...

> aov_fit <- aov_car(rt ~ angle * noise + Error(id / (angle * noise)),
                     data = md_12.1,
                     anova_table = list(correction = "none", es = "pes")
                     )
```

(해석) aov_car() 함수는 오차항의 지정에 '+ Error(/)' 형식을 취한다. R의 모형식 표현에서 /은 내포관계를 나타낸다. 위에서 (Error(id / (angle * noise))는 id(개체) 내에서 angle과 noise의 수준 조합별로 오차항을 다르게 지정(즉, 교호효과를 임의효과로 지정)한 것이다. 참고로, lme-4 형('+ (|)' 형식)의 모형식을 사용하는 aov_4() 함수에서의 동등한 표현은 (angle * noise | id)이며, 이는 id별로 교호효과(angle*noise)를 임의효과로 지정한다는 의미이다. 다음의 3가지 모형식 표현은 동일한 결과를 제공한다.

- aov_car(rt ~ angle * noise + Error(id / (angle * noise)), ...)
- aov_4(rt ~ angle * noise + (angle * noise | id), ...)
- aov_ez("id", "rt", within = c("angle", "noise"), ...)

```
> aov_fit
Anova Table (Type 3 tests)

Response: rt
       Effect    df     MSE         F  pes p.value
1       angle 2, 18 3560.00 40.72 *** .819  <.001
2       noise  1, 9 8460.00 33.77 *** .790  <.001
3 angle:noise 2, 18 1160.00 45.31 *** .834  <.001
---
Signif. codes:  0 '***' 0.001 '**' 0.01 '*' 0.05 '+' 0.1 ' ' 1

> library(effectsize)
> F_to_eta2(
        f = c(40.72, 33.77, 45.31),
        df = c(2, 1, 2),
        df_error = c(18, 9, 18)
        )
Eta2 (partial) |       90% CI
```

```
------------------------------
0.82            | [0.66, 0.89]
0.79            | [0.49, 0.89]
0.83            | [0.69, 0.90]
```

(해석) aov_car() 함수에서 제공하는 pes(η_p^2) 결과와 거의 일치하는 효과크기의 근사치를 얻을 수 있다. F_to_eta2() 함수는 신뢰구간까지 추가적으로 제공한다.

```
> library(emmeans)
> joint_tests(aov_fit, by = "noise")
noise = absent:
 model term df1  df2 F.ratio p.value
 angle         2 28.6   4.932 0.0144

noise = present:
 model term df1  df2 F.ratio p.value
 angle         2 28.6  78.763 <.0001
```

(해석) joint_tests() 함수는 예측자(predictors)의 선형 함수에 기초하여 ANOVA를 수행한다. 구체적으로 이 함수는 하나 이상의 예측변수를 by= 옵션으로 지정할 수 있으며, 그들의 각 조합에 대해 별도의 검정 결과(표)를 제공한다.

```
> F_to_eta2(
         f = c(5, 79),
         df = 2,
         df_error = 29
         )
Eta2 (partial) |       90% CI
------------------------------
0.26           | [0.04, 0.44]
0.84           | [0.75, 0.89]

> pairs(emmeans(aov_fit, ~angle))
NOTE: Results may be misleading due to involvement in interactions
 contrast estimate   SE df t.ratio p.value
 X0 - X4      -108 18.9 18 -5.724  0.0001
 X0 - X8      -168 18.9 18 -8.904  <.0001
 X4 - X8       -60 18.9 18 -3.180  0.0137

Results are averaged over the levels of: noise
P value adjustment: tukey method for comparing a family of 3 estimates
```

(해석) emmeans() 함수는 선형모형에서 지정된 요인(또는 요인 조합)에 대해 추정된 주변평균(또는 최소제곱평균이라고도 함)을 구해준다. pairs() 함수는 모든 쌍별 다중비교를 수행한다.

```
> t_to_eta2(
        t = c(-5.7, -8.9, -3.2),
        df_error = 18
        )
Eta2 (partial) |       90% CI
-----------------------------
0.64           | [0.39, 0.78]
0.81           | [0.66, 0.88]
0.36           | [0.09, 0.58]
```

예제 18.18* 선형혼합모형

선형혼합모형에서의 효과크기를 다룬다. 선형혼합모형은 고정효과와 임의효과를 동시에 가지는 통계적 모형이다. 분석에 사용될 sleepstudy{lme4} 자료는 수면 부족에 따른 반응시간(단위: ms)을 측정한 자료이다. 180개의 관측값과 3개의 변수(Reaction, Days, Subject)를 가진다. 18명의 개체(Subject)에 대해 0일째는(Days=0) 정상적인 수면을 취하고, 다음날부터는(Days=1~9) 수면 시간을 하루 3시간으로 제한하여 일련의 테스트에 대한 평균 반응시간을 측정하였다(개체별로 10회 측정).

```
> str(sleepstudy)
'data.frame':   180 obs. of  3 variables:
 $ Reaction: num  250 259 251 321 357 ...
 $ Days    : num  0 1 2 3 4 5 6 7 8 9 ...
 $ Subject : Factor w/ 18 levels "308","309","310",..: 1 1 1 1 1 1 1 1 1 1 ...

> library(lmerTest)
> fit_lmm <- lmer(Reaction ~ Days + (Days | Subject), sleepstudy)
```

(해석) lmer{lme4} 함수에서 모형식은 고정효과에 임의효과를 '+ (|)' 형태로 연결하여 나타낸다. 모형식에서 Days는 고정효과이고, (Days | Subject)는 임의효과를 나타낸다. 여기서 임의효과 (Days | Subject)는 Subject별로 Days 변수에 대해 다른 기울기를 허용함을 나타낸다.

```
> anova(fit_lmm)
Type III Analysis of Variance Table with Satterthwaite's method
     Sum Sq Mean Sq NumDF DenDF F value    Pr(>F)
Days  30031   30031     1    17  45.853 3.264e-06 ***
---
Signif. codes:  0 '***' 0.001 '**' 0.01 '*' 0.05 '.' 0.1 ' ' 1

> F_to_eta2(45.8, 1, 17)
Eta2 (partial) |       90% CI
-----------------------------
0.73           | [0.51, 0.83]
```

```
> parameters::model_parameters(fit_lmm, effects = "fixed", df_method = "satterthwaite")
# Fixed Effects

Parameter   | Coefficient |   SE |           95% CI | t(17.00) |      p
-------------------------------------------------------------------------
(Intercept) |      251.41 | 6.82 | [238.03, 264.78] |    36.84 | < .001
Days        |       10.47 | 1.55 | [  7.44,  13.50] |     6.77 | < .001

> t_to_eta2(6.77, df_error = 17)
Eta2 (partial) |       90% CI
-----------------------------
0.73           | [0.51, 0.83]
```

(해석) 두 가지 방법을 적용한 결과(η_p^2)가 일치함을 알 수 있다.

```
> # 편의 수정된 지수
> F_to_epsilon2(45.8, 1, 17)
Epsilon2 (partial) |       90% CI
---------------------------------
0.71               | [0.48, 0.82]

> F_to_omega2(45.8, 1, 17)
Omega2 (partial) |       90% CI
-------------------------------
0.70             | [0.47, 0.82]
```

(해석) η_p^2과 함께 덜 편향된 ω_p^2과 ϵ_p^2('조정된 η_p^2'이라고도 하며 R_{adj}^2와 동등함)을 제시하였다.

예제 18.19 연관성 측도

η_p^2과 유사하게 r은 '신호(signal) vs 잡음(noise)'의 비(ratio)로 실제 $\sqrt{\eta_p^2}$ (이는 실제 partial r임)과 동일하다. 이 측도는 연관성의 강도를 말할 때 종종 η_p^2을 대신하여 사용된다(η_p^2보다 더 큰 값을 제공하는 이유로 강조되는 측면이 있음).

```
> parameters::model_parameters(fit_lmm, effects = "fixed", df_method = "satterthwaite")
# Fixed Effects

Parameter   | Coefficient |   SE |           95% CI | t(17.00) |      p
-------------------------------------------------------------------------
(Intercept) |      251.41 | 6.82 | [238.03, 264.78] |    36.84 | < .001
Days        |       10.47 | 1.55 | [  7.44,  13.50] |     6.77 | < .001

> t_to_r(6.77, df_error = 17)
r    |       95% CI
```

```
--------------------
0.85 | [0.67, 0.92]
```

고정효과 선형모형에서 t_to_r() 함수는 부분(partial) 상관계수를 제공한다(아래의 두 결과를 비교해 보기 바람).

```
> # 고정효과 선형모형
> fit_lm <- lm(rating ~ complaints + critical, data = attitude)
> parameters::model_parameters(fit_lm)
Parameter   | Coefficient |    SE |         95% CI | t(27) |      p
--------------------------------------------------------------------
(Intercept) |       14.25 | 11.17 | [-8.67, 37.18] |  1.28 | 0.213 
complaints  |        0.75 |  0.10 | [ 0.55,  0.96] |  7.46 | < .001
critical    |    1.91e-03 |  0.14 | [-0.28,  0.28] |  0.01 | 0.989 

> t_to_r(
      t = c(7.46, 0.01),
      df_error = 27
      )
r        |        95% CI
------------------------
0.82     | [ 0.67, 0.89]
1.92e-03 | [-0.35, 0.35]

> correlation::correlation(attitude[, c(1, 2, 6)], partial = TRUE)[1:2, c(2, 3, 7, 8)]
Parameter2 |        r | t(28)
-----------------------------
complaints |     0.82 |  7.60
critical   | 2.70e-03 |  0.01
```

대비분석(contrast analysis)에서도 t_to_r() 함수가 가끔 이용된다. 이 함수는 점이연 상관계수(point biserial correlation)[20] r_{pb}를 제공한다.

```
> # anlge의 수준에 따른 모든 쌍별 다중비교 수행
> pairs(emmeans(aov_fit, ~angle))
NOTE: Results may be misleading due to involvement in interactions
 contrast estimate   SE df t.ratio p.value
 X0 - X4      -108 18.9 18 -5.724  0.0001
 X0 - X8      -168 18.9 18 -8.904  <.0001
 X4 - X8       -60 18.9 18 -3.180  0.0137
```

20) 점이연(point-biserial) 상관계수에 대해서는 14.4절을 참고하기를 바란다.

```
Results are averaged over the levels of: noise
P value adjustment: tukey method for comparing a family of 3 estimates

> t_to_r(
       t = c(-5.7, -8.9, -3.2),
       df_error = 18
       )
r     |        95% CI
----------------------
-0.80 | [-0.89, -0.57]
-0.90 | [-0.95, -0.78]
-0.60 | [-0.79, -0.22]
```

예제 18.20 차이 측도

차이 측도 지수는 '(신호)/(잡음)'을 나타내며, 이때 신호(signal)는 두 평균 간의 차이를 나타낸다. Cohen의 d로 알려진 차이 측도는 동일한 크기의 두 그룹을 비교할 때 근사치로 사용되며, 대비분석에서도 유용하게 사용될 수 있다.

```
> ## 개체-간(between-subject) 대비
> m <- lm(breaks ~ tension, data = warpbreaks)
> em_tension <- emmeans(m, ~tension)
> pairs(em_tension)
 contrast estimate   SE df t.ratio p.value
 L - M       10.00 3.96 51 2.525   0.0385
 L - H       14.72 3.96 51 3.718   0.0014
 M - H        4.72 3.96 51 1.192   0.4631

P value adjustment: tukey method for comparing a family of 3 estimates

> t_to_d(
       t = c(2.53, 3.72, 1.20),
       df_error = 51
       )
d    |        95% CI
--------------------
0.71 | [ 0.14, 1.27]
1.04 | [ 0.45, 1.62]
0.34 | [-0.22, 0.89]
```

(해석) 위의 결과는 단지 Cohen의 d의 참값에 대한 근사치이다. Cohen의 d가 직접 추정될 수 있는 경우에는 직접 추정하는 것이 좋다. 예를 들어, 다음과 같이 emmeans::eff_size() 함수를 사용하여 직접 추정한다.

```
> eff_size(em_tension, sigma = sigma(m), edf = df.residual(m))
 contrast effect.size    SE df lower.CL upper.CL
 L - M          0.842 0.344 51    0.152     1.53
 L - H          1.239 0.355 51    0.526     1.95
 M - H          0.397 0.336 51   -0.276     1.07

sigma used for effect sizes: 11.88
Confidence level used: 0.95
```

```
> ## 개체-내(within-subject) 대비
> pairs(emmeans(aov_fit, ~angle))
NOTE: Results may be misleading due to involvement in interactions
 contrast estimate   SE df t.ratio p.value
 X0 - X4      -108 18.9 18 -5.724  0.0001
 X0 - X8      -168 18.9 18 -8.904  <.0001
 X4 - X8       -60 18.9 18 -3.180  0.0137

Results are averaged over the levels of: noise
P value adjustment: tukey method for comparing a family of 3 estimates

> t_to_d(
       t = c(-5.7, -5.9, -3.2),
       df_error = 18,
       paired = TRUE
       )
d     |         95% CI
----------------------
-1.34 | [-1.97, -0.70]
-1.39 | [-2.03, -0.74]
-0.75 | [-1.27, -0.22]
```

(해석) paired=TRUE는 효과의 크기가 과대 추정되지 않도록 한다.

18.4 효과크기 간의 변환

{effectsize} 패키지에서는 효과크기 지수 간의 변환을 제공한다. 이는 메타분석 또는 다른 유형의 통계분석 간의 비교에 유용할 수 있다.

[표 18.6]은 효과크기 지수 간의 변환을 수행하는 R 함수이다.

[표 18.6] 효과크기 지수 간의 변환

	From	To	R 함수
차이와 상관	차이(d)	상관(r)	d_to_r()*
	상관(r)	차이(d)	r_to_d()
다중선형회귀	t-통계량(t)	차이(d)	t_to_d()
		상관(r)	t_to_r()
	차이(d)	상관(r)	d_to_r()
분할표	오즈비(OR)	거리(d)	oddsratio_to_d()**
		위험도비(RR)	oddsratio_to_riskratio()***

* $r \approx \dfrac{d}{\sqrt{d^2+4}}$ (Borenstein 등, 2009).

** $d = \log(OR) \times \dfrac{\sqrt{3}}{\pi}$ (Sanchez-Meca 등, 2003).

*** $RR = \dfrac{OR}{1-p_0(1-OR)}$ (Grant, 2014). 여기서 p_0는 '기본 위험 비율'로 개입 없이 사건이 발생할 확률임.

예제 18.21 차이와 상관 간의 변환

두 연속인 측정값 간의 표준화된 연관성 측도인 r과 두 그룹(조건) 간의 표준화된 차이 측도인 d 간의 변환이다.

```
> cohens_d(extra ~ group, data = sleep)
Cohen's d |         95% CI
-------------------------
-0.83     | [-1.74, 0.10]

- Estimated using pooled SD.

> d_to_r(-0.83)
[1] -0.3833033

> r_to_d(-0.3833)
[1] -0.8299915
```

(해석) 변환식($r \approx d/\sqrt{d^2+4}$)은 대략적인 근사식이지만 원시자료가 없을 때는 이 변환이 유용할 수 있다.

예제 18.22 다중선형회귀에서의 변환

```
> fit <- lm(mpg ~ am + hp, data = mtcars)
> parameters::model_parameters(fit)
Parameter   | Coefficient |       SE |         95% CI | t(29) |      p
----------------------------------------------------------------------
(Intercept) |       26.58 |     1.43 | [23.67, 29.50] | 18.65 | < .001
am          |        5.28 |     1.08 | [ 3.07,  7.48] |  4.89 | < .001
hp          |       -0.06 | 7.86e-03 | [-0.07, -0.04] | -7.50 | < .001

> # 부분(partial) d를 구하는 두 가지 방법
> 5.28 / sigma(fit)
[1] 1.814934

> t_to_d(4.89, df_error = 29)[[1]]
[1] 1.8161

> # t(또는 partial d)를 r로 변환(이때 r은 partial r임)
> t_to_r(4.89, df_error = 29)
r    |       95% CI
-------------------
0.67 | [0.43, 0.80]

> correlation::correlation(mtcars[, c("mpg", "am", "hp")], partial = TRUE)[1, ]
# Correlation Matrix (pearson-method)

Parameter1 | Parameter2 |    r |       95% CI | t(30) |         p
-----------------------------------------------------------------
mpg        |         am | 0.67 | [0.42, 0.83] |  4.97 | < .001***

p-value adjustment method: Holm (1979)
Observations: 32

> d_to_r(1.81)
[1] 0.6710104
```

예제 18.23 오즈비의 변환

오즈비로 제시된 결과를 Cohen의 d 또는 위험도비(RR) 척도로 변환한다. 동일한 자료도 분석 방법에 따라 다양한 형태로 결과가 제시될 수 있으므로, 여러 결과를 통합(또는 비교)하는 방법으로 유용하다.

```
> ## 로지스틱 회귀에서 오즈비 변환
> fit <- glm(vs~mpg,
             data = mtcars,
             family = binomial()
```

```
          )
> parameters::model_parameters(fit)
Parameter   | Log-Odds |   SE |          95% CI |     z |     p
----------------------------------------------------------------
(Intercept) |    -8.83 | 3.16 | [-16.74, -3.90] | -2.79 | 0.005
mpg         |     0.43 | 0.16 | [  0.18,  0.82] |  2.72 | 0.007

> # log(OR)(: 회귀계수)를 d로 변환
> oddsratio_to_d(0.43, log = TRUE)
[1] 0.2370714
```

(해석) Log-Odds(0.43)는 'log(오즈(x=1)/오즈(x=0))'로 로그-오즈비(OR)를 나타낸다.

```
> ## 오즈비(OR)를 위험도비(RR)로 변환
> p0 <- 0.4
> p1 <- 0.7
> (OR <- probs_to_odds(p1) / probs_to_odds(p0))
[1] 3.5
> (RR <- p1 / p0)
[1] 1.75

> riskratio_to_oddsratio(RR, p0 = p0)
[1] 3.5
> oddsratio_to_riskratio(OR, p0 = p0)
[1] 1.75
```

(해석) p0= 옵션은 기저위험(baseline risk)을 지정한다. 기저위험은 개입(intervention)이 없는 사건의 확률을 뜻한다.

19장

검정력분석

19.1 서론

검정력분석(power analysis)은 실험 설계의 중요한 부분으로, 일반적으로 데이터 수집 전에 수행된다. 이 분석의 주목적은 주어진 신뢰도로 주어진 크기의 효과를 감지하는 데 필요한 표본의 크기를 결정하는 데 있다. 역으로, 표본크기의 제약 조건하에서 주어진 신뢰수준으로 주어진 크기의 영향을 탐지할 확률을 결정할 수도 있다. 확률이 너무 낮으면 실험을 변경하거나 포기하는 것이 좋다.

다음의 4가지 양은 매우 밀접한 관계가 있다. 이 가운데 3개가 주어지면 다른 한 가지를 구할 수 있다.

(i) 표본의 크기(sample size)
(ii) 효과크기(effect size)
(iii) 유의수준(significant level)
(iv) 검정력(power)

여기서 검정력은 제2종 오류와 연관이 되어 있다. 연구자는 표본의 크기가 클수록 원하는 유의수준을 달성하기가 쉬운 반면, 표본이 너무 작으면 검정력이 떨어져 제2종 오류를 범할 수 있다는 점에 유의할 필요가 있다. 검정력분석의 기본 목적은 연구자가 원하는 유의수준에서 주어진 검정의 효과를 탐지하는 데 적합한 최소 표본크기를 결정하도록 돕는 것이다. 검정력분석을 적용하는 이유는 이상적으로는 큰 표본이 작은 표본보다 비용이 많이 들기 때문에 조사자가 작은 표본을 원하기 때문이다. 따라서 표본이 작을수록 유의성검정도 최적화된다고 할 수 있다.

19.2 검정력분석의 기초

(i) [가정] $X_1,\cdots,X_n$: $N(\mu, \sigma^2)$으로부터의 확률표본이라 하자. 여기서, σ^2은 알려진 것으로 한다.

(ii) [가설] $H_0 : \mu \le \mu_0$ vs $H_1 : \mu > \mu_0$

(iii) 검정통계량과 귀무분포: 제1종 오류가 최대가 되는 $H_0 : \mu = \mu_0$하에서의 분포를 제시하면

$$\overline{X} \underset{H_0}{\overset{d}{\sim}} N(\mu_0, \frac{\sigma^2}{n}) \iff Z \equiv \frac{\overline{X} - \mu_0}{\sigma/\sqrt{n}} \underset{H_0}{\overset{d}{\sim}} N(0, 1)$$

이다.

(iv) 유의수준 α인 검정:

$$\overline{X} > \mu_0 + z_\alpha \frac{\sigma}{\sqrt{n}} \text{ 이면 } H_0\text{을 기각} \iff Z > z_\alpha \text{ 이면 } H_0\text{을 기각.}$$

다음의 [그림 19.1]은 두 검정통계량의 유의수준 α에서의 기각역을 나타낸다.

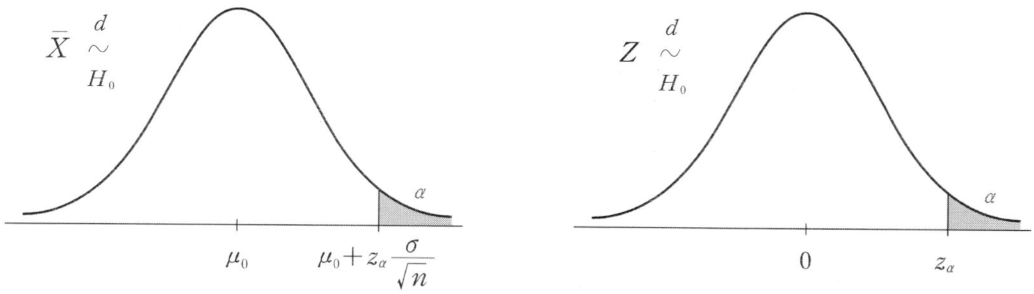

[그림 19.1] 두 검정통계량의 귀무분포와 기각역

(v) 검정력: $\gamma(\mu_1) = 1 - \beta(\mu_1)$ for $\mu_1 (> \mu_0)$

$$= P(reject\ H_0 \mid \mu = \mu_1)$$

$$= P(\overline{X} > \mu_0 + z_\alpha \frac{\sigma}{\sqrt{n}} \mid \mu = \mu_1) \qquad (a)$$

$$= P\left\{Z > z_\alpha - \frac{\mu_1 - \mu_0}{\sigma/\sqrt{n}}\right\}, \quad Z \sim N(0, 1)$$

$$= 1 - \Phi(z_\alpha - \frac{\mu_1 - \mu_0}{\sigma/\sqrt{n}}) \qquad (c)$$

또는

$$\gamma(\mu_1) = P\left\{\frac{\overline{X} - \mu_0}{\sigma/\sqrt{n}} > z_\alpha \mid \mu = \mu_1\right\}$$

$$= P\left\{Z + \frac{\mu_1 - \mu_0}{\sigma/\sqrt{n}} > z_\alpha\right\}, \quad Z \sim N(0, 1) \qquad (b)$$

$$= 1 - \Phi(z_\alpha - \frac{\mu_1 - \mu_0}{\sigma/\sqrt{n}}) \qquad (c)$$

다음의 [그림 19.2]는 차례대로 위 식의 (a), (b), (c)에 해당하는 그림이다. 그림에서 (a)와 (b)는 검정통계량의 귀무가설과 대립가설하에서의 분포를 그린 것이다. 빗금 친 부분의 면적은 대립가설하에서의 검정력을 나타낸다.

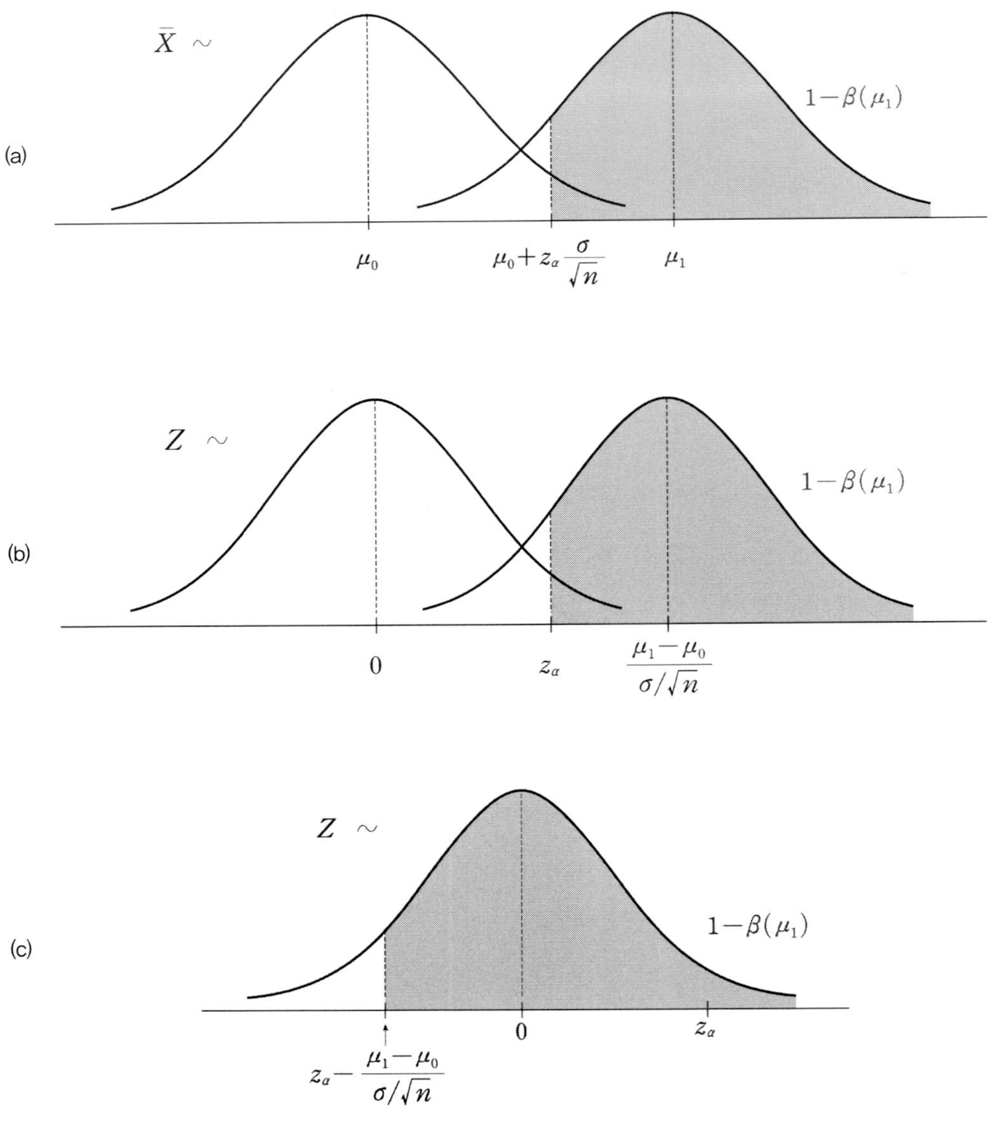

[그림 19.2] 검정력 계산 그림(수식 (a), (b), (c)에 대응)

[그림 19.2]의 식 (c)로부터 α, β 및 효과크기가 주어지면 표본의 수가 결정될 수 있음을 알 수 있다.

19.3 R 패키지 소개

19.3.1 {pwr} 패키지

R의 {pwr} 패키지를 이용한 검정력분석을 소개한다. [표 19.1]은 {pwr} 패키지에서 제공하는 검정력분석 함수이다.

[표 19.1] {pwr} 패키지의 검정력분석 함수

{pwr} 패키지의 함수	분석 내용	R 기본 함수(5절)
pwr.t.test	t-검정(일표본, 이표본, 대응비교)	power.t.test
pwr.t2n.test	t-검정(이표본: unequal n)	·
pwr.p.test	비율(일표본)	·
pwr.2p.test	두 비율(equal n)	power.prop.test
pwr.2p2n.test	두 비율(unequal n)	·
pwr.anova.test	일원배치 ANOVA(balanced)	power.anova.test
pwr.r.test	상관계수	·
pwr.f2.test	일반선형모형(GLM)	·
pwr.chisq.test	카이제곱검정	·

- 위의 각 함수에 대해 4가지 양(효과크기, 표본크기, 유의수준, 검정력) 중 3개를 입력하면 나머지가 계산된다.
- 유의수준의 기본값은 0.05이다. 따라서 효과크기, 표본크기 및 검정력이 주어질 때 유의수준의 계산은 sig.level=NULL 옵션을 사용한다.
- 효과크기(ES)의 지정은 어려운 작업이 될 수 있다. 효과크기의 공식 및 Cohen의 제안(사회과학 연구에 기초함)은 [표 17.1]을 참고하기 바란다. Cohen의 제안은 매우 대략적인 지침으로만 보아야 하며, 해당 분야의 경험을 잘 활용하여야 한다.

위의 함수를 이용하여 검정력분석을 수행하는 예를 몇 가지 소개한다.

예제 19.1 독립 이표본 t-검정

관심 귀무가설은 $H_0 : \mu_1 = \mu_2$이고, 효과크기는 $d = |\mu_1 - \mu_2|/\sigma$를 사용한다. 여기서 σ는 공통(common) 표준편차로 다음과 같다.

$$\sigma^2 = \frac{n_1\sigma_1^2 + n_2\sigma_2^2}{n} \quad (n = n_1 + n_2).$$

양측검정으로 유의수준 $\alpha = 0.05$, 검정력 $1-\beta = 0.8$, $n_1 = n_2$의 조건하에서 Cohen의 기준에 따라 효과크기별 최소 표본크기를 구하면 다음과 같다.

- $d = 0.2(small) : n_1 = n_2 = 394$
- $d = 0.5(medium) : n_1 = n_2 = 64$
- $d = 0.8(large) : n_1 = n_2 = 26$

R의 pwr.t.test{pwr} 함수의 일반 형식은 다음과 같다.

```
pwr.t.test(n = NULL, d = NULL, sig.level = 0.05, power = NULL,
          type = c("two.sample", "one.sample", "paired"),
          alternative = c("two.sided", "less", "greater"))

> library(pwr)
> pwr.t.test(d=0.2, sig.level=0.05, power=0.8, type="two.sample")

     Two-sample t test power calculation

              n = 393.4057
              d = 0.2
      sig.level = 0.05
          power = 0.8
    alternative = two.sided

NOTE: n is number in *each* group
```

예제 19.2 **독립 이표본 t-검정**

실험군과 대조군의 실험 결과가 다음과 같이 주어졌다.

	표본크기	평균	표준편차
실험군	$n_1 = 34$	$\bar{y}_1 = -3.77$	$s_1 = 6.50$
대조군	$n_2 = 34$	$\bar{y}_2 = 1.23$	$s_2 = 6.76$

위의 결과로부터 공통(common) 표준편차를 구하면 다음과 같다.

$$s = \sqrt{\frac{6.50^2 + 6.76^2}{2}} = \sqrt{43.97} = 6.63.$$

따라서 효과크기는 다음과 같이 추정된다.

$$\hat{d} = \frac{|-3.77 - 1.23|}{6.63} = \frac{5.00}{6.02} = 0.75.$$

따라서 유의수준 5%의 양측검정에서의 검정력은 다음과 같이 계산된다.

```
> library(pwr)
> pwr.t.test(n=34, d=0.75, sig.level=0.05, power=NULL, type="two.sample")

     Two-sample t test power calculation

              n = 34
              d = 0.75
      sig.level = 0.05
          power = 0.8614971
    alternative = two.sided

NOTE: n is number in *each* group
```

(해석) 주어진 조건(표본크기=34, 유의수준=0.05)에서 양측검정을 수행할 때, 0.75의 효과크기에 대한 검출 능력(검정력)은 약 86%이다. 참고로, 조건에서 유의수준을 1%로 할 때 검정력은 약 67% 수준으로 나타났다. 이 결과는 보다 엄격한 검정을 수행할 경우, 동일한 크기의 효과수준에 대한 검출 능력은 떨어짐을 의미한다(86% → 67%).

예제 19.3 두 비율 양측검정

두 비율에 대한 양측검정에서, 유의수준이 0.01이고 각 비율에 대한 공통의 표본크기가 30이며 0.75의 검정력으로 탐지할 수 있는 효과크기는 다음과 같이 계산된다.

R의 pwr.2p.test{pwr} 함수의 일반 형식은 다음과 같다.

```
pwr.2p.test(h = NULL, n = NULL, sig.level = 0.05, power = NULL,
    alternative = c("two.sided","less","greater"))

> library(pwr)
> pwr.2p.test(n=30, sig.level=0.01, power=0.75)

     Difference of proportion power calculation for binomial distribution (arcsine
transformation)

              h = 0.8392269
              n = 30
      sig.level = 0.01
          power = 0.75
    alternative = two.sided
```

```
NOTE: same sample sizes
```

(해석) 조건을 만족하는 효과크기는 약 0.840이다. Cohen에 의하면 이 값은 큰 수준의 효과크기이다. 즉, 주어진 조건(표본크기 30, 유의수준 0.01, 검정력 0.75)으로는 큰 수준(0.84)의 효과크기만을 탐지할 수 있다는 의미이다.

예제 19.4 **일원배치 ANOVA**

5개의 그룹을 비교하는 일원배치 ANOVA에서 표본의 크기를 정하고자 한다. 조건으로 $\alpha=0.05$, $1-\beta=0.8$, 효과크기를 0.25(중간 수준)로 할 때, 최소 표본크기는 다음과 같이 각 그룹별 40으로 주어짐을 확인할 수 있다.

R의 pwr.anova.test{pwr} 함수의 일반 형식은 다음과 같다.

```
pwr.anova.test(k = NULL, n = NULL, f = NULL, sig.level = 0.05, power = NULL)

> library(pwr)
> pwr.anova.test(k=5, f=.25, sig.level=.05, power=.8)

     Balanced one-way analysis of variance power calculation

              k = 5
              n = 39.1534
              f = 0.25
      sig.level = 0.05
          power = 0.8

NOTE: n is number in each group
```

19.3.2 R 기본 함수

R의 기본 함수를 이용한 검정력분석을 소개한다. [표 19.2]는 검정력분석을 수행하는 R 기본 함수이다.

[표 19.2] **검정력(표본 수) 계산을 위한 R 기본 함수**

R 기본 함수	검정법
power.t.test	일표본 및 이표본 t-검정
power.prop.test	이표본 비율 검정
power.anova.test	일원배치 ANOVA(balanced)

예제 19.5 이표본 t-검정: 독립표본

유의수준 5%의 양측검정에서 평균의 차이(delta)가 2이고 각 집단의 표준편차(sd)가 1.5일 때, 검정력이 0.8이 되도록 하는 표본의 크기는 다음과 같이 구해진다.

R의 power.t.test() 함수의 일반 형식을 소개하면 다음과 같다.

```
power.t.test(n = NULL, delta = NULL, sd = 1, sig.level = 0.05,
             power = NULL, type = c("two.sample", "one.sample", "paired"),
             alternative = c("two.sided", "one.sided"), ...)

> power.t.test(sig.level=0.05, power=.80, delta=2, sd=1.5, alternative="two.sided")

     Two-sample t test power calculation

              n = 9.889068
          delta = 2
             sd = 1.5
      sig.level = 0.05
          power = 0.8
    alternative = two.sided

NOTE: n is number in *each* group
```

(해석) 조건을 만족하는 표본의 크기는 각 그룹별로 10이 된다. 여기서 표준편차는 각 그룹의 모표준편차이다.

비교 위의 결과는 아래의 pwr.t.test{pwr} 함수의 수행 결과와 동일하다.

```
> pwr.t.test(d=4/3, sig.level=0.05, power=0.8, type="two.sample",
             alternative="two.sided")

     Two-sample t test power calculation

              n = 9.889048
              d = 1.333333
      sig.level = 0.05
          power = 0.8
    alternative = two.sided

NOTE: n is number in *each* group
```

예제 19.6 **이표본 t-검정: 대응비교**

대응비교에서 차이의 평균이 2이고, 차이의 표준편차가 1.5인 경우 sd=1.5를 지정하면 된다. 다만, 차이의 표준편차 대신 각 집단의 분산이 알려진 경우에는 차이의 표준편차를 아래의 식을 통해 계산한다.

$$Var(Y_1 - Y_2) = Var(Y_1) + Var(Y_2) - 2Cov(Y_1, Y_2).$$

이때 상관계수에 대한 정보가 없는 경우에는 가장 보수적으로 상관계수를 영(0)으로 간주하여 $Var(Y_1 - Y_2) = 2\sigma^2$을 사용한다.

```
> # delta= 차이의 평균, sd= 차이의 표준편차를 지정
> power.t.test(sig.level=0.05, power=.80, delta=2, sd=1.5,
             alternative="two.sided", type="paired")

     Paired t test power calculation

              n = 6.581125
          delta = 2
             sd = 1.5
      sig.level = 0.05
          power = 0.8
    alternative = two.sided

NOTE: n is number of *pairs*, sd is std.dev. of *differences* within pairs
```

(해석) 필요한 표본의 수는 7개이다.

비교 위의 결과는 아래의 pwr.t.test{pwr} 함수의 수행 결과와 동일하다. 이때 효과크기는 $d = |\mu_1 - \mu_2|/\sigma = |\mu_Z|/\sigma$이므로 $d = 2/1.5$로 지정하면 된다.

```
> pwr.t.test(d=2/1.5, sig.level=0.05, power=0.8, type="paired",
             alternative="two.sided")

     Paired t test power calculation

              n = 6.581163
              d = 1.333333
      sig.level = 0.05
          power = 0.8
    alternative = two.sided

NOTE: n is number of *pairs*
```

예제 19.7 일원배치 ANOVA

그룹의 수가 5개이고, 그룹-간 분산이 2.5, 그룹-내 분산이 32, $\alpha = 0.05,\ 1-\beta = 0.8$인 경우를 생각하자. 표본의 크기는 다음과 같이 구해진다.

```
> power.anova.test(groups=5, between.var=2.5, within.var=32,
                  sig.level=0.05, power=.8)

     Balanced one-way analysis of variance power calculation

         groups = 5
              n = 39.1534
    between.var = 2.5
     within.var = 32
      sig.level = 0.05
          power = 0.8

NOTE: n is number in each group
```

(해석) 필요한 최소표본의 크기가 40임을 알 수 있다.

비교 위의 결과는 아래의 pwr.anova.test{pwr} 함수의 수행 결과와 동일하다. 이때 효과크기는

$$f^2 = \frac{\sum_{i=1}^{k} \frac{n_i}{N}(\mu_i - \mu)^2}{\sigma^2} = \frac{\left(\frac{k-1}{k}\right) \times (\text{그룹}-\text{간 분산})}{(\text{그룹}-\text{내 분산})}$$

으로부터, $f^2 = (4/5) \times (2.5/32) = 1/16\ (\Rightarrow f = 1/4)$이다.

```
> pwr.anova.test(k=5, f=0.25, sig.level=.05, power=.8)

     Balanced one-way analysis of variance power calculation

              k = 5
              n = 39.1534
              f = 0.25
      sig.level = 0.05
          power = 0.8

NOTE: n is number in each group
```

예제 19.8 이표본 비율 검정

특정 유형의 피부 병변은 치료하지 않고 방치하면 환자의 30%에서 암으로 발전하는 것으로 알려져 있다. 이때 암의 발병 확률을 20%로 줄이는 약이 시중에 나와 있다. 한 제약 회사가 피부 병변을 치료하는 신약을 개발하고 있지만, 신약이 암 발병 확률을 15% 이하로 낮추는 경우에만 가치가 있다고 하자. 제약 회사는 대조군(치료하지 않은 그룹)과 치료 그룹의 두 그룹에 무작위로 배정된 환자를 대상으로 연구를 진행할 계획이다. 이 회사는 유의수준 5%에서 0.8의 검정력으로 0.15의 비율 차이를 검정하는 데 필요한 대상의 수를 알고자 한다.

이 문제에서 우리는 암 발생 확률이 다른지가 아니라, 암 발생 확률을 낮추는지에 대한 검정을 하고자 하므로 단측검정의 옵션을 지정한다(alternative="one.sided").

```
> power.prop.test(n=NULL, p1=0.3, p2=0.15, sig.level=0.05, power=0.8,
                  alternative="one.sided")

     Two-sample comparison of proportions power calculation

              n = 94.77763
             p1 = 0.3
             p2 = 0.15
      sig.level = 0.05
          power = 0.8
    alternative = one.sided

NOTE: n is number in *each* group
```

(해석) 동일한 크기를 가정할 때, 각 그룹별 최소 95명의 대상이 필요하다. 참고로, 만약 양측 검정을 지정한다면(alternative="two.sided"), 표본의 크기는 각 그룹별로 최소 121명이 됨을 확인할 수 있다.

비교 비율의 차이에 대한 검정에 pwr.2p.test{pwr} 함수를 이용하면 다음과 같다. 기본 함수인 power.prop.test()는 두 비율의 절대차이를 효과크기로 사용하는 반면, pwr.2p.test{pwr} 함수에서는 효과크기로 Cohen의 역사인 함수를 사용한다. 위의 결과와 비교할 때 표본 수가 1만큼 차이가 남을 확인할 수 있다.

```
> es <- abs(2*( asin(sqrt(0.3)) - asin(sqrt(0.15)) ))
> es
[1] 0.3638807

> pwr.2p.test(h=es, sig.level=0.05, power=0.8, alternative="greater")

     Difference of proportion power calculation for binomial distribution
(arcsine transformation)

              h = 0.3638807
              n = 93.38567
      sig.level = 0.05
          power = 0.8
    alternative = greater

NOTE: same sample sizes
```

20장

R 활용 예제 – R을 이용한 검정력분석

20.1 일표본 및 이표본 비율 검정

예제 20.1 일표본 비율 검정

앞면이 나올 확률이 75%인 동전을 만들었다고 하자. 이 동전이 공정한 동전보다 앞면이 나올 확률이 큰지에 대해 다음의 가설을 유의수준 5%에서 검정하고자 한다.

$$H_0: \text{앞면이 나올 확률} = 0.5 \quad \text{vs} \quad H_1: \text{앞면이 나올 확률} > 0.5$$

동전이 실제로 앞면이 나올 확률이 75%라면 귀무가설이 올바르게 기각될 확률이 0.80이 되도록 동전을 몇 번 던져야 하는가?

(풀이)

```
> library(pwr)
> pwr.p.test(h = ES.h(p1 = 0.75, p2 = 0.50),
             sig.level = 0.05,
```

```
            power = 0.80,
            alternative = "greater")    # alternative="two-sided"가 디폴트임

     proportion power calculation for binomial distribution (arcsine transformation)

              h = 0.5235988
              n = 22.55126
      sig.level = 0.05
          power = 0.8
    alternative = greater
```

(**해석**) 23번의 시행이 필요하다.

{pwr} 패키지는 표본크기에 따른 검정력의 변화 그림을 제공한다.

```
> p.out <- pwr.p.test(h = ES.h(p1 = 0.75, p2 = 0.50),
                      sig.level = 0.05,
                      power = 0.80,
                      alternative = "greater")
> plot(p.out)
```

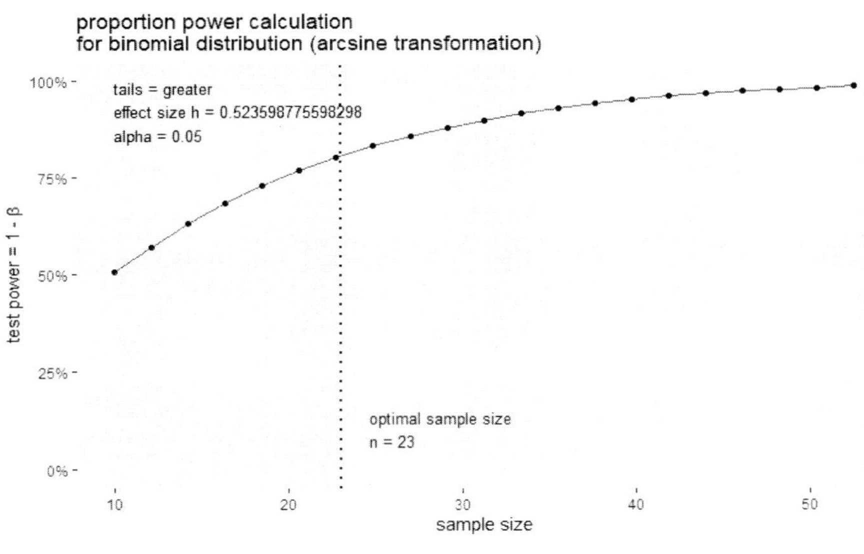

동전을 50번 던지고 제1종 오류의 임곗값을 0.01로 낮출 때의 검정력은 다음과 같이 계산된다.

```
> pwr.p.test(h = ES.h(p1 = 0.75, p2 = 0.50),
             sig.level = 0.01,
             n = 50,
```

```
            alternative = "greater")

     proportion power calculation for binomial distribution (arcsine transformation)

              h = 0.5235988
              n = 50
      sig.level = 0.01
          power = 0.9155976
    alternative = greater
```

(해석) 검정력은 약 92%이다.

효과크기가 확실하지 않은 경우에는 전통적인 크기('작은(small)', '중간(medium)', '큰(large)') 또는 여러 개의 값을 벡터로 지정하여 사용할 수 있다. 그 예는 다음과 같다.

```
> pwr.p.test(h="medium", power=0.8)

     proportion power calculation for binomial distribution (arcsine transformation)

              h = 0.5
              n = 31.39544
      sig.level = 0.05
          power = 0.8
    alternative = two.sided

> pwr.p.test(h = c(0.2,0.5,0.8),
             n = 20,
             sig.level = 0.05)

     proportion power calculation for binomial distribution (arcsine transformation)

              h = 0.2, 0.5, 0.8
              n = 20
      sig.level = 0.05
          power = 0.1454725, 0.6087795, 0.9471412
    alternative = two.sided
```

위의 plot()의 결과에서 표본의 크기에 따른 검정력의 결과는 다음과 같이 저장(또는 확인)할 수 있다.

```
> n <- seq(10,100,10)
> p.out <- pwr.p.test(h = 0.5,
                      n = n,
                      sig.level = 0.05)
> data.frame(n, power = sprintf("%.2f%%", p.out$power * 100))
```

```
     n  power
1   10 35.26%
2   20 60.88%
3   30 78.19%
4   40 88.54%
5   50 94.24%
6   60 97.21%
7   70 98.69%
8   80 99.40%
9   90 99.73%
10 100 99.88%

> pwr.p.test(h = 0.5, n = n, sig.level = 0.05)$power
 [1] 0.3526081 0.6087795 0.7819080 0.8853791 0.9424375 0.9721272
 [7] 0.9869034 0.9940005 0.9973108 0.9988173
```

예제 20.2 이표본 비율 검정

대학생 남녀를 무작위로 추출하여 "일주일에 한 번 이상 술을 마시는지?"에 대한 설문조사를 하고자 한다. 남녀 간에 "예"라고 답한 비율 간에 차이에 대해 다음의 가설을 검정하고자 한다.

H_0 : 남녀 간의 비율에 차이가 없다. vs H_1 : 남녀 간의 비율에 차이가 있다.

만약 5%의 작은 차이를 감지하고 싶다고 하자. 80%의 검정력과 5%의 유의수준을 원하는 경우 각 그룹에서 몇 명의 학생을 표본으로 추출하여야 하는가?

(풀이)

두 그룹의 비율을 얼마로 생각하느냐에 따라 달라진다.

(i) 한 그룹의 비율이 55%이고 다른 그룹의 비율이 50%라고 생각하는 경우

```
> pwr.2p.test(h = ES.h(p1 = 0.55, p2 = 0.50), sig.level = 0.05, power = .80)

     Difference of proportion power calculation for binomial distribution (arcsine
transformation)

              h = 0.1001674
              n = 1564.529
      sig.level = 0.05
          power = 0.8
    alternative = two.sided

NOTE: same sample sizes
```

(ii) 한 그룹의 비율이 10%이고 다른 그룹의 비율이 5%라고 생각하는 경우

```
> pwr.2p.test(h = ES.h(p1 = 0.10, p2 = 0.05), sig.level = 0.05, power = .80)

     Difference of proportion power calculation for binomial distribution (arcsine
transformation)

              h = 0.1924743
              n = 423.7319
      sig.level = 0.05
          power = 0.8
    alternative = two.sided

NOTE: same sample sizes
```

(해석) 비율 간의 차이는 5%로 동일하지만 최적의 표본크기는 1565와 424로 큰 차이를 보인다. 10%:5%는 실제로 55%:50%보다 더 큰 차이로 취급될 수 있다(대략적인 이유는 55/50=1.1인 반면 10/5=2이기 때문이다). Es.h() 함수는 두 비율에 대해 역사인 변환[21]을 수행하고 그 차이를 반환해 준다. p2를 0으로 설정하면 p1의 변환된 값을 볼 수 있다. 이 변환은 0 또는 1에 가까운 두 비율에 대해 더 큰 효과를 생성해 준다(아래 그림 참고).

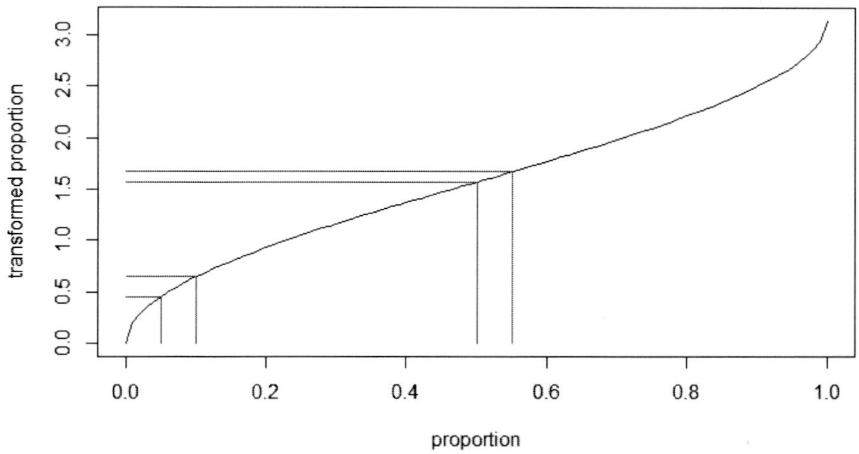

21) 역사인(arcsine) 변환은 $\arcsin(\sqrt{\pi})$이다($\sin^{-1}(\sqrt{\pi})$으로 나타내기도 함). 부록의 [표 2] 참고.

비교 (기본 함수 이용) 기본 함수 power.prop.test()는 효과크기 대신 원시비율을 입력으로 사용할 수 있다.

```
> power.prop.test(p1 = 0.55, p2 = 0.50, sig.level = 0.05, power = .80)

     Two-sample comparison of proportions power calculation

              n = 1564.672
             p1 = 0.55
             p2 = 0.5
      sig.level = 0.05
          power = 0.8
    alternative = two.sided

NOTE: n is number in *each* group
```

만약 설문조사에서 543명의 남성과 675명의 여성을 조사하였다고 하자. 유의수준 5%에서 'small' 수준의 효과크기를 탐지하는 데 관심이 있는 경우 검정력은 다음과 같이 구할 수 있다.

```
> cohen.ES(test = "p", size = "small")

     Conventional effect size from Cohen (1982)

           test = p
           size = small
    effect.size = 0.2

> pwr.2p2n.test(h = 0.2, n1 = 543, n2 = 675, sig.level = 0.05)

     difference of proportion power calculation for binomial distribution (arcsine
transformation)

              h = 0.2
             n1 = 543
             n2 = 675
      sig.level = 0.05
          power = 0.9344102
    alternative = two.sided

NOTE: different sample sizes
```

만약 이전에 763명의 여대생을 조사한 결과 p%가 일주일에 한 번 술을 마신다고 조사되었다고 하자. 우리는 일부 남성을 조사하고 상당히 다른 비율이 "예"라고 응답하는지 확인하고자 한다. 80% 검정력과 유의수준 5%의 양측검정에서 작은 효과크기(0.2)를 탐지하려면 얼마나 많은 표본을 추출해야 하는가? 아래 결과로부터 그 답은 265명이다.

```
> pwr.2p2n.test(h = 0.2, n1 = 763, power = 0.8, sig.level = 0.05)

     difference of proportion power calculation for binomial distribution (arcsine
transformation)

              h = 0.2
             n1 = 763
             n2 = 264.1544
      sig.level = 0.05
          power = 0.8
    alternative = two.sided

NOTE: different sample sizes
```

20.2 일표본 및 이표본 t-검정

예제 20.3 이표본 t-검정

도서관 커피숍에서 남학생과 여학생이 지불하는 평균 가격에 차이가 있는지 알고 싶다. 커피숍에서 30명의 남학생과 30명의 여학생을 무작위로 관찰하고 각 성별의 평균 구매가격을 계산한다고 가정하자. 이표본 t-검정을 사용하여 평균의 차이를 검정하고자 한다. 유의수준 5%의 양측검정에서 '중간' 효과크기를 탐지하려는 경우 이 실험의 검정력은 얼마인가?

(풀이)

```
> cohen.ES(test = "t", size = "medium")

     Conventional effect size from Cohen (1982)

           test = t
           size = medium
    effect.size = 0.5

> pwr.t.test(n = 30, d = 0.5, sig.level = 0.05)

     Two-sample t test power calculation
```

```
               n = 30
               d = 0.5
       sig.level = 0.05
           power = 0.4778965
     alternative = two.sided

NOTE: n is number in *each* group
```

(해석) 검정력은 48%이다.

만약 80%의 검정력을 갖길 원한다면 필요한 표본의 수는 아래 결과로부터 그룹 당 약 64명 이상이다.

```
> pwr.t.test(d = 0.5, power = 0.80, sig.level = 0.05)

     Two-sample t test power calculation

               n = 63.76561
               d = 0.5
       sig.level = 0.05
           power = 0.8
     alternative = two.sided

NOTE: n is number in *each* group
```

평균 구매가격에서 최소 1,000원의 차이를 감지할 수 있기를 원한다고 하자. 공식 $d = (\mu_1 - \mu_2)/\sigma$를 사용하여 효과크기로 변환해야 한다. 두 그룹의 공통 표준편차(σ)에 대해 정보가 전혀 없다면 대략 '(최댓값-최솟값)/4'를 사용할 수 있다. 최댓값과 최솟값이 각각 15000, 3000이라고 할 때, 표준편차의 추정값은 (15000-3000)/4=3000이 된다. 따라서 효과크기는 1000/3000 $\approx$ 0.333이다.

```
> d <- 1000/3000
> pwr.t.test(d = d, power = 0.80, sig.level = 0.05)

     Two-sample t test power calculation

               n = 142.2462
               d = 0.3333333
       sig.level = 0.05
           power = 0.8
     alternative = two.sided

NOTE: n is number in *each* group
```

비교 (기본 함수 이용)

```
> power.t.test(delta = 1000, sd = 3000, sig.level = 0.05, power = 0.8)

     Two-sample t test power calculation

              n = 142.2466
          delta = 1000
             sd = 3000
      sig.level = 0.05
          power = 0.8
    alternative = two.sided

NOTE: n is number in *each* group
```

표본의 크기가 다른 경우의 예로, 한 그룹에 28개, 다른 그룹에 35개이고 '중간' 효과크기를 탐지하고자 할 때, 유의수준 5%의 이표본 t-검정에서의 검정력은 얼마인가?

```
> pwr.t2n.test(n1 = 28, n2 = 35, d = 0.5)

     t test power calculation

             n1 = 28
             n2 = 35
              d = 0.5
      sig.level = 0.05
          power = 0.4924588
    alternative = two.sided
```

예제 20.4 **일표본 t-검정**

도서관 커피숍의 평균 구매가격이 학생당 5,000원 이상이라고 생각한다. 일표본 t-검정을 이용하여 이 직관에 대한 다음 가설을 검정하고자 한다.

$$H_0 : \text{평균 구매가격} \leq 5000 \qquad \text{vs} \qquad H_1 : \text{평균 구매가격} > 5000$$

실제 평균 구매가격이 5,500원인 경우 90%의 검정력으로 귀무가설을 기각하고자 한다. 유의수준을 5%로 가정할 때 몇 개의 거래를 관측해야 하는가? 단, 구매가격의 최댓값, 최솟값 및 표준편차는 위의 예제와 동일하다.

```
> d <- 500/3000
```

```
> pwr.t.test(d = d, sig.level = 0.05, power = 0.90, alternative = "greater",
             type = "one.sample")

     One-sample t test power calculation

              n = 309.6563
              d = 0.1666667
      sig.level = 0.05
          power = 0.9
    alternative = greater
```

비교 (기본 함수 이용)

```
> power.t.test(delta = 500, sd = 3000, power = 0.90, sig.level = 0.05,
               alternative = "one.sided", type = "one.sample")

     One-sample t test power calculation

              n = 309.6563
          delta = 500
             sd = 3000
      sig.level = 0.05
          power = 0.9
    alternative = one.sided
```

예제 20.5 **대응표본 t-검정**

24명의 고등학교 남학생들이 고중량 줄넘기 프로그램에 참여하고 있다. 이 프로그램으로부터 50미터 달리기 시간이 감소하는지를 알고자 한다. 프로그램 참여 전과 후에 그 시간을 초 단위로 측정할 예정이다. 대응 t-검정을 사용하여 시간의 차이가 0보다 큰지(이전-이후)를 검정하고자 한다. 차이의 표준편차가 약 0.25초라고 가정하자. 유의수준 5%와 함께 약 0.08초의 차이를 탐지하는 검정에서의 검정력은?

(풀이)

```
> pwr.t.test(n = 24, d = 0.08 / 0.25,
             type = "paired", alternative = "greater")

     Paired t test power calculation

              n = 24
              d = 0.32
      sig.level = 0.05
          power = 0.4508691
```

```
    alternative = greater

NOTE: n is number of *pairs*
```

(해석) 검정력은 45%이다.

80%의 검정력을 가지기 위해 필요한 표본의 수는 얼마인가?

```
> pwr.t.test(d = 0.08 / 0.25, power = 0.8,
             type = "paired", alternative = "greater")

     Paired t test power calculation

              n = 61.75209
              d = 0.32
      sig.level = 0.05
          power = 0.8
    alternative = greater

NOTE: n is number of *pairs*
```

(해석) 약 62명이다.

대응 t-검정의 경우 쌍의 차이 대신 쌍 내에서 표준편차를 추정하는 경우가 있다. 이 예에서는 각 학생의 50미터 달리기 시간에 대한 추정된 표준편차를 의미한다. 이 경우 추정된 표준편차를 처리할 때 $\sqrt{2}$를 곱해야 한다([예제 19.6] 참고). pwr.t.test() 함수에서 각 학생의 50미터 달리기 시간의 표준편차가 0.10초로 추정된다고 가정할 때, 0.08초의 차이를 감지하는데 필요한 표본의 수는 다음과 같이 계산된다.

```
> pwr.t.test(d = 0.08 / (0.1 * sqrt(2)), power = 0.8,
             type = "paired", alternative = "greater")

     Paired t test power calculation

              n = 20.74232
              d = 0.5656854
      sig.level = 0.05
          power = 0.8
    alternative = greater

NOTE: n is number of *pairs*
```

(해석) 적어도 21명의 표본이 필요하다.

20.3 카이제곱 검정

예제 20.6 동일성 검정

한 시장 조사자가 4가지 포장 디자인 중 선호도를 조사하고자 한다. 그는 100명의 소비자로 구성된 패널이 가장 좋아하는 패키지 디자인을 평가하도록 주문할 예정이다. 그는 5%의 유의수준으로 동일한 선호도의 귀무가설(각 설계에 대해 25%)에 대해 카이제곱 적합도 검정을 수행하려고 한다. 모집단의 3/8이 실제로 디자인 중 하나를 선호하고, 나머지 5/8는 다른 3개의 디자인으로 나누어지는 경우 이 검정의 검정력은 얼마인가?

(풀이)

먼저, ES.w1() 함수를 사용하여 효과크기를 계산해야 하며, 이를 위해 귀무 및 대립가설의 비율 벡터의 생성이 필요하다.

```
> # 효과크기 계산
> null <- rep(0.25, 4)
> alt <- c(3/8, rep((5/8)/3, 3))
> ES.w1(null,alt)
[1] 0.2886751

> # 검정력 계산
> pwr.chisq.test(w=ES.w1(null,alt), N=100, df=(4-1), sig.level=0.05)

     Chi squared power calculation

              w = 0.2886751
              N = 100
             df = 3
      sig.level = 0.05
          power = 0.6739834

NOTE: N is the number of observations
```

(해석) 검정력은 약 67%이다.

80%의 검정력을 가지기 위해 필요한 표본의 수는?

```
> pwr.chisq.test(w=ES.w1(null,alt), df=(4-1), power=0.8, sig.level = 0.05)

     Chi squared power calculation

              w = 0.2886751
              N = 130.8308
```

```
             df = 3
      sig.level = 0.05
          power = 0.8

NOTE: N is the number of observations
```

(해석) 적어도 131명이 필요하다.

예제 20.7 **연관성 검정**

대학생들 사이에 성별과 치실 사용 사이에 연관성이 있는지 알고 싶다. 무작위로 100명의 학생(남, 여 각 50명씩)을 표본 추출하여 매일 치실을 사용하는지를 묻는다. 이 두 변수 사이에 연관성이 있는지 확인하기 위해 연관성에 대한 카이제곱 검정을 수행하려고 한다. 유의수준 1%의 검정을 실시할 때, 이 검정의 검정력은 얼마인가?

(풀이)

먼저, ES.w2() 함수를 사용하여 효과크기를 계산해야 하며, 이를 위해 대립가설(이 경우 비율표)을 제안해야 한다.

```
> # 효과크기 계산
> prob <- matrix(c(0.1,0.2,0.4,0.3), ncol=2,
                 dimnames = list(c("M","F"),c("Floss","No Floss")))
> prob
  Floss No Floss
M   0.1      0.4
F   0.2      0.3
> ES.w2(prob)
[1] 0.2182179

> # 검정력 계산
> pwr.chisq.test(w = ES.w2(prob), N = 100, df = 1, sig.level = 0.01)

     Chi squared power calculation

              w = 0.2182179
              N = 100
             df = 1
      sig.level = 0.01
          power = 0.3469206

NOTE: N is the number of observations
```

(해석) 검정력은 약 35%이다.

90%의 검정력을 가지기 위해 필요한 표본의 수는 얼마인가?

```
> pwr.chisq.test(w = ES.w2(prob), power = 0.9, df = 1, sig.level = 0.01)

     Chi squared power calculation

              w = 0.2182179
              N = 312.4671
             df = 1
      sig.level = 0.01
          power = 0.9

NOTE: N is the number of observations
```

(해석) 약 313명이다.

어느 방향으로도 연관이 의심되지 않거나 대립가설의 비율표(행렬)를 제공하고 싶지 않다면 기존의 효과크기를 이용할 수 있다. 예를 들어, '작은' 효과크기를 감지하려면 몇 명의 학생을 표본 추출해야 하는가?

```
> cohen.ES(test = "chisq", size = "small")

     Conventional effect size from Cohen (1982)

           test = chisq
           size = small
    effect.size = 0.1

> pwr.chisq.test(w = 0.1, power = 0.9, df = 1, sig.level = 0.01)

     Chi squared power calculation

              w = 0.1
              N = 1487.939
             df = 1
      sig.level = 0.01
          power = 0.9

NOTE: N is the number of observations
```

(해석) 1,488명이 필요하다.

이 질문을 이표본 비율 검정의 문제로 재구성할 수 있다. 90%의 검정력과 1%의 유의수준으로 치실을 사용하는 학생의 비율에 대한 성별 간의 '작은' 효과크기를 감지하는 데 필요한 표본의 크기는 얼마인가?

```
> pwr.2p.test(h = 0.2, sig.level = 0.01, power = 0.9)

     Difference of proportion power calculation for binomial distribution (arcsine
transformation)

              h = 0.2
              n = 743.9694
      sig.level = 0.01
          power = 0.9
    alternative = two.sided

NOTE: same sample sizes
```

(해석) 그룹별로 약 744명, 총 744×2=1,488명이 필요하다. 위의 결과와 동일하다. 실제로 이표본 비율 검정과 카이제곱 연관성검정에 대한 검정통계량은 동등하다.

20.4 상관계수 검정

예제 20.8 상관계수 검정

한 대학원생이 피트니스 프로그램의 효과를 조사하고 있다. 그녀는 프로그램 시작 시 참가자의 체중과 6개월 후 참가자의 체중 변화 사이에 상관관계가 있는지 확인하려고 한다. 그녀는 이 두 양 사이에 '작은' 양의 선형 관계가 있다고 생각하고 있다. 그녀는 상관계수 r을 측정하고 추정된 상관계수가 통계적으로 영(0)보다 큰지를 결정하기 위해 상관계수 검정을 수행하고자 한다. 80% 검정력 및 1%의 유의수준으로 '작은' 양의 상관(즉, $r > 0$)을 탐지하기 위해 필요한 표본의 수는 얼마인가?

(풀이)

```
> cohen.ES(test = "r", size = "small")

     Conventional effect size from Cohen (1982)

           test = r
           size = small
    effect.size = 0.1

> pwr.r.test(r = 0.1, sig.level = 0.01, power = 0.8, alternative = "greater")

     approximate correlation power calculation (arctangh transformation)
```

```
            n = 999.2054
            r = 0.1
    sig.level = 0.01
        power = 0.8
  alternative = greater
```

(해석) 약 1,000명의 학생이 필요하다.

그녀가 어느 방향(양 또는 음의 상관관계)에서든 '작은' 효과크기를 감지하고 싶다면 "two.sided"(디폴트)를 사용한다.

```
> pwr.r.test(r = 0.1, sig.level = 0.01, power = 0.8)

     approximate correlation power calculation (arctangh transformation)

              n = 1162.564
              r = 0.1
      sig.level = 0.01
          power = 0.8
    alternative = two.sided
```

(해석) 필요한 표본의 수는 1,163명이다. '작은' 효과크기를 감지하려면 큰 표본이 필요하다.

20.5 ANOVA 검정

예제 20.9 균형 일원배치법

디젤 자동차의 운전자가 자신의 지역에서 판매되는 3가지 유형의 연료 품질을 테스트하기로 하였다. 그는 균형 일원배치 분산분석을 사용하여 평균 mpg가 각 연료에 대해 동일하다는 귀무가설과 평균이 다르다는 대립가설을 검정하려고 한다. 유의수준 1%에서 '중간' 효과크기를 90% 검정력으로 탐지하는데 필요한 시험 횟수는 얼마인가?

(풀이)

```
> cohen.ES(test = "anov", size = "medium")

     Conventional effect size from Cohen (1982)

           test = anov
           size = medium
```

```
    effect.size = 0.25

> pwr.anova.test(k = 3, f = 0.25, sig.level = 0.01, power = 0.9)

     Balanced one-way analysis of variance power calculation

              k = 3
              n = 94.48714
              f = 0.25
      sig.level = 0.01
          power = 0.9

NOTE: n is number in each group
```

(해석) 필요한 시험 횟수는 95회로 많은 실험이 필요하다.

효과크기 f는 $f=\sigma_{means}/\sigma_{pop'n}$으로 계산된다. 여기서 σ_{means}는 k개 평균의(그룹-간) 표준편차이고, $\sigma_{pop'n}$은 k개 그룹의(그룹-내) 공통 표준편차이다. 운전자가 그룹-간 표준편차가 5(mpg)이고 그룹-내 표준편차가 3(mpg)이라고 의심하는 경우 $f=5/3$이다.

```
> pwr.anova.test(k = 3, f = 5/3, sig.level = 0.01, power = 0.9)

     Balanced one-way analysis of variance power calculation

              k = 3
              n = 3.842228
              f = 1.666667
      sig.level = 0.01
          power = 0.9

NOTE: n is number in each group
```

(해석) 이 경우 각 연료당 4번만 시도하면 된다. 가정된 값들은 최적의 효과크기를 추정하는 데 중요하게 작용함을 알 수 있다.

비교 (기본 함수 이용) power.anova.test() 함수를 사용할 경우에는 그룹-간 및 그룹-내 분산이 필요하다. pwr.anova.test{pwr}와 동일한 결과를 얻으려면 다음과 같이 수행한다.표준편차를 제곱하여 두 분산을 구하되 그룹-간 분산에는 $k/(k-1)$을 곱한다. 그 이유는 ANOVA 검정에서 효과크기는 그룹-간 분산을 $(k-1)$ 대신 k로 나누는 것을 가정하기 때문이다.

```
> power.anova.test(groups = 3,
                   within.var = 3^2,
```

```
                     between.var = 5^2 * (3/2),
                     sig.level = 0.01, power = 0.90)

     Balanced one-way analysis of variance power calculation

         groups = 3
              n = 3.842225
    between.var = 37.5
     within.var = 9
      sig.level = 0.01
          power = 0.9

 NOTE: n is number in each group
```

20.6 일반 선형모형 검정

예제 20.10 다중선형회귀모형

대학의 입학부서에서 신입생의 학년말 평균학점(gpa)을 SAT 점수와 고교 학급순위로 얼마나 정확하게 예측하거나 설명할 수 있는지 확인하려고 한다. 종속변수로 gpa를 사용하고 독립변수로 SAT 및 고교 학급순위를 사용하여 다중선형회귀를 수행하고자 한다. 가설은 다음과 같다.

H_0 : 모든 회귀계수가 영(0)이다.

vs H_1 : 회귀계수 중 적어도 하나가 영(0)이 아니다.

위 가설은 F 검정을 통해 수행된다. 입학부서에서는 가정된 모형이 gpa 변동의 약 30%를 설명한다고 가정하고 있다고 하자. 유의수준 0.001에서 80%의 검정력으로 이 효과를 탐지하려면 얼마나 많은 표본이 필요한가?

(풀이)

효과크기는 $f^2 = R^2/(1-R^2)$ 이다. pwr.f2.test() 함수에서 u= 와 v= 옵션은 각각 F 검정통계량의 분자와 분모의 자유도이다. 이 예제에서 u는 회귀계수의 수(절편은 제외)로 2이고, v는 $v = n-u-1$이다(이로부터 $n = v+u+1$임).

```
> pwr.f2.test(u = 2, f2 = 0.3/(1 - 0.3), sig.level = 0.001, power = 0.8)

     Multiple regression power calculation
```

```
          u = 2
          v = 49.88971
         f2 = 0.4285714
  sig.level = 0.001
      power = 0.8
```

(해석) $n=v+u+1$이므로 50+2+1=53명의 학생 자료가 필요하다.

만약 40명의 대상과 0.01의 유의수준을 사용하는 검정에서의 검정력은 얼마인가?

```
> pwr.f2.test(u = 2, v = 40 - 2 - 1, f2 = 0.3/(1 - 0.3), sig.level = 0.01)

     Multiple regression power calculation

          u = 2
          v = 37
         f2 = 0.4285714
  sig.level = 0.01
      power = 0.8406124
```

(해석) 검정력은 약 84%이다.

20.7 기타 R 패키지 소개

기타 주요 통계 모형에 대한 검정력분석을 위한 R 패키지를 소개한다.

20.7.1 {WebPower} 패키지

{WebPower} 패키지는 기본 및 고급 검정력분석을 제공한다. 이 패키지는 상관, 비율, t-검정, 일원배치 ANOVA, 이원배치 ANOVA, 선형회귀, 로지스틱 회귀, 포아송 회귀, 매개(mediation)분석, 종단자료분석, 구조방정식모형 및 다수준모형을 포함한다. 또한, 〈https://webpower.psychstat.org〉에서 온라인으로 검정력분석을 수행하는 엔진 역할도 수행한다. 이 패키지의 참고 문헌은 다음과 같다.

- Zhang, Z. and Yuan, K. H. (2018). Practical Statistical Power Analysis Using Webpower and R (Eds). Granger, IN: ISDSA Press.

[표 20.1]에서는 {WebPower} 패키지에서 제공하는 주요 모형별 R 함수를 {pwr}의 함수와 함께 제시하였다. 또한 아래 사이트에서는 각 모형별로 구체적인 활용 예제를 제시하고 있으므로 관심 있는 독자는 참고하기를 바란다.

https://med.und.edu/daccota/_files/pdfs/berdc_resource_pdfs/sample_size_r_module.pdf

[표 20.1] 주요 모형별 검정력분석 R 함수 소개

#	Name of Test	In R?	Package	Function
1	One Mean T-test	Yes	pwr	pwr.t.test
2	Two Means T-test	Yes	pwr	pwr.t.test
3	Paired T-test	Yes	pwr	pwr.t.test
4	One-way ANOVA	Yes	pwr	pwr.anova.test
5	Single Proportion Test	Yes	pwr	pwr.p.test
6	Two Proportions Test	Yes	pwr	pwr.2p.test
7	Chi-Squared Test	Yes	pwr	pwr.chisq.test
8	Simple Linear Regression	Yes	pwr	pwr.f2.test
9	Multiple Linear Regression	Yes	pwr	pwr.f2.test
10	Correlation	Yes	pwr	pwr.r.test
11	One Mean Wilcoxon Test	Yes*	pwr	pwer.t.test + 15%
12	Mann-Whitney Test	Yes*	pwr	pwer.t.test + 15%
13	Paired Wilcoxon Test	Yes*	pwr	pwer.t.test + 15%
14	Kruskal Wallace Test	Yes*	pwr	pwr.anova.test + 15%
15	Repeated Measures ANOVA	Yes	WebPower	wp.rmanova
16	Multi-way ANOVA (1 Category of interest)	Yes	WebPower	wp.kanova
17	Multi-way ANOVA (>1 Category of interest)	Yes	WebPower	wp.kanova
18	Non-Parametric Regression (Logistic)	Yes	WebPower	wp.logistic
19	Non-Parametric Regression (Poisson)	Yes	WebPower	wp.poisson
20	Multilevel modeling: CRT	Yes	WebPower	wp.crt2arm/wp.crt3arm
21	Multilevel modeling: MRT	Yes	WebPower	wp.mrt2arm/wp.mrt3arm
22	GLMM	Yes^	Simr & lme4	n/a

*-parametric test with non-parametric correction
^-detailed in future Module

20.7.2 {TrialSize} 패키지

{TrialSize} 패키지는 임상 연구(clinical study)에서 표본크기를 계산하는 데 널리 사용된다. 이 패키지는 80개 이상의 함수를 제공하며, 이들 함수의 참고 문헌은 다음과 같다.

- Chow, S. C., Shao J. and Wang H. (2008). Sample Size Calculation in Clinical Research. New York: Marcel Dekker.

참고로, 임상시험에 대한 설계, 모니터링 및 분석에 관한 보다 포괄적인 R 패키지에 대한 안내는 아래 사이트를 참고하기를 바란다.

https://cran.r-project.org/web/views/ClinicalTrials.html

21장*

G*Power를 이용한 검정력분석

21.1 서론

이 장에서는 검정력분석(최소 표본 수 및 효과크기 등)에 유용한 무료 소프트웨어로 G*Power를 소개하고(http://www.gpower.hhu.de), 실제의 예를 통해 구체적인 사용법을 제시한다. G*Power는 자세한 매뉴얼과 함께 보다 다양한 통계모형(약 30종)에 대해 표본 수의 계산 등을 지원한다. 여기에는 다양한 비모수적 검정(부호검정, 부호순위검정, 순위합검정 등), 다중 로지스틱 회귀, 포아송 회귀, 분산의 동일성 검정 등이 포함된다. 이 장의 내용은 주로 다음 사이트를 참고하였다.

https://stats.oarc.ucla.edu/other/gpower/

21.2 적용 예제

21.2.1 일표본 t-검정

예제21.1 일표본 t-검정

전구를 제조하는 회사에서 특정 유형의 전구가 표준편차 50으로 평균 850시간 동안 지속될 것이라고 주장한다. 소비자 보호 그룹은 제조업체가 전구의 수명을 약 40시간까지 과대평가했다고 생각하고 있다. 소비자 보호 그룹은 합리적인 확신을 가지고 자신의 주장을 밝히기 위해 몇 개의 전구를 테스트해야 하는가?

[옵션 지정]

이 문제는 일표본 t-검정에서 표본의 크기를 정하는 문제이다. 이 문제의 가설은 '$H_0 : \mu = 850(\mu_0)$ vs $H_1 : \mu = 810(\mu_1)$'이다. 전구 수명의 표준편차가 50이라는 사실도 매우 중요하다. 또한, 검정이 귀무가설과의 불일치를 표시하고 특별히 크거나 작은 값을 표시하지 않기 때문에 양측검정을 설정하는 것이 중요하다(귀무가설이 등호(=)이므로). 여기서는 평균 850, 표준편차 50인 분포에서 40만큼 떨어진 크기로(큰 쪽인지 작은 쪽인지의 방향은 중요하지 않음) 우리가 원하는 검정을(즉, 지정한 유의수준과 검정력을 만족하도록) 수행하기에 필요한 표본의 크기가 얼마인지를 결정하는 문제이다.

이때 효과크기(effect size)의 추정은 직접 계산하거나 'Determine' 버튼을 이용하여 계산할 수 있다. 즉, 효과크기는 $d = |\mu_1 - \mu_0|/\sigma$=40/50=0.8로 추정하거나 'Determine' 창에서 두 개 가설에서의 평균과 표준편차를 입력하여 추정할 수 있다. 즉, 귀무분포의 평균으로부터 0.8σ 벗어난 값으로 원하는 수준의 검정을 수행하고자 할 때, 필요한 표본의 수를 찾은 문제이다. 여기서 μ_1과 σ는 사전 연구 또는 관련 연구를 통해 추정되는 값이다.

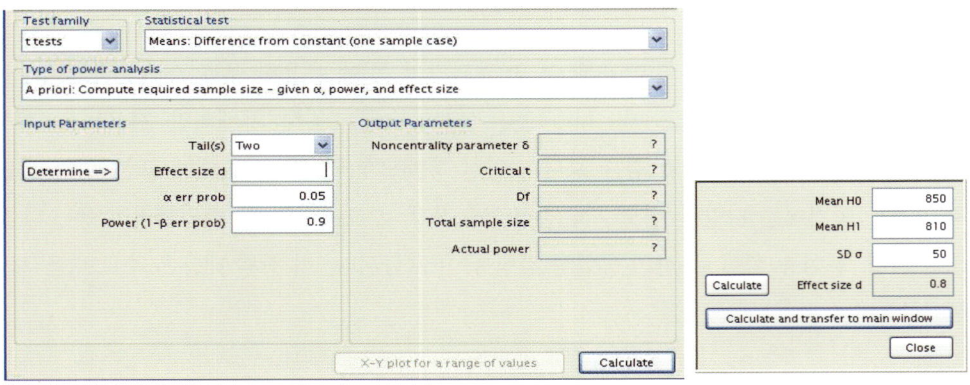

[결과]

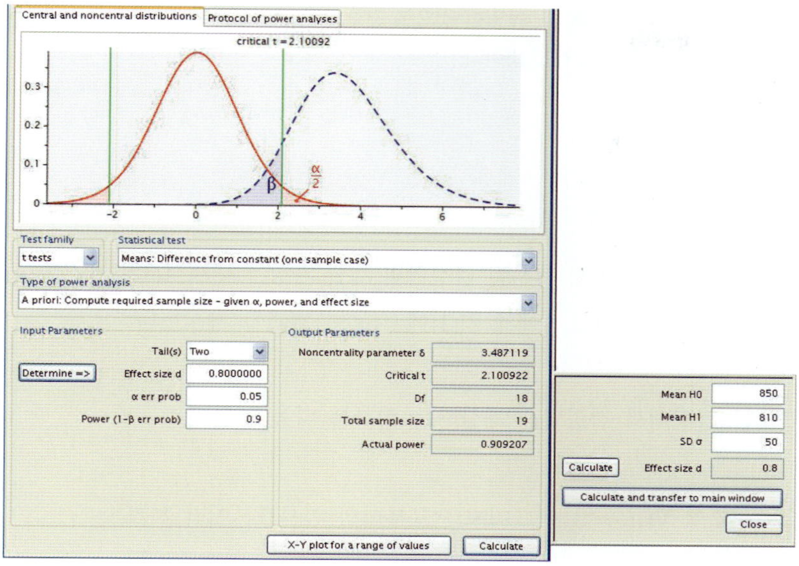

위 결과로부터, 통계적으로 유의한 결과를 얻기 위해서는 최소 19개의 전구를 테스트해야 한다.

만약 테스트용 전구가 10개밖에 없는 경우라면 다음 그림과 같이 Type of power analysis를 'Posthoc: ...'으로 변경하고, Total sample size를 10으로 지정하여 해당 검정의 검정력(power)을 계산할 수 있다. 표본 수가 줄어든 만큼 검정력도 떨어진 결과를 보여준다(0.9 → 0.616). 아래 그림에서 오른쪽 곡선(점선)의 실제 위치는 왼쪽(0에 대칭인 위치)임에 유의하기 바란다(G*Power에서 위치는 무시함).

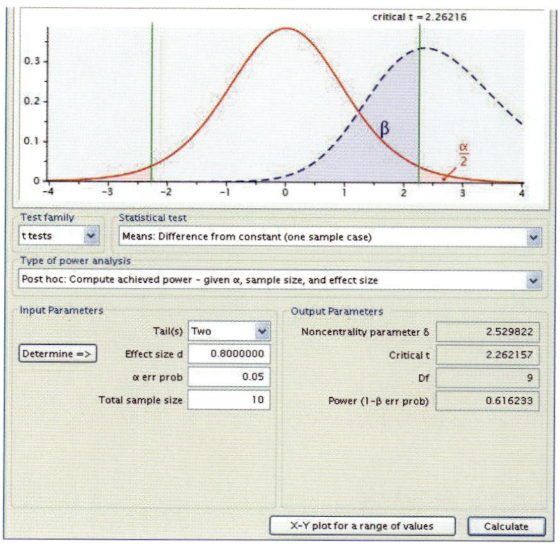

여기서 검정은 평균값 자체보다 효과크기를 고려한다는 점을 주목하기 바란다. 따라서 850과 810이 귀무 또는 대립가설 어느 쪽에 위치하여도 동일한 것으로 간주되며, 위 그림에서의 그래프도 실제와는 다르게 위치가 바뀌어 있음에 유의하기를 바란다.

21.2.2 검정력 계산: 이론 소개

[예제 21.1]의 G*Power의 결과에서 제시된 검정력의 계산 과정을 구체적으로 제시한다. 먼저, 검정력 계산의 기본 절차를 소개하고, [예제 21.1]에 적용한 결과를 제시한다.

일표본 평균에 대한 검정에서 검정력을 계산하는 절차는 다음과 같다.

(i) [가정] $X_1, \cdots, X_n$: $N(\mu, \sigma^2)(\sigma^2$: 미지)으로부터의 확률표본이라 하자.

(ii) [가설] $H_0 : \mu = \mu_0 \quad \text{vs} \quad H_1 : \mu = \mu_1$

(iii) 검정통계량과 귀무분포:

$$T \equiv \frac{\overline{X} - \mu_0}{S/\sqrt{n}} \underset{H_0}{\overset{d}{\sim}} t(n-1).$$

위 분포는 귀무가설이 참일 때 검정통계량의 분포이다(위의 G*Power 결과에서 붉은색 실선).

(iv) 유의수준 α인 검정: $|T| > t_{\frac{\alpha}{2}}(n-1)$ 이면 H_0를 기각한다.

(v) 검정력: $\gamma(\mu_1) = 1 - \beta(\mu_1)$

$$\begin{aligned}
&= P(reject\ H_0 \mid \mu = \mu_1) \\
&= P\left\{\left|\frac{\overline{X} - \mu_0}{S/\sqrt{n}}\right| > t_{\frac{\alpha}{2}}(n-1) \mid \mu = \mu_1)\right\} \\
&= P\left\{\left|\frac{\overline{X} - \mu_1}{S/\sqrt{n}} + \frac{\mu_1 - \mu_0}{S/\sqrt{n}}\right| > t_{\frac{\alpha}{2}}(n-1) \mid \mu = \mu_1)\right\} \\
&= P(|t(n-1) + \delta| > t_{\frac{\alpha}{2}}(n-1)), \quad \delta = \frac{\mu_1 - \mu_0}{S/\sqrt{n}} \equiv \sqrt{n}\, d \\
&= P(|t(n-1;\delta)| > t_{\frac{\alpha}{2}}(n-1)).
\end{aligned}$$

위의 식에서 $t(n-1;\delta)$는 자유도가 $(n-1)$이고 비심모수(non-centrality parameter)가 $\delta=\sqrt{n}\,d$인 t 분포이다(위의 G*Power 결과에서 푸른색 점선). 여기서 비심모수는 해당 분포의 중심으로, 표본의 크기가 커질수록 더 오른쪽으로 이동하며, 따라서 검정력은 더 커지게 된다.

(Ⅵ) 따라서 주어진 유의수준에서 검정을 수행할 때(기각역이 결정됨), 효과크기 d(이때, 비심모수는 $\delta=\sqrt{n}\,d$임)로 원하는 수준의 검정력을 얻는 데 필요한 표본의 수를 결정할 수 있다.

위의 절차를 [예제 21.1]에 적용하면 다음과 같다. 이때, $\mu_0=850$, $\mu_1=810$이고, $\sigma=50$이다. 따라서 $\delta=\sqrt{n}\,d=-0.8\sqrt{n}$이고, 이로부터 $\mu=810$에서의 검정력은

$$\gamma(810)=P(|t(n-1;|\delta|)|>t_{\frac{\alpha}{2}}(n-1))$$

이다(여기서, 편의상 비심모수를 양의 값으로 사용했음). 즉, $n=10$인 경우 $\delta=-2.529822$, $t_{\frac{\alpha}{2}}(n-1)=2.262157$이므로, 검정력은

$$\begin{aligned}\gamma(810)&=P(t(9;|\delta|)>t_{\frac{\alpha}{2}}(n-1))+P(t(9;|\delta|)<-t_{\frac{\alpha}{2}}(n-1))\\&=0.6162328\end{aligned}$$

이다. 이 결과는 R에서 다음과 같이 계산된다.

```
> 1-pt(2.262157, ncp=2.529822, df=9) + pt(-2.262157, ncp=2.529822, df=9)
[1] 0.6162328
```

또한, G*Power에서 제시된 그림은 R을 이용하여 다음과 같이 그려진다.

```
> curve(dt(x, df=9), from=-3, to=6, col="red")
> curve(dt(x, df=9, ncp=2.529822), from=-3, to=6, col="blue", add=T)
```

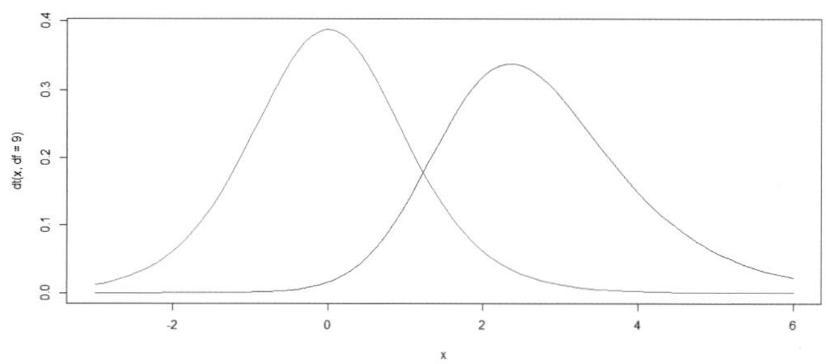

21.2.3 대응 이표본 t-검정

예제 21.2 대응 이표본 t-검정

한 회사가 8주간의 체중 감량 프로그램을 판매하고 프로그램 종료 시에 참가자는 평균적으로 5kg을 감량했다고 광고를 하고 있다. 이 프로그램을 비판하는 입장을 가진 그룹에서 이 프로그램은 체중 감량에 전혀 도움이 되지 않는다고 주장하고 있으며, 이 주장의 가설을 검정하고 자 한다. 이를 위해 무작위로 표본을 선택하여 이 프로그램에 참여시키고, 프로그램의 시작과 끝날 때 체중을 측정하는 실험을 계획하고 있다. 이전 연구에 따르면 8주 동안의 체중 차이의 표준편차가 5kg이 될 것이라고 믿고 있다. 가설검정을 위해 프로그램에 등록해야 하는 사람의 수는 몇 명인가?

[옵션 지정]

이 문제는 이표본 대응비교에서 표본의 크기를 정하는 문제이다. 아래 그림에서 해당하는 분석을 Test family, Statistical test 및 Type of power analysis 칸에 지정한다. 차이의 평균 5를 가지고 표준편차 5인 상황에서(이때, 효과크기는 1임) 원하는 검정을 수행하는 데 필요한 표본의 수를 결정하는 문제이다. 이때 효과크기는 'Determine' 버튼을 이용하여 지정할 수 있다.

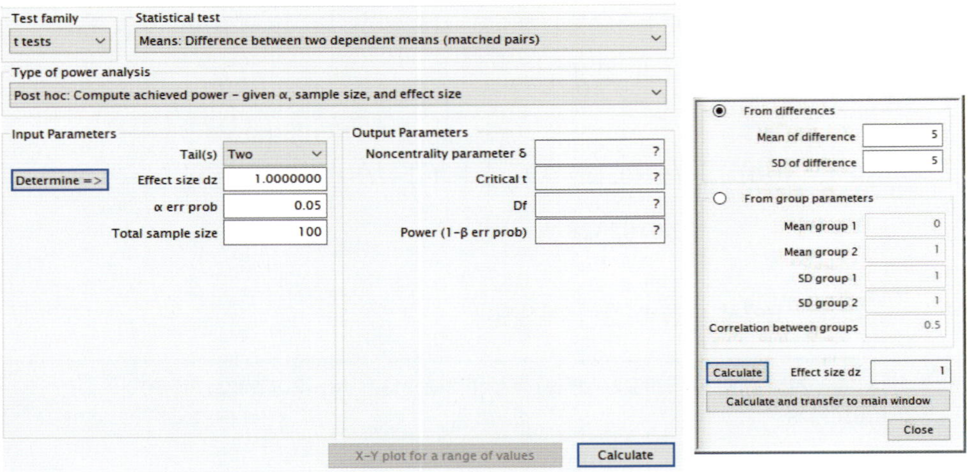

[결과]

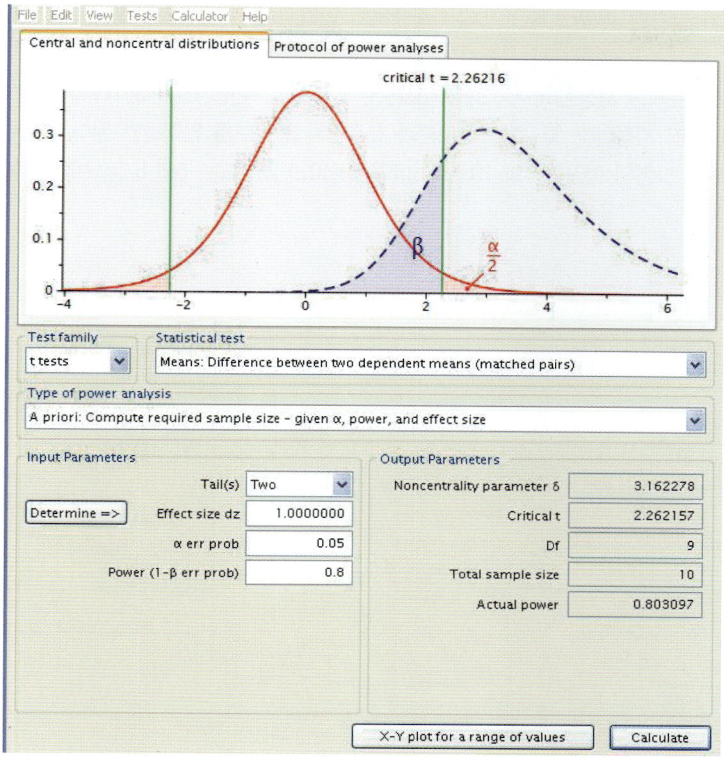

필요한 표본의 수는 10으로 주어졌다. 즉, 유의수준 0.05 및 검정력 0.8인 검정을 위해서는 10명이 체중 감량 프로그램에 등록해야 한다.

21.2.4 독립 이표본 t-검정

예제 21.3 독립 이표본 t-검정

한 임상 영양사가 당뇨병 환자에 대해 두 가지 식이요법 A와 B를 비교하려고 한다. 그녀는 혈당이 낮다는 점에서 식이요법 A(그룹 1)가 식이요법 B(그룹 2)보다 낫다고 가정한다. 그녀는 당뇨병 환자의 무작위 샘플을 가져와서 두 가지 식단 중 하나에 무작위로 할당할 계획이다. 6주 동안 지속되는 실험이 끝나면 각 환자에 대해 공복 혈당검사를 실시한다. 그녀는 또한 두 그룹 간의 혈당 측정치의 평균 차이가 약 10mg/dl이 될 것으로 예상한다. 또한 그녀는 식이요법 A에 대한 혈당 분포의 표준편차를 15로 가정하고 식이요법 B에 대한 표준편차를 17로 가정한다. 영양사는 동일한 크기의 그룹을 가정하여 각 그룹에 필요한 피험자의 수를 알고 싶어 한다.

[옵션 지정]

이 문제는 독립인 두 표본의 모평균에 대한 비교에서 표본의 크기를 정하는 문제이다. 이 문제에서 영양사는 각 그룹의 평균을 지정하지 않고 두 평균의 차이만 지정하였다. 이것은 그녀가 그 차이에만 관심이 있기 때문이며 차이가 같으면 평균이 무엇인지는 중요하지 않다.

다음 그림과 같이 해당 분석을 지정한다. 두 그룹의 표본은 동일하게 지정하였다(N2/N1=1). 효과크기는 'Determine' 버튼을 눌러 지정한다. 두 그룹의 평균과 표준편차의 정보를 입력하면 된다. 다만 평균의 차이만이 중요하므로 두 그룹의 평균을 0과 10으로 입력한다(10과 20 또는 -5와 5 등으로 입력해도 효과크기는 동일함).

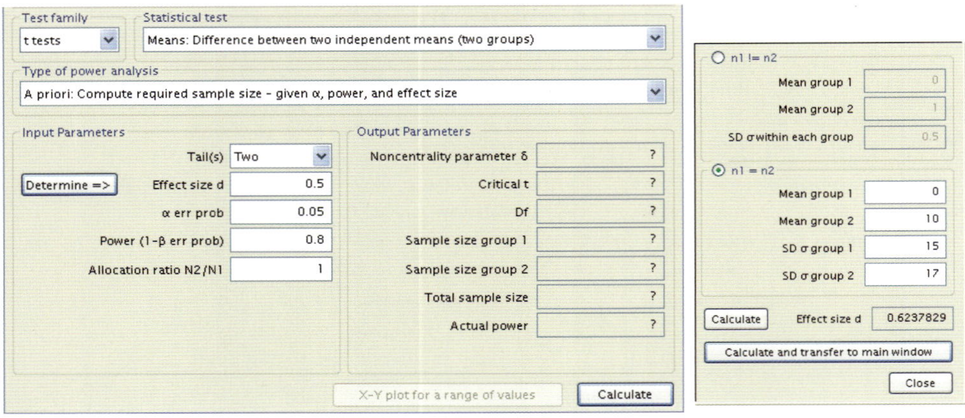

[결과]

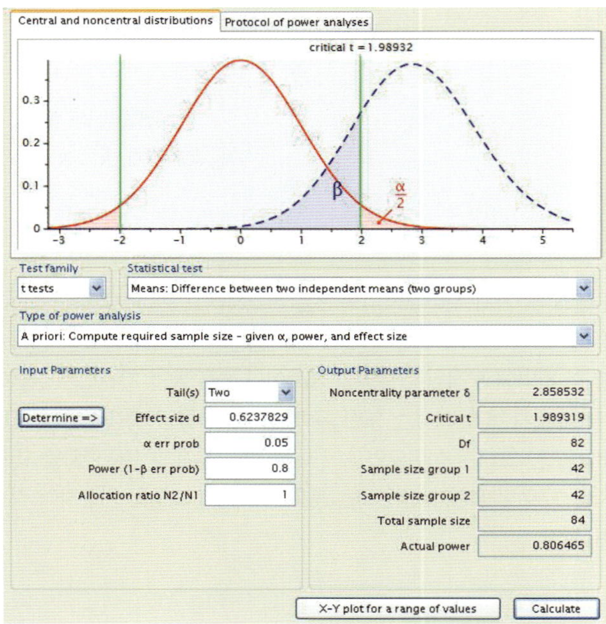

각 그룹별로 필요한 피험자의 수가 42명으로 나타났다.

만약 피험자를 각 그룹에 30명만 배정이 가능한 상황이라면, 동일한 검정에서 얻을 수 있는 검정력은 얼마인지에 관심이 있다고 하자. 이 문제에 대한 옵션 설정과 결과는 다음과 같다.

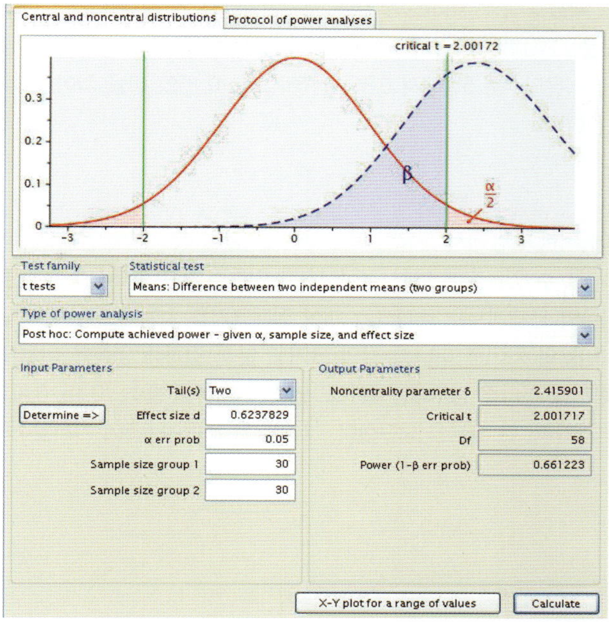

그 결과 검정력은 0.661223으로 나타났다.

만약 전체 표본 수는 60으로 동일하지만, 두 그룹에 각각 40명과 20명을 배정하였다면 검정력의 수준은 어떻게 달라질까? 그 결과는 0.610252로 다소 낮아지며, 이는 균형 설계(balanced design)가 보다 효과적임을 보여주는 것이다.

주목 ① 이 분석에서는 정규성 가정하에서 계산된 결과를 제공하고 있다. 실제 분포가 치우친 경우, 작은 표본크기에서는 정규성 가정에 기초한 결과보다 검정력이 떨어질 수 있다.
② 두 개의 독립 표본 t-검정의 검정력 계산 절차에서 중요한 것은 두 그룹의 평균의 차이와 표준편차이다. 이것은 효과크기의 개념으로 이어지며, 이 경우 효과크기는 합동 표준편차에 대한 평균의 차이이다. 효과크기가 클수록 주어진 표본크기에서의 검정력은 커진다. 또한 효과크기가 클수록 동일한 검정력을 얻기 위해 더 작은 표본크기가 필요하다. 따라서 효과크기를 잘 추정하는 것이 좋은 검정력분석의 핵심이라고 할 수 있다. 그러나 효과크기를 결정하는 것이 항상 쉬운 작업은 아니다. 효과크기에 대한 좋은 추정치는 관련 연구 또는 시험 연구(pilot study)를 통해 나온다.

21.2.5 독립 이표본 비율 검정

예제 21.4 **독립 이표본 비율 검정: [예제 19.8]과 동일**

특정 유형의 피부 병변은 치료하지 않고 방치하면 환자의 30%에서 암으로 발전하는 것으로 알려져 있다. 암 발병 확률을 20%로 줄이는 약이 시중에 나와 있다. 한 제약 회사가 피부 병변을 치료하는 신약을 개발하고 있지만, 신약이 암 발병 확률을 15% 이하로 낮추는 경우에만 그렇게 할 가치가 있다고 하자. 제약 회사는 대조군(치료하지 않은 그룹)과 치료 그룹의 두 그룹에 무작위로 배정된 환자를 대상으로 연구를 진행할 계획이다. 이 회사는 유의수준 5%에서 0.8의 검정력으로 0.15의 비율 차이를 검정하는 데 필요한 대상의 수를 알고자 한다.

[옵션 지정]

독립인 두 표본으로부터의 비율에 대한 검정에서 필요한 표본의 수를 결정하는 문제이다. 0.30에 비해 0.15가 더 낮은 수준의 비율이라 할 수 있는지에 대한 검정이므로 단측검정(Tail(s)=One)을 선택하는 것이 더 바람직하다. 두 독립 비율의 문제에서는 효과크기 대신 절대크기를 사용하므로 두 개의 비율 값을 직접 입력한다. 이때는 두 비율의 차이뿐 아니라 값의 크기도 분석 결과에 영향을 미치게 된다. 즉, 두 비율의 차이는 동일하더라도 값이 다른 경우에는 결과도 달라진다. 예를 들어, (0.15, 0.3)과 (0.4, 0.55)는 다른 결과를 제공하며 후자가 더 큰 표본을 요구한다. 그 이유는 비율이 0.5에 가까울수록 분산이 커지는 것과 관련이 있다.

[결과]

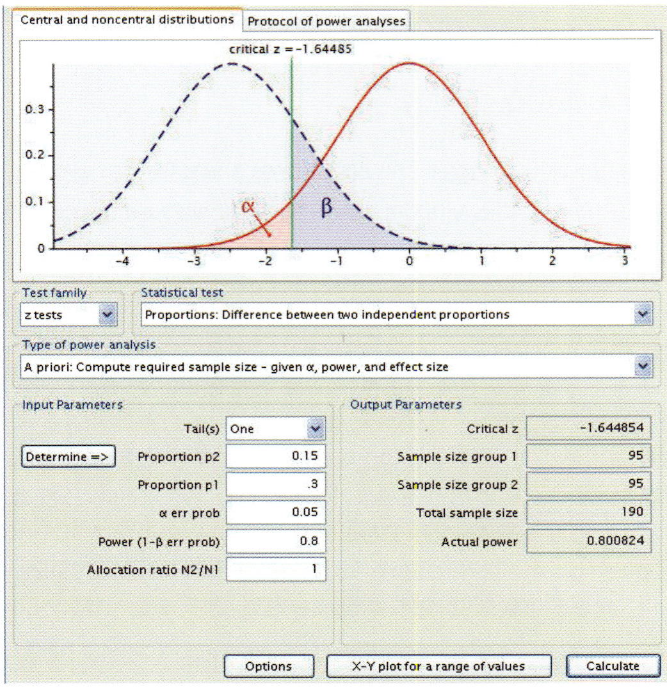

각 그룹별로 95명의 표본이 필요하다.

만약, 단측이 아닌 양측검정을 지정하면 필요한 표본의 크기는 어떻게 달라질까? 그 답은 좀 더 큰 표본이 요구될 것이다. 그 이유는 동일한 유의수준의 조건에서 검정력이 더 작아지는 것과 관련된다(위, 아래의 두 그림을 비교할 것). 따라서 동일한 검정력 수준을 만족시키기 위해서는 더 큰 표본이 요구된다고 할 수 있다.

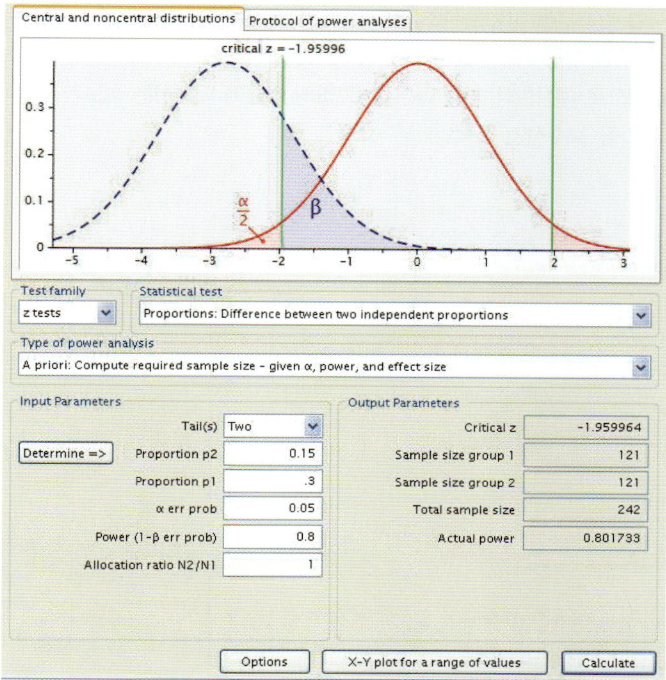

양측검정을 지정할 때, 요구되는 표본의 수는 각 그룹별로 121이 된다. 즉, 양측검정에서 단측검정과 동일한 수준의 검정력을 확보하기 위해서는 더 큰 표본이 요구됨을 알 수 있다.

21.2.6 일원배치 ANOVA

예제 21.5 일원배치 ANOVA

초등학교 4학년 학생들의 수학 과목에 대해 4가지 교수법(교수법 1 ~ 교수법 4)의 효과를 비교하는 문제를 생각하자. 교수법 1은 전통적인 방법이며, 전문가들은 교수법 4가 가장 향상된 방법일 것으로 기대하고 있다. 대규모 도시 학군에서 무작위로 표본을 추출한 다음 4가지 교수법에 무작위로 배정하여 실험을 수행하고자 한다. 한 학기 동안 수업을 들은 학생들은 학기말에 표준화된 시험을 치르게 된다. 전통적인 교수법(교수법 1)의 경우, 표준화된 시험의 4학년생 평균은 70점이고, 표준편차는 10으로 알려져 있다.

실험은 4개 그룹 각각이 동일한 표본크기를 갖도록 설계되었다고 할 때, 각 그룹에 필요한 학생의 수는 얼마인가?

[옵션 지정]

이 질문에 답하려면 몇 가지 가정과 교수법에 대한 추측이 필요하다. (i) 4개 그룹의 표준편차는 10으로 동일하다. (ii) 표준화된 시험에서 그룹 1(전통적인 교수법)의 평균 점수가 가장 낮고, 그룹 4의 평균 점수가 가장 높을 것이다. 실제로, 그룹 1의 평균은 70점이고, 그룹 4는 평균이 (1.2×표준편차)보다 클 것으로, 즉 최소 82점이 될 것으로 예상한다. (iii) 다른 두 그룹의 평균에 대해서는 정보가 충분치 않아 총 평균과 같다고 설정하자(가장 보수적인 선택임).

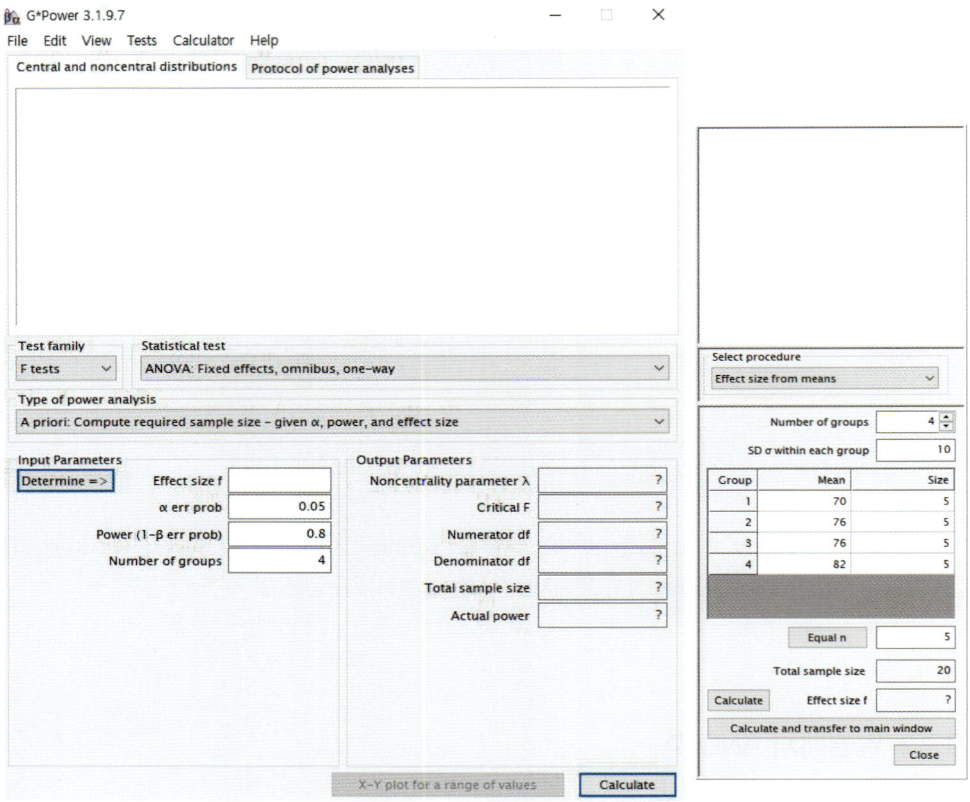

위의 그림에서 효과크기의 지정은 Cohen의 표를 참고하거나, 우측의 표를 이용하여 지정할 수 있다. 우측의 표는 'Determine' 버튼을 누르면 나타난다.

[결과]

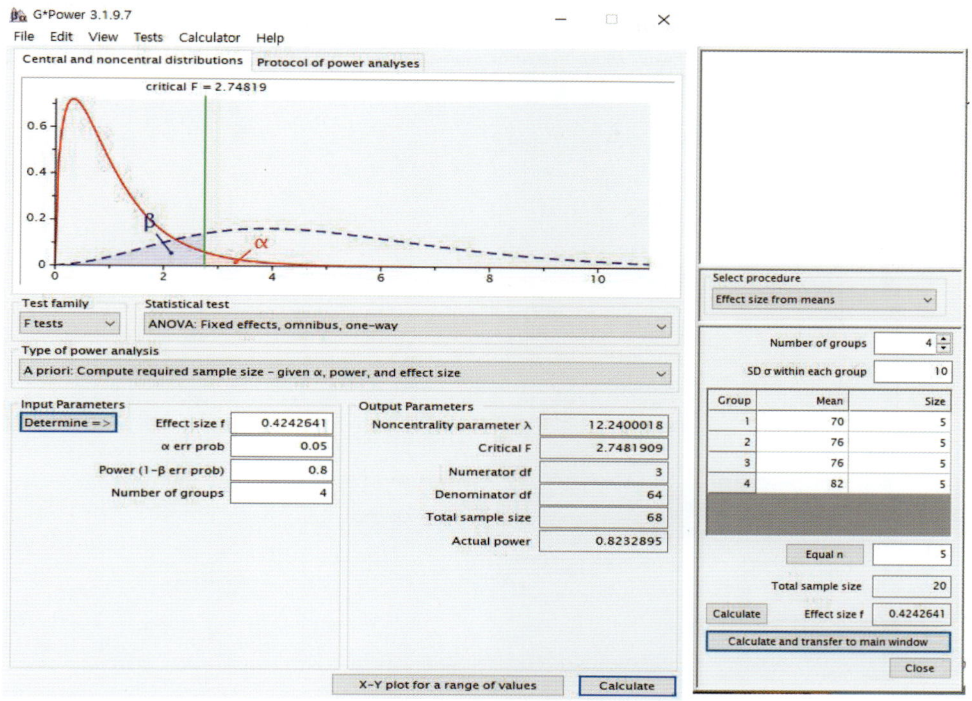
G*Power 3.1.9.7
File Edit View Tests Calculator Help
Central and noncentral distributions
Protocol of power analyses
critical F = 2.74819
β
α
Test family
F tests
Statistical test
ANOVA: Fixed effects, omnibus, one-way
Type of power analysis
A priori: Compute required sample size – given α, power, and effect size
Input Parameters
Determine =>
Effect size f 0.4242641
α err prob 0.05
Power (1-β err prob) 0.8
Number of groups 4
Output Parameters
Noncentrality parameter λ 12.2400018
Critical F 2.7481909
Numerator df 3
Denominator df 64
Total sample size 68
Actual power 0.8232895
X-Y plot for a range of values
Calculate
Select procedure
Effect size from means
Number of groups 4
SD σ within each group 10
Group Mean Size
1 70 5
2 76 5
3 76 5
4 82 5
Equal n 5
Total sample size 20
Calculate
Effect size f 0.4242641
Calculate and transfer to main window
Close

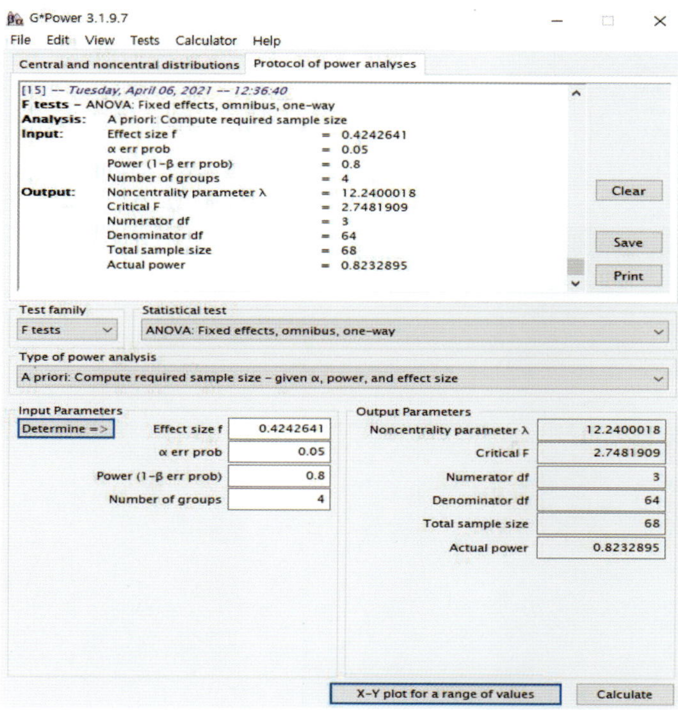
G*Power 3.1.9.7
File Edit View Tests Calculator Help
Central and noncentral distributions
Protocol of power analyses
[15] -- Tuesday, April 06, 2021 -- 12:36:40
F tests - ANOVA: Fixed effects, omnibus, one-way
Analysis: A priori: Compute required sample size
Input: Effect size f = 0.4242641
α err prob = 0.05
Power (1-β err prob) = 0.8
Number of groups = 4
Output: Noncentrality parameter λ = 12.2400018
Critical F = 2.7481909
Numerator df = 3
Denominator df = 64
Total sample size = 68
Actual power = 0.8232895
Clear
Save
Print
Test family
F tests
Statistical test
ANOVA: Fixed effects, omnibus, one-way
Type of power analysis
A priori: Compute required sample size – given α, power, and effect size
Input Parameters
Determine =>
Effect size f 0.4242641
α err prob 0.05
Power (1-β err prob) 0.8
Number of groups 4
Output Parameters
Noncentrality parameter λ 12.2400018
Critical F 2.7481909
Numerator df 3
Denominator df 64
Total sample size 68
Actual power 0.8232895
X-Y plot for a range of values
Calculate

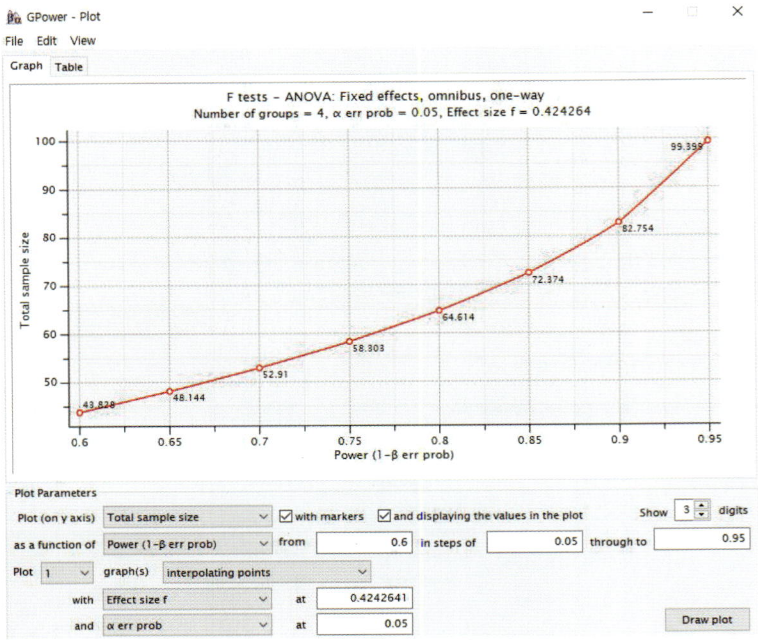

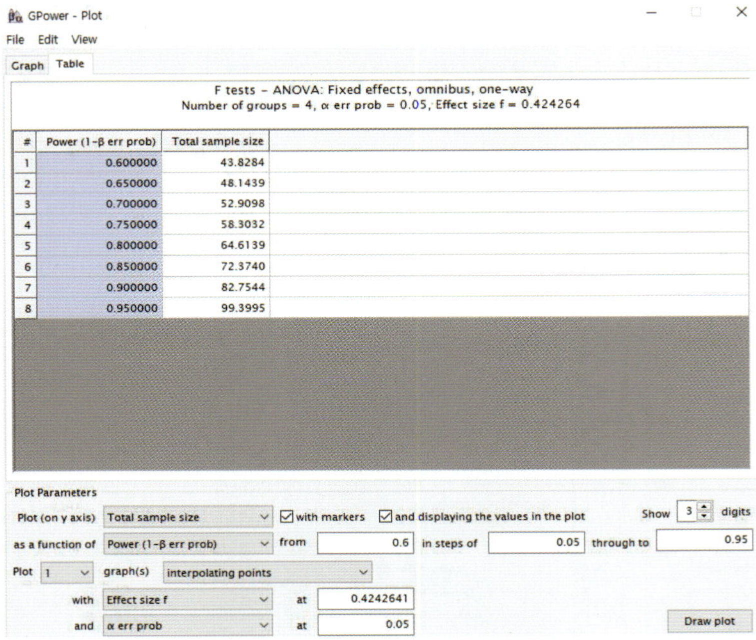

#	Power (1-β err prob)	Total sample size
1	0.600000	43.8284
2	0.650000	48.1439
3	0.700000	52.9098
4	0.750000	58.3032
5	0.800000	64.6139
6	0.850000	72.3740
7	0.900000	82.7544
8	0.950000	99.3995

주목 ① 표본크기의 계산은 여러 가정을 기반으로 한다. 여기서는 각 그룹에 대해 정규성과 공통분산을 가정하였다. 검정력분석은 이러한 가정에 뿌리를 두고 있음을 인식하는 것이 중요하다.
② 또한 우리가 탐지할 효과의 크기에 대해 알고 있다고 가정하였다. 그룹 평균에 대해 확신할 수 없는 경우에는 보다 보수적인 추정치를 사용해야 한다. 예를 들어, 두 중간 그룹에 대해 두 가지 평균에 대한 좋은 생각이 없을 경우, 위의 예제에서와 같이 두 중간 그룹을 임의의 것으로 설정하는 것보다 총 평균으로 설정하는 것이 더 보수적인 방법이다.
③ 다음은 검정력분석에서 얻은 그룹 당 표본크기는 위의 예제에서 17(최상의 시나리오: f=0.42로 큰 효과크기에 해당), 45(중간 효과크기 사용: f=0.25) 및 274(작은 효과크기 사용: f=0.1)이다. 큰 수준의 효과크기가 예상되더라도 17보다는 충분히 크게(예를 들어 30~40 정도) 표본크기를 선택하는 것이 좋다. 이렇게 하면 위에서 언급한 일부 가정이 충족되지 않거나 일부 불완전한 사례(즉, 결측 데이터)가 있는 경우 충분한 검정력을 확보하는 데 도움이 된다.

21.2.7 다중선형회귀

예제21.6 다중선형회귀

[예제 21.6] 다중선형회귀

어느 학군에서 라틴계 고등학생의 영어 능력(Eng_Proficiency)에 미치는 영향을 조사하는 다중선형회귀 연구를 설계하고자 한다. 성별(Sex)과 가족의 수입(Income)은 통제 변수로 주요 관심사는 아니다. 관심 연구변수로는 아버지의 교육연수(Father_Edu: 연속형으로 6~20의 값을 가짐)와 가정에서 사용하는 언어(범주형으로 1: 스페인어만 사용, 2: 스페인어와 영어 사용, 3: 영어만 사용)를 고려하고자 한다. 언어 변수에 대해 두 개의 더미변수(Language_1, Language_2)를 사용한 전체 회귀모형은 다음과 같이 표현된다.

```
Eng_proficiency ~ b0 + b1*(Sex) + b2*(Income) + b3*(Father_Edu)
                + b4*(Language_1) + b5*(Language_2)
```

우리의 주요 연구가설은 b3에 대한 검정과 b4와 b5에 대한 동시(joint)검정이다. 이러한 검정은 Father_Edu(또는 Language_1과 Language_2)가 회귀식에 마지막으로 추가될 때 R^2의 변화를 검정하는 것과 동일하다.

[분석을 위한 설정: 옵션 지정]

다음 그림에서와 같이 Test Family, Statistical test 및 Type of power analysis를 지정한다. 효과크기의 지정을 위해 'Determine' 버튼을 이용한다. 이 버튼은 special 효과와 잔차분산을 요청하는 메뉴를 호출한다. 먼저, 5개 예측변수를 모두 사용할 때 기대되는 결정계수를 0.48이라고 가정하자. 잔차분산(설명되지 않는 분산)을 1-0.48=0.52로 지정하고, 1개의 예측변수(Father_Edu)가 모형의 마지막에 추가될 때 기대하는 영향력을 다음과 같이 설정하자.

(ⅰ) 먼저 연속형 변수인 Father_Edu(여기서는 special effect)부터 생각하자. 이 변수가 모형의 마지막에 추가될 때 R^2의 증가량이 0.03일 것으로 생각한다고 하자(즉, 'Variance explained by special effect'=0.03). 총 예측변수는 5이고, 검정되는 예측변수의 수는 1개이다. 검정력을 0.7로 지정할 때 아래의 결과를 얻게 된다.

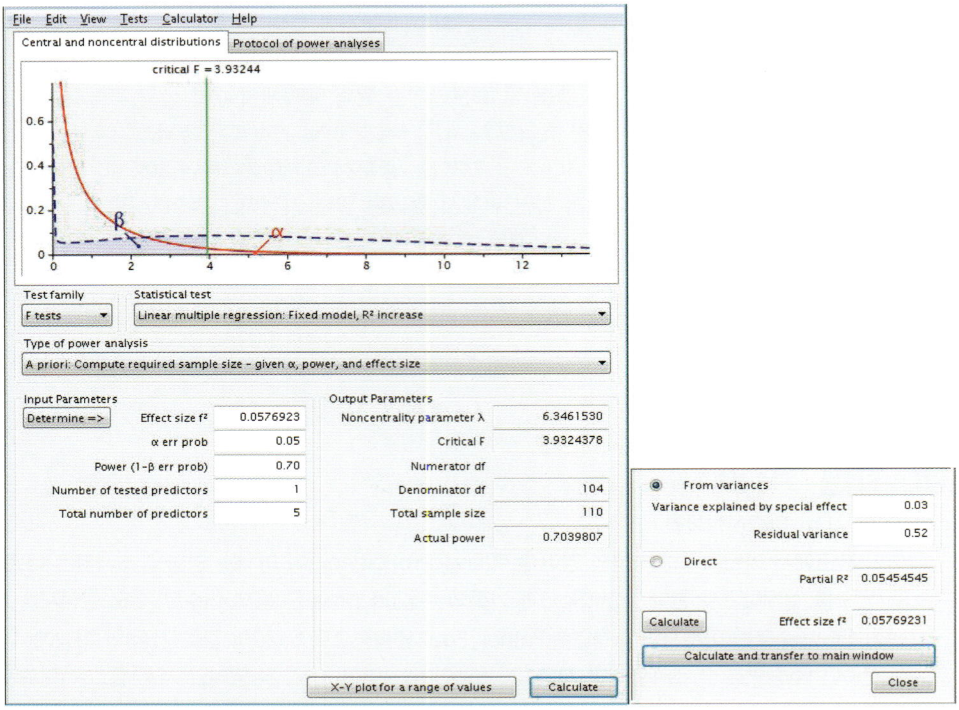

위의 결과에서 요구되는 표본의 수는 110이다. 검정력을 0.7~0.9로 할 때 표본 수의 범위는 110~185이다(다음 그림 참고).

참고

위 결과의 오른쪽 창에서 다중선형회귀에서의 효과크기(f^2)와 Partial R^2(ANOVA에서는 η^2)은 각각 다음 식으로 계산된다.

$$f^2 = \frac{R_{AB}^2 - R_A^2}{1 - R_{AB}^2} = \frac{0.03}{0.52} = 0.05769,$$

$$partial\ R^2 = \frac{f^2}{1+f^2} = 0.054545.$$

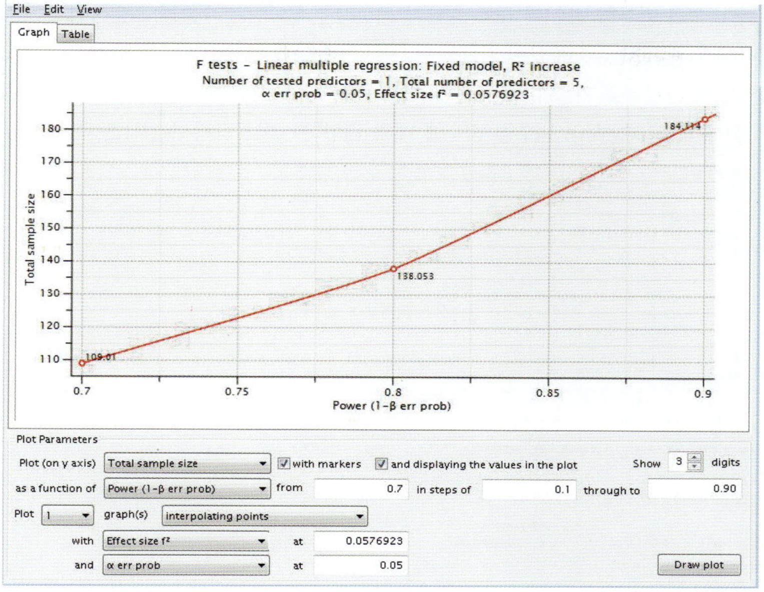

(ii) 다음으로, 모형에서 더미변수로 사용된 범주형 변수(Language_1, Language_2)에 대해 동일한 절차를 수행한다. 두 개 더미변수에 의해 설명되는 설명력의 증가를 0.025 정도라고 생각하자. 이때 잔차분산과 전체 예측변수의 수는 각각 0.52, 5로 동일하며, 검정되는 예측변수의 수는 2로 지정한다. 그 결과는 다음과 같다.

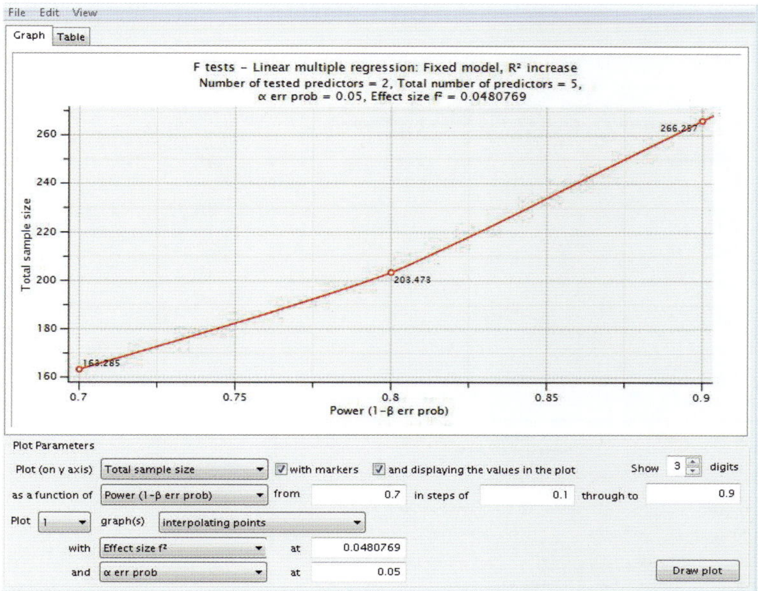

그 결과 검정력을 0.7~0.9로 할 때 표본의 수는 164~267로 주어지며, 이 경우 연속형 변수의 경우보다 큰 값으로 주어졌다.

(iii) 두 연구변수(연속형과 범주형 변수)가 모두 중요한 경우라면, 알파(α) 수준을 조정하여 두 개의 개별 가설(연속형에 대한 가설과 범주형에 대한 가설)을 동시에 검정하는 상황을 고려할 수 있다. 가장 간단하지만 엄격한 방법은 알파(α) 수준을 가설의 수로 나눈 $\alpha/2$를 사용하여(Bonferroni 조정) 검정력분석을 실행하는 것이다. 조정된 알파를 이용하여 범주형 변수에 대해 검정력분석을 다시 수행하면 다음과 같다.

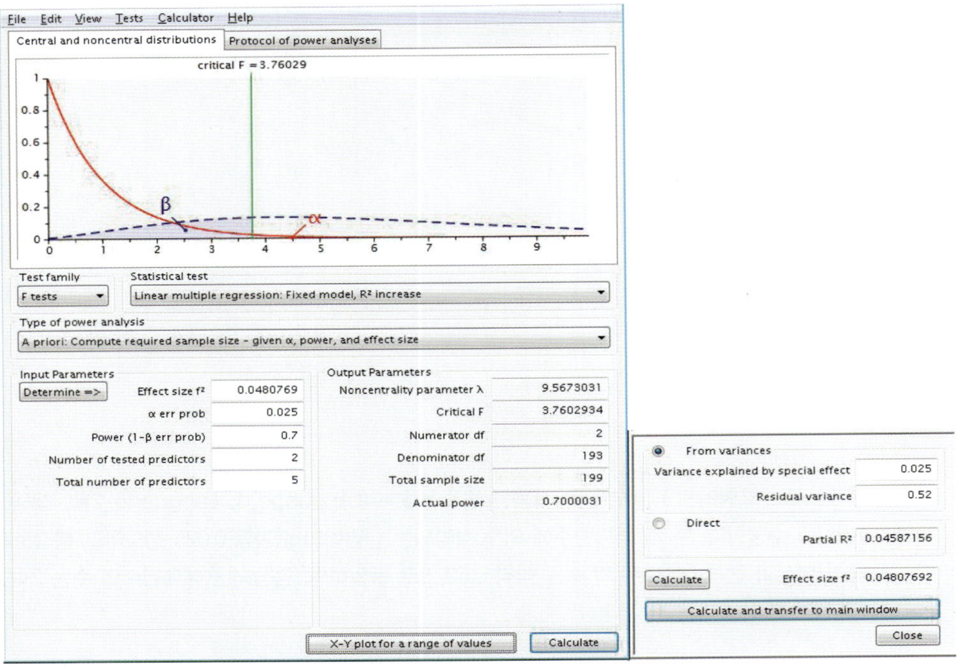

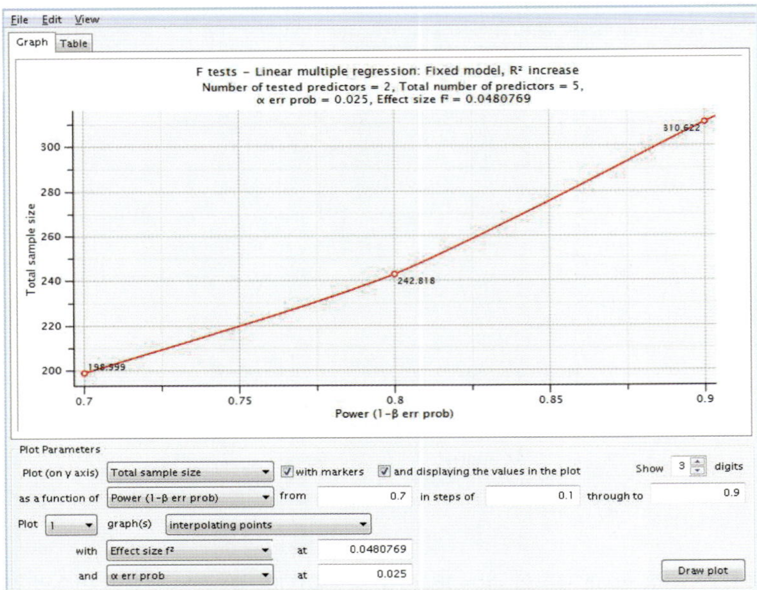

그 결과 검정력을 0.7~0.9로 할 때 표본의 수는 199~311로 주어졌다.

Bonferroni 조정은 두 개 가설(연속형과 범주형)의 검정이 독립적이라고(실제로는 그렇지 않으나) 가정한다. 두 세트의 예측변수(Father_Edu와 (Language_1, Language_2)) 간의 제곱 상관을 약 0.2라고 가정하면, 이는 약 0.45의 상관과 동일하다. 인터넷 애플릿을 사용하여 상관관계를 고려하여 Bonferroni 조정된 알파를 계산하면 검정력분석에 사용할 조정된 알파 값으로 0.034를 얻게 된다(다음 그림 참고). 이 값을 이용하여 범주형 변수에 대해 검정력분석을 다시 실시한 결과는 다음과 같다.

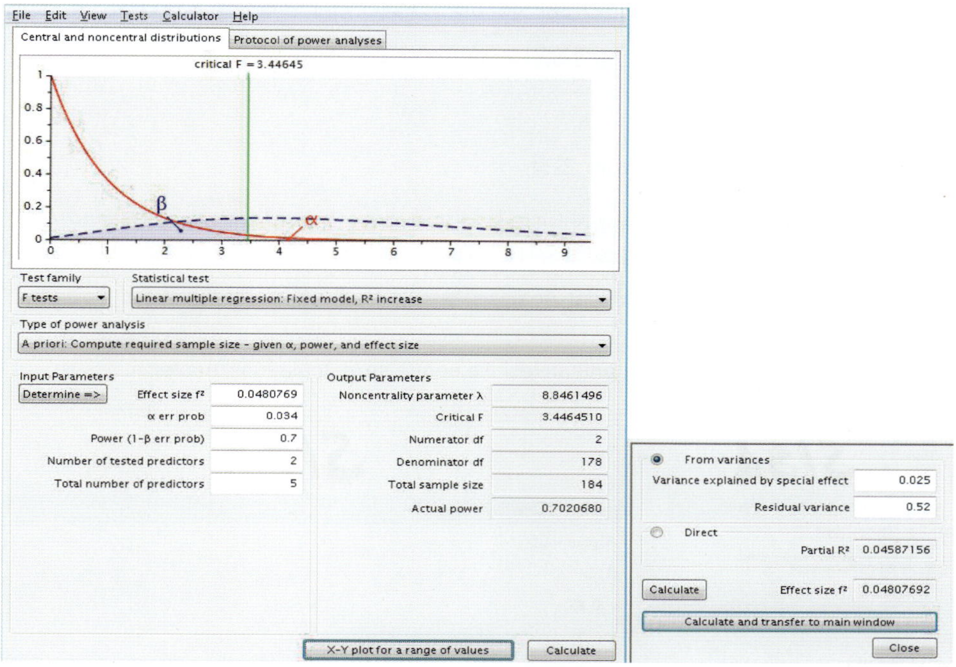

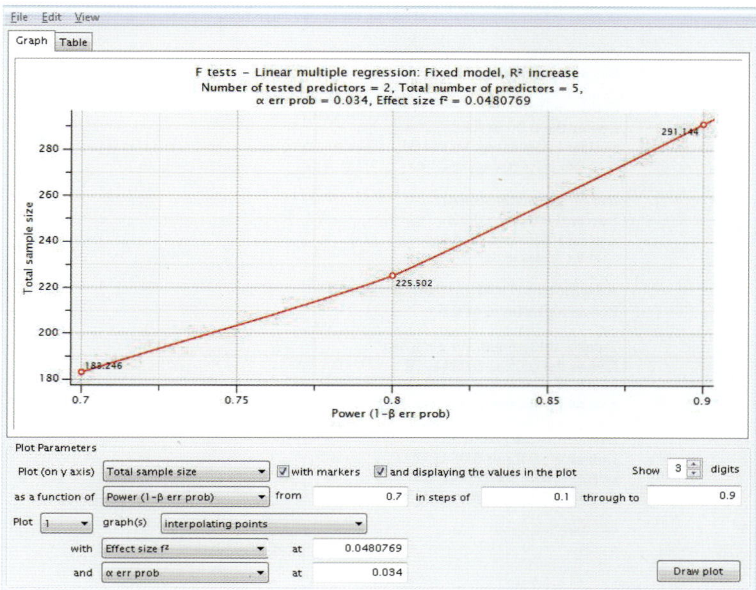

그 결과 검정력을 0.7~0.9로 할 때 표본의 수는 184~292로 주어져, 표본 수가 다소 감소했음을 알 수 있다.

일련의 검정력분석을 기반으로 학군은 약 225명의 학생 표본에 대한 데이터를 수집하기로 결정했다고 하자. 이 표본크기는 연속형 연구변수(Father_Edu)와 범주형 연구변수(Language_1과 Language_2) 모두에 관한 가설을 검정할 때 약 0.8의 검정력을 산출해야 한다. 명목 알파 수준은 0.05이지만 검정되는 가설의 수와 예측변수 간의 상관관계를 고려하여 0.034로 조정되었다.

참고 상관을 고려한 Bonferroni 조정

다중검정에서 α값에 대한 Bonferroni 조정은 매우 보수적인 방법이다. 이를 완화한 방법으로, 검정에 사용되는 변수 간의 상관을 고려한 조정값을 사용할 수 있다. 여기서는 인터넷 애플릿 SISA(Simple Interactive Statistical Analysis)를 이용한 결과를 소개한다.

https://www.quantitativeskills.com/sisa/calculations/bonfer.htm

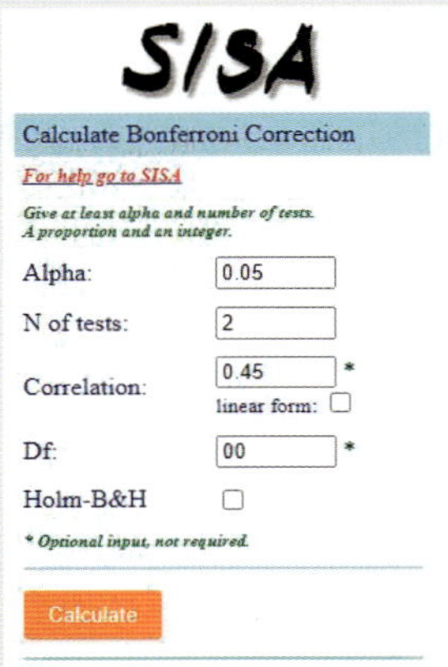

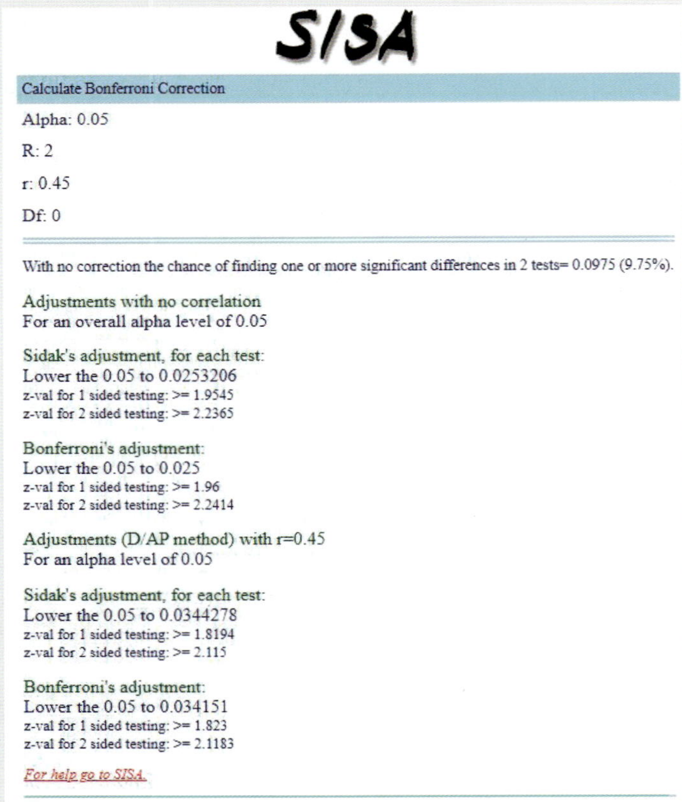

21.3 기타 표본 수 결정법

표본의 크기를 정하는 문제는 통계학에서 중요하게 취급된다. 분석의 목적에 따라 표본 수를 결정하는 문제도 다른 방법론이 사용된다. 지금까지 소개한 효과크기에 기초한 방법과 달리, 샘플링 분야에서는 오차한계를 이용하는 방법이 주로 이용된다.

이 절에서는 표본의 수를 결정하는 방법으로 오차한계(=(신뢰구간의 길이)/2)를 제한하는 방법을 소개한다. 분석 도구로는 무료 소프트웨어 EpiTools를 사용하였다.

EpiTools는 Ausvet에서 개발되고 관리되는 프로그램이다. 이 프로그램은 구조화된 설문조사로부터 질병 유병률(desease prevalence)을 추정하거나, 질병으로부터 자유를 주장하는 역학 응용(epidemiological applications) 분야에 주로 사용된다. 이 프로그램의 사이트는 다음과 같다.

Epitools: https://epitools.ausvet.com.au/

21.3.1 오차한계 이용법

오차한계를 이용하여 표본의 수를 정하는 예를 소개한다. 일표본에서 모비율(무한 모집단)과 모평균(유한 모집단)에서 구간추정의 문제를 다룬다.

예제 21.7 모비율 구간추정

모비율에 대한 $100(1-\alpha)\%$ 대표본 신뢰구간은 다음과 같이 주어진다.

$$\hat{p} \pm z_{\alpha/2}\sqrt{\frac{p(1-p)}{n}}.$$

여기서 신뢰구간의 길이를 결정하는 $z_{\alpha/2}\sqrt{\frac{p(1-p)}{n}}$ 의 크기(이를 오차한계라고 함)가 d 이하이도록 표본의 크기를 결정할 수 있다. 즉, 95% 신뢰수준($\alpha=0.05$)에서 $d=0.03$(한쪽 길이를 3%로 제한)일 때, 표본의 크기는 다음과 같이 계산된다(아래 계산 과정에서 p는 우변을 최대로 하는 $1/2$이 사용되었음).

$$n \geq \frac{z_{\alpha/2}^2 p(1-p)}{d^2} = \frac{1.96^2}{4\times(0.03)^2} \approx 1067.11.$$

[Epitools 프로그램]

위의 결과를 Epitools 프로그램을 통해 확인하면 다음과 같다.

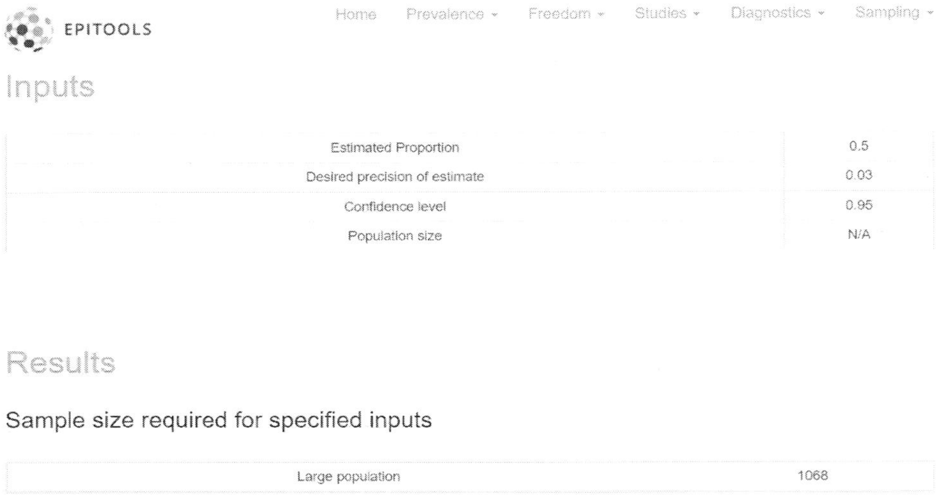

예제21.8 **모평균 구간추정: 유한모집단에서 단순임의추출의 경우**

크기가 N(알려짐)인 모집단으로부터 표본을 추출하여 모평균에 대한 신뢰구간을 구하는 문제를 생각하자. 표본 추출방법으로는 단순임의추출을 사용하고자 한다. 이때 모평균에 대한 95% 신뢰수준에서 오차한계가 B 이하이도록 표본의 수를 정하고자 한다.

(풀이)

단순임의추출의 경우[22], 모평균에 대한 구간추정 시 신뢰수준 $100(1-\alpha)\%$에서 오차한계는 다음과 같이 주어진다.

$$z_{\alpha/2}\sqrt{\frac{N-n}{N}\frac{S^2}{n}}.$$

여기서 S^2은 모집단의 분산을 의미하며, 과거 자료 또는 예비표본을 이용한 추정값(s^2)을 사용한다.

위 식으로부터 오차한계가 B 이하이도록 표본의 크기(n)를 결정하면 다음과 같다.

$$n \geq \frac{N(z_{\alpha/2}S)^2}{NB^2+(z_{\alpha/2}S)^2}.$$

22) 단순임의추출을 포함하여 여러 가지 확률추출법을 사용할 경우, 모평균 또는 모비율의 신뢰구간에 사용되는 오차한계가 이론적으로 유도되어 있으므로 자세한 내용은 샘플링 관련 서적을 참고하기를 바란다.

예를 들어, $N=10{,}000$, $S=3$, $B=2$, $\alpha=0.95$인 경우 표본의 수는 다음과 같이 주어진다.

$$n \geq \frac{10000\times(1.96\times3)^2}{10000\times2^2+(1.96\times3)^2}=8.64.$$

[Epitools 프로그램]
위의 결과를 Epitools 프로그램을 통해 확인하면 다음과 같다.

EPITOOLS　Home　Prevalence　Freedom　Studies　Diagnostics　Sampling

Analysed: Fri Jun 04, 2021 @ 08:17 UTC

Inputs

Assumed population standard deviation	3
Confidence level	0.95
Acceptable error	2

Results

Sample size:	9

21.3.2 Epitools 프로그램 소개

Epitools 프로그램에서 제공하는 표본의 크기 계산은 매우 다양하다. 이 프로그램은 모집단의 평균 또는 비율을 추정하거나, 두 평균 또는 두 비율 간의 유의한 차이를 감지하거나, 실제 무리-수준의 유병률(herd-level prevalence)을 추정하는 데 필요한 표본의 크기를 계산하는 데 사용할 수 있다.

Epitools에서 제공하는 표본 수 계산과 관련된 내용(목차)을 소개하면 아래와 같다. 보다 관심 있는 독자는 해당 매뉴얼을 참고하기를 바란다.

Epidemiological studies
- To estimate a single proportion
- To estimate a single mean

- Two proportions
- Two means with equal sample size and equal variances
- Two means with unequal sample size and unequal variances
- To estimate true prevalence (at animal or herd-level)
- Sample size for a cohort study
- Sample size for a case-control study

Sample size to demonstrate disease freedom
- Sample size assuming perfect test specificity
- Sample size for pooled sampling in a large population
- Sample size to achieve target confidence of freedom
- Design prevalence required to achieve target population sensitivity for given sample size
- FreeCalc sample size calculation for imperfect tests

2-stage sampling, assuming perfect test specificity
- Least-cost sample sizes where cluster sizes are known (and select clusters for testing).
- Least-cost sample sizes where cluster sizes are NOT known.
- Sample sizes for specified cluster sensitivity.

부록

[표 1] $F_{max} = S^2_{max} / S^2_{min}$ 의 백분위수

Upper 5% points

df_2 \ t	2	3	4	5	6	7	8	9	10	11	12
2	39.0	87.5	142	202	266	333	403	475	550	626	704
3	15.4	27.8	39.2	50.7	62.0	72.9	83.5	93.9	104	114	124
4	9.60	15.5	20.6	25.2	29.5	33.6	37.5	41.1	44.6	48.0	51.4
5	7.15	10.8	13.7	16.3	18.7	20.8	22.9	24.7	26.5	28.2	29.9
6	5.82	8.38	10.4	12.1	13.7	15.0	16.3	17.5	18.6	19.7	20.7
7	4.99	6.94	8.44	9.70	10.8	11.8	12.7	13.5	14.3	15.1	15.8
8	4.43	6.00	7.18	8.12	9.03	9.78	10.5	11.1	11.7	12.2	12.7
9	4.03	5.34	6.31	7.11	7.80	8.41	8.95	9.45	9.91	10.3	10.7
10	3.72	4.85	5.67	6.34	6.92	7.42	7.87	8.28	8.66	9.01	9.34
12	3.28	4.16	4.79	5.30	5.72	6.09	6.42	6.72	7.00	7.25	7.48
15	2.86	3.54	4.01	4.37	4.68	4.95	5.19	5.40	5.59	5.77	5.93
20	2.46	2.95	3.29	3.54	3.76	3.94	4.10	4.24	4.37	4.49	4.59
30	2.07	2.40	2.61	2.78	2.91	3.02	3.12	3.21	3.29	3.36	3.39
60	1.67	1.85	1.96	2.04	2.11	2.17	2.22	2.26	2.30	2.33	2.36
∞	1.00	1.00	1.00	1.00	1.00	1.00	1.00	1.00	1.00	1.00	1.00

Upper 1% points

df_2 \ t	2	3	4	5	6	7	8	9	10	11	12
2	199	448	729	1036	1362	1705	2063	2432	2813	3204	3605
3	47.5	85	120	151	184	21(6)	24(9)	28(1)	31(0)	33(7)	36(1)
4	23.2	37	49	59	69	79	89	97	106	113	120
5	14.9	22	28	33	38	42	46	50	54	57	60
6	11.1	15.5	19.1	22	25	27	30	32	34	36	37
7	8.87	12.1	14.5	18.4	18.4	20	22	23	24	26	27
8	7.50	9.9	11.7	14.5	14.5	15.8	16.6	17.9	18.9	19.8	21
9	6.54	8.5	9.9	11.1	12.1	13.1	13.9	14.7	15.3	16.0	16.6
10	5.85	7.4	8.6	9.6	10.4	11.1	11.8	12.4	12.9	13.4	13.9
12	4.91	6.1	6.9	7.6	8.2	8.7	9.1	9.5	9.9	10.2	10.6
15	4.07	4.9	5.5	6.0	6.4	6.7	7.1	7.3	7.5	7.8	8.0
20	3.32	3.8	4.3	4.6	4.9	5.1	5.3	5.5	5.6	5.8	5.9
30	2.63	3.0	3.3	3.4	3.6	3.7	3.8	3.9	4.0	4.1	4.2
60	1.96	2.2	2.3	2.4	2.4	2.5	2.5	2.6	2.6	2.7	2.7
∞	1.00	1.0	1.0	1.0	1.0	1.0	1.0	1.0	1.0	1.0	1.0

S^2_{max} is the largest and S^2_{min} the smallest in a set of t independent mean squares, each based on $df_2 = n-1$ degree of freedom. Values in the column $t=2$ and ∞ are exact. Elsewhere the third digit may be in error by a few units for the 5% points and several units for the 1% points. The third digit figures in parentheses for $df_2 = 3$ are the most uncertain.

From *Biometrika Tables for Statisticians*, 3rd ed., Vol.1, edited by E. S. Pearson and H. O. Hartley (New York: Cambridge University Press, 1966), Table, p. 202. Reproduced by permission of the Biometrika Trustees.

[표 2] 역사인(arcsine) 변환 값: $y = 2\arcsin(\sqrt{\pi})$ 또는 $2\sin^{-1}(\sqrt{\pi})$

π		π		π		π		π	
.001	.0633	.041	.4078	.36	1.2870	.76	2.1177	.971	2.7993
.002	.0895	.042	.4128	.37	1.3078	.77	2.1412	.972	2.8053
.003	.1096	.043	.4178	.38	1.3284	.78	2.1652	.973	2.8115
.004	.1266	.044	.4227	.39	1.3490	.79	2.1895	.974	2.8177
.005	.1415	.045	.4275	.40	1.3694	.80	2.2143	.975	2.8240
.006	.1551	.046	.4323	.41	1.3898	.81	2.2395	.976	2.8305
.007	.1675	.047	.4371	.42	1.4101	.82	2.2653	.977	2.8371
.008	.1791	.048	.4418	.43	1.4303	.83	2.2916	.978	2.8438
.009	.1900	.049	.4464	.44	1.4505	.84	2.3186	.979	2.8507
.010	.2003	.050	.4510	.45	1.4706	.85	2.3462	.980	2.8578
.011	.2101	.06	.4949	.46	1.4907	.86	2.3746	.981	2.8650
.012	.2195	.07	.5355	.47	1.5108	.87	2.4039	.982	2.8725
.013	.2285	.08	.5735	.48	1.5308	.88	2.4341	.983	2.8801
.014	.2372	.09	.6094	.49	1.5508	.89	2.4655	.984	2.8879
.015	.2456	.10	.6435	.50	1.5708	.90	2.4981	.985	2.8960
.016	.2537	.11	.6761	.51	1.5908	.91	2.5322	.986	2.9044
.017	.2615	.12	.7075	.52	1.6108	.92	2.5681	.987	2.9131
.018	.2691	.13	.7377	.53	1.6308	.93	2.6062	.988	2.9221
.019	.2766	.14	.7670	.54	1.6509	.94	2.6467	.989	2.9315
.020	.2838	.15	.7954	.55	1.6710	.95	2.6906	.990	2.9413
.021	.2909	.16	.8230	.56	1.6911	.951	2.6952	.991	2.9516
.022	.2978	.17	.8500	.57	1.7113	.952	2.6998	.992	2.9625
.023	.3045	.18	.8763	.58	1.7315	.953	2.7045	.993	2.9741
.024	.3111	.19	.9021	.59	1.7518	.954	2.7093	.994	2.9865
.025	.3176	.20	.9273	.60	1.7722	.955	2.7141	.995	3.0001
.026	.3239	.21	.9521	.61	1.7926	.956	2.7189	.996	3.0150
.027	.3301	.22	.9764	.62	1.8132	.957	2.7238	.997	3.0320
.028	.3363	.23	.0004	.63	1.8338	.958	2.7288	.998	3.0521
.029	.3423	.24	.0239	.64	1.8338	.959	2.7338	.999	3.0783
.030	.3482	.25	.0472	.65	1.8546	.960	2.7389		
.031	.3540	.26	.0701	.66	1.8965	.961	2.7440		
.032	.3597	.27	.0928	.67	1.9177	.962	2.7492		
.033	.3654	.28	1.1152	.68	1.9391	.963	2.7545		
.034	.3709	.29	1.1374	.69	1.9606	.964	2.7598		
.035	.3764	.30	1.1593	.70	1.9823	.965	2.7652		
.036	.3818	.31	1.1810	.71	2.0042	.966	2.7707		
.037	.3871	.32	1.2025	.72	2.0264	.967	2.7762		
.038	.3924	.33	1.2239	.73	2.0488	.968	2.7819		
.039	.3976	.34	1.2451	.74	2.0715	.969	2.7876		
.040	.4027	.35	1.2661	.75	2.0944	.970	2.7934		

From *Experimental Design: Procedures for the Behavioral Sciences*, by Roger E. Kirk. Copyright © 1968 by Wadsworth Publishing Company, Inc. Reprinted by permission od the publisher, Brooks/ Cole Publishing Company, Belmont, Calif.

찾아보기

• ㅎ •

R 비모수통계와 검정력분석

저　　자　나종화
발 행 인　김지영
발 행 처　자유아카데미
주　　소　경기도 파주시 회동길 37-42
　　　　　파주출판도시
전　　화　031-955-1321
팩　　스　031-955-1322
홈페이지　www.freeaca.com
전자우편　main@freeaca.com (대표)
　　　　　editor@freeaca.com (편집)
　　　　　crm@freeaca.com (영업)
등　　록　제406-2003-017호, 1980. 7. 12
제1판1쇄　2022년 11월 5일 발행

저자와의
협의하에
인지생략

ISBN 979-11-5808-406-6　93310